黄河下游治理探讨

王渭泾　著

黄河水利出版社

图书在版编目(CIP)数据

黄河下游治理探讨/王渭泾著.—郑州:黄河水利出版社,2011.10

ISBN 978 7 5509 - 0130 - 8

Ⅰ.①黄… Ⅱ.①王… Ⅲ.①黄河 - 下游 - 河道整治 - 文集 Ⅳ.①TV882.1 - 53

中国版本图书馆 CIP 数据核字(2011)第 209281 号

出 版 社:黄河水利出版社

地址:河南省郑州市顺河路黄委会综合楼 14 层 邮政编码:450003

发行单位:黄河水利出版社

发行部电话:0371 - 66026940、66020550、66028024、66022620(传真)

E-mail:hhslcbs@126.com

承印单位:河南省瑞光印务股份有限公司

开本:787 mm×1 092 mm 1/16

印张:18.75 插页:10

字数:252 千字 印数:1—1 500

版次:2011 年 10 月第 1 版 印次:2011 年 10 月第 1 次印刷

定价:58.00 元

作者简介

王渭泾，男，1941年5月生于河南省开封市。1961年毕业于黄河水利学院。从事水文、勘测、防洪等黄河治理工作40余年，为享受国务院政府特殊津贴的专家。曾任黄河水利委员会办公室主任、河南黄河河务局局长等职。当选为政协河南省委员会第八、九届常委，任农业委员会副主任。2008年退休。

黄河流域图
The Map of the Yellow River Basin

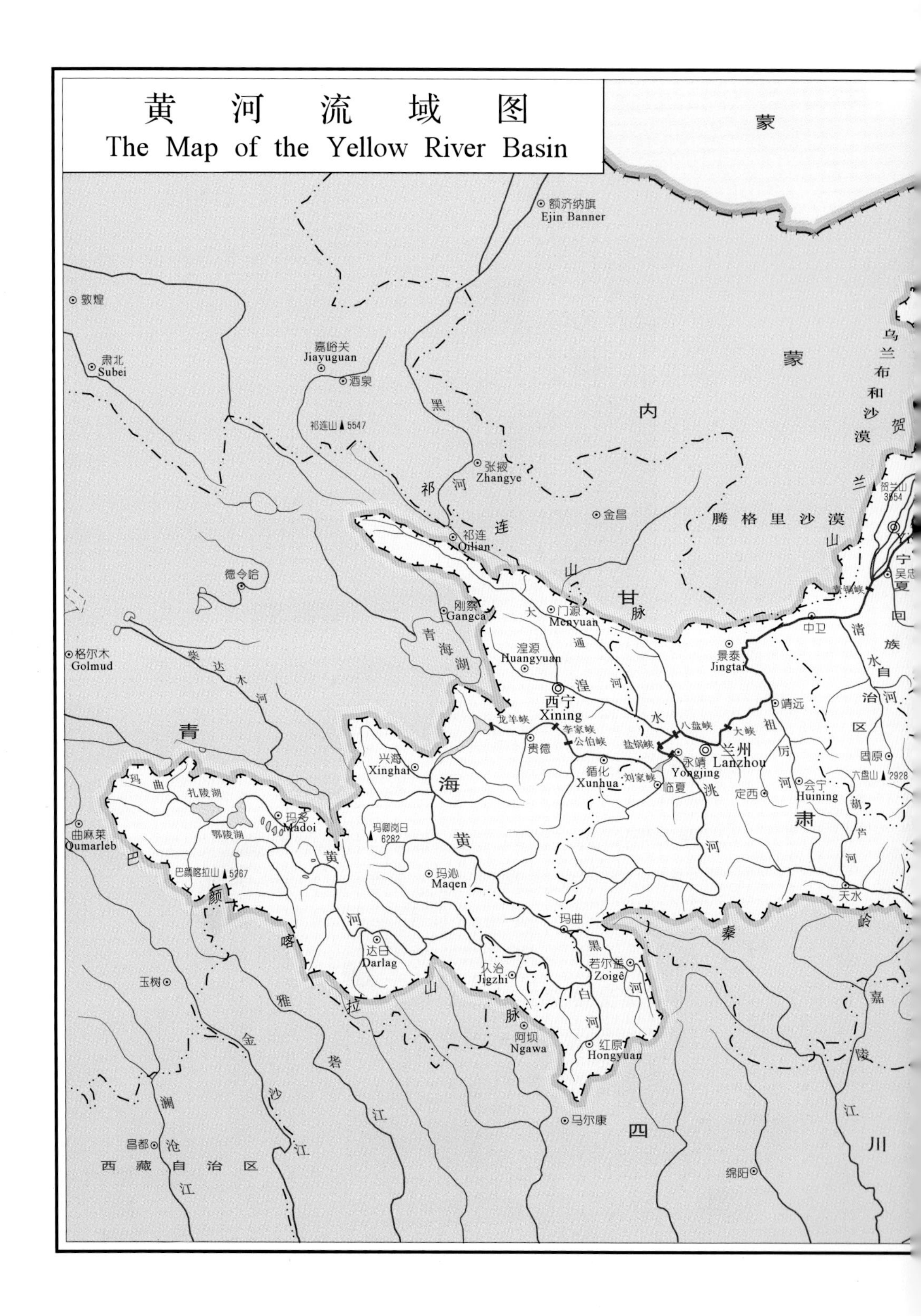

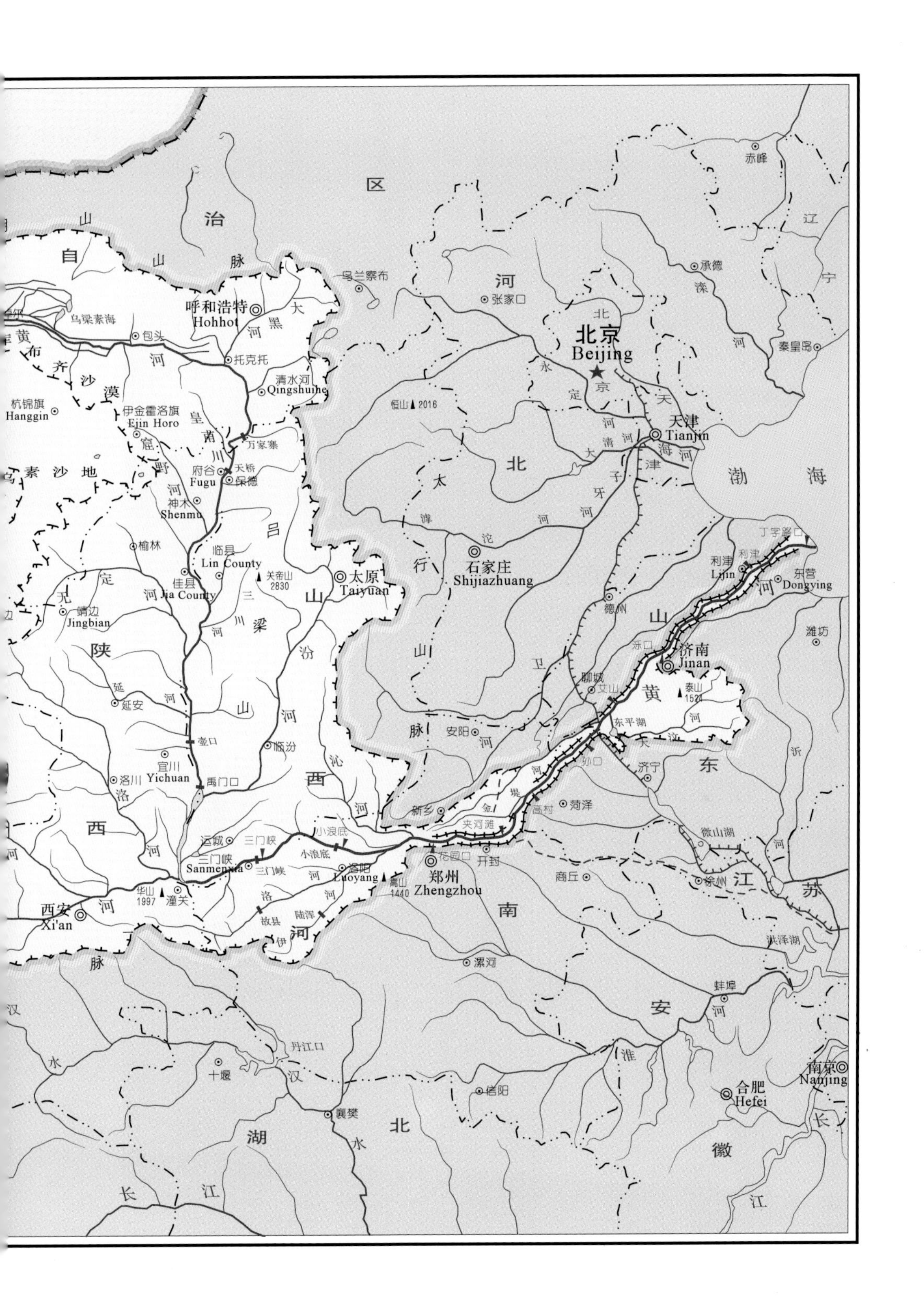

1986年河南省防汛指挥部研究部署黄河防汛工作，图中右起分别为王英洲（河南省防汛指挥部副指挥长、河南省军区副司令员）、作者（河南省防汛指挥部副指挥长）、何竹康（河南省防汛指挥部指挥长、河南省省长）、刘玉洁（河南省防汛指挥部副指挥长、河南省副省长）

1986年黄河汛前查勘，图中左二为刘玉洁（河南省副省长）

1989 年考察黄河河口三角洲，图中左起分别为苏茂林、作者

1992 年考察黄河故道，图中所在地为葵丘（今河南省民权县境），前排左起分别为作者、河南省副省长刘玉洁、河南省水利厅副厅长冯长海

1992年考察黄河北干流，图中所在地为龙门峡谷

1993年国务委员陈俊生（前排左三）检查黄河防汛工作，周文治（前排右一）、李成玉（前排左二）等陪同，前排右二为作者

1993 年在武陟县察看沁河洪水，图中前排右一为李成玉（河南省副省长），右二为作者，右三为马福照（焦作黄河河务局局长）

1993 年随同国家防汛抗旱总指挥部检查团检查黄河防汛工作，于三门峡大坝留影

1993 年在保合寨控导工程现场研究抢险方案

1993 年于龙羊峡水库大坝

1995 年于黄河壶口瀑布

1996 年 8 月乘渡船察看河南黄河滩区淹没受灾情况，图中前排右起分别为李延龄（财政部副部长）、张以祥（河南省副省长）、作者

1996 年 10 月在密西西比河参观美国陆军工程师团管理的防洪工程

1997 年参加小浪底水利枢纽工程大坝截流仪式

1998年在黄河花园口将军坝留影

1999年水利部部长汪恕诚到河南黄河检查指导工作，图中前排右起分别为汪恕诚、作者、鄂竟平（黄河水利委员会主任）、苏茂林

1999 年河南省军区领导成员在王英洲司令员（左六）的率领下到黄河现场勘察，部署驻豫部队防汛工作

2000 年陪同河南省政协副主席胡廷积一行考察河南黄河

2000 年 12 月黄河水利委员会组团考察尼罗河

2001 年在汾河源头

2002 年 10 月陪同河南省政协副主席胡廷积一行考察黄河河口

2003 年在淮河河源

2005 年 11 月在黄河壶口瀑布

2007 年全球水伙伴（中国·黄河）在郑州组织考察，图中左起分别为黄自强（全球水伙伴（中国·黄河）主席）、李志强（河北省水伙伴理事长）、作者

2009年沁河河源查勘

2009年于济水之源

2010年黄河河源查勘于鄂陵湖畔，图中左起分别为李建培（河南黄河河务局副局长）、作者

2010年黄河河源查勘于黄河河源之牛头碑

2011 年考察洛河河源

2011 年伊洛河查勘于伊河源头

出版说明

(一)本书汇集了作者从 1985 年到 2010 年的部分论文、文章、研究报告,其中有的曾在《中国水利》、《人民黄河》、《黄河报》等报刊上发表,有的曾收入各种文集。已发表过的文章将分别在各篇章中注明。

(二)凡收入本书的研究报告,作者均为主要完成人和报告撰写人。其他主要参与人员将在有关篇章中注明。

(三)凡已发表过的文章收录时仅作文字校订,未作内容修改,以如实反映作者在不同时期的思想变化。除开首三篇文章外,收录文章均按写作时间顺序编排。

(四)本书得到许多领导、专家和同志的支持与帮助,在此一并表示感谢。

作　者

2010 年 12 月

目　录

治理篇

综合篇

我的黄河观(代序)

一

黄河流域是中华民族的摇篮,中国古代文明的发祥地。黄河是中华民族的母亲河,这是几千年来形成的民族共识。近年来考古工作有了新的发现,在我国黄河流域之外也发现了古代文明的遗迹。如长江下游的“良渚文化”、四川的“三星堆文化”、东北的“辽河文化”,等等。因此,有的学者认为,中国的古代文明是多源的,黄河流域不是中国古代文明的唯一发源地。但是这丝毫也没有改变黄河文明在中国古代文明中的主体地位。有两个基本的事实是显而易见的:其一,在我国 5 000 年的文明史中,黄河流域有近 4 000 年处于政治、经济、文化中心的地位。中华民族传承下来的精神文化成果大都在黄河流域产生,在其发展过程中不断吸收、融合外来文明的积极成果,使其传承不绝、长盛不衰。其二,黄河文明是我国也是世界上唯一能够世代传承没有发生过断裂的古代文明。每一个历史时期都有大量的文献记载和实物遗存,内容丰富、脉络清晰、世代延续,这是其他任何古代文明都无法相比的,黄河流域作为中华民族的摇篮得到炎黄子孙的广泛认同,黄河已经成为中华民族和民族精神的象征。

黄河流域是先民们繁衍生息的沃土,赖以生存的家园。黄河哺育了中华民族,但在历史上也发生过严重的洪水灾害,特别是五代以后的 1 000 多年间堤防决溢十分频繁,给两岸人民带来了沉重的灾难。虽然不断治理,灾害仍难根除,且有愈演愈烈之势。因此,有人把黄河称为“中国之忧患”。黄河也长期背负着“害河”的名声。那么应当怎样认识黄河的利与害呢？笔者认为,黄河从本质上讲是一种资源,在我国干旱少雨的北方地区更是弥足珍贵。其实,黄河的许多灾害是人们对其规律性尚未完全认识,开发、治理不尽合理造成的。任何一种资源都有其自身的特性和规律,人们认识掌握了它,对其合理开发利用,就能为人类造福,反之则可能成为灾害。譬如自然界存在的风、火、煤、电等都是可以利用的能源资源,但是在人们尚未认识它的规律并对其进行有效控制和利用的时候,又都会引发严重的灾害。难道能说风、火、煤、电是"人类之忧患"吗?新中国成立后在黄河的兴利除害方面做了大量的工作,取得了巨大的成就。如果说有些灾害还没有根除的话,应该归结为人们认识的不足和科技水平的制约。不论何时,把黄河视为害河都是没有道理的。世界上没有害河,只有人们尚未完全掌握其规律未能科学开发利用的河流。

在研究黄河历史时人们会发现,黄河的灾害在不同的历史时期有很大不同。大禹治水以后的1 000多年间黄河鲜有灾害。东汉以后也有近千年的相对安澜时期。黄河的大多数灾害发生在五代以后,而且有愈演愈烈之势。这是由于自然环境的变异和人类活动的共同影响造成的。历史地理的研究表明,随着客观环境的变迁,黄河也在不断地变化着。在距今8 500~4 000年间黄河流域有一个温暖湿润期,距今4 000~3 000年间气候由温润向干冷过渡,总体上,那时气候温润、降雨丰沛、植被茂盛、水土流失轻微,黄河径流量大、含沙量小,因而"水行地中"(《孟子·滕文公下》),是一条地下河。黄河流域也因而成为中华民族繁衍生息的沃土,古代文明的摇篮。距今3 000年以来则进入干冷时期。气温下降、雨量减少、植被退化、森林草原边界南移,造成了水土流失的客观环境。这一时期人类活动对自然界的影响也不断加剧。由于农业发展和人口增加,森林砍伐、植被破坏,由此引起的水土流失与日俱增。受自然环境和人类活动的双重影响,黄河的径流量减少,输沙量增加,下游河床也日益淤积抬高。在自然状态下,一处河床抬高后河水会流向低洼地带,自行寻找洪水出路和容沙空间,河道在下游平原上不断摆动。这种状态和经济社会的发展形成了矛盾。为了保障生产和居住安全,人们开始修筑堤防。堤防限制了洪水的淹没范围,但也加快了河床抬高的速度。河道与堤防竞相抬高,堤防决溢日渐频繁。从春秋到民国期间堤防决溢达1 500多次并有数次大的改道。北起津沽、南达江淮广袤的华北平原上到处都有黄河决溢改道的痕迹。科学和历史告诉我们:数千年来黄河演变与治理的历史,是一部水沙关系由相对平衡到不平衡的演化史;是上、中游侵蚀,下游堆积,移山不止,填海不息的运动史;是人们开发利用黄河,力图控制黄河,而黄河又依照自然规律不断寻求洪水出路和容沙空间的历史。这个历史现在还没有完结,如何顺应自然规律开发黄河水利、根治黄河水害依然是摆在我们面前的繁重任务。

人类的出现使地球的历史进入了新的阶段。人和自然的关系也在不断变化。人是自然发展的产物,依存于自然又对自然界产生影响。人类社会初期,生产力低下,对自然界的影响比较轻微。随着生产力的发展和科学技术的进步,人类具备了影响自然改变自然的强大力量,在和自然的关系上占据了举足轻重的地位。人类活动已经和正在使自然环境发生着巨大的变化,有的变化甚至接近了自然环境承载的极限。人类如果不规范自己的行为就可能造成生态环境的破坏,最终影响自身的生存和发展。黄河流域处于干旱、半干旱地区,水资源相对贫乏。流域面积占国土面积的8.3%,但年径流量仅占全国径流总量的2%;人均水量527 m^3、耕地亩均水量294 m^3,分别占全国平均水平的22%和16%。再加上流域外的供水需求水资源更显不足。目前,黄河的水资源利用率已达52%以上,位居国内外大江大河的前列。随着经济发展和人口增加,水资源紧缺、水体污染已经使黄河不堪重负。20世纪70年代以后黄河频繁出现断流现象,水体污染也与日俱增。据黄河水资源保护局1998年对干、支流重点河段监测评价结果,能作为饮用水源地的河段已不足1/3,完全丧失水体功能的河段则接近

1/4,水体污染还呈不断发展的趋势。泥沙淤积,水资源短缺,水体污染,已经对黄河的健康构成了巨大的威胁。这条伴随中华民族走过漫长历史的母亲河,遭遇了前所未有的危机。现在是我们重新审视自己的行为,善待黄河,关爱黄河,拯救黄河的时候了。多年来,国家已经采取立法、行政和技术的手段,有计划地逐步解决黄河的防洪减淤、水资源节约及合理开发利用、水污染防治等问题,以期实现黄河水土资源的合理开发、利用和保护,使千古黄河永葆青春。

二

中华民族治理黄河已有 4 000 多年的历史,其间黄河的水沙条件和河道情况不断变化,治理黄河的方略也有相应的改变。尽管这些方略各不相同,但有两条基本的原则是必须遵循的:一是给洪水以出路,二是给泥沙以空间。“给洪水以出路”在大禹治水以后从认识和实践上已经基本解决,其主要方法是疏导和分流。“给泥沙以空间”则经历了长期曲折的认识过程。历史上曾采取过许多治理措施,如“宽河固堤”、“束水攻沙”、“河道疏浚”,等等。这些措施均未能遏制黄河“淤积—抬高—决溢改道”的趋势。泥沙淤积问题是黄河复杂难治的症结所在。

(一)输沙水量不足是黄河下游河道淤积的根本原因

黄河的特点是水少沙多,水沙关系不协调。与其他河流相比,它的水资源除须满足流域内生活、生产、生态用水外,还须满足冲沙用水的需求。那么黄河需要多少冲沙用水呢?根据实测水文资料统计,维持下游河道冲淤平衡的年平均含沙量是 20 ~ 25 kg/m^3,也就是说,每输送 1 t 泥沙入海需要 40 ~ 50 m^3 的水量。黄河多年平均输沙量为 16 亿 t,要使河道不淤积,须有 640 亿 ~ 800 亿 m^3 的年径流量,而黄河多年平均径流量只有 580 亿 m^3,不能完全满足输沙用水的需求,这就是下游河道不断淤积抬高的根本原因。

由于气候变化和人类活动的共同影响,从 20 世纪 50 年代到

20世纪末,进入黄河下游的实测径流量呈不断减少的趋势,水少沙多,水沙不协调的矛盾更为突出。虽然来水来沙都有所减少,但因来水的量级减小,特别是大洪水出现的概率降低,水流输沙能力大为下降,下游河道的淤积不是减少而是更加严重了。

(二)有限的空间难以容纳无限的泥沙堆积

河道容纳泥沙的空间是有限度的。我们可以这样界定河道的“容沙空间”,即在一定的设防水位下,河道可容纳泥沙体积的最大值。在河道边界条件改变时容沙空间也会相应改变。设防水位提高,容沙空间随之扩大,反之则会减小。设防水位提高后,防洪工程建设、维护和防守的成本上升,一旦失事造成的灾害损失也会增加,因此设防水位不能无限制地提高,只能限定在技术可行、经济合理的水平上。设防水位一经确定,河道的容沙空间也就确定了,一旦这些空间被泥沙充满,河道的生命也就终止了。

当前处理泥沙的措施也都是有限度的。处理泥沙主要有三条途径:一是把泥沙拦截在上、中游;二是通过河道输送入海;三是堆放在河道及其两侧。

在上、中游处理泥沙,一是采取水土保持措施,二是在干、支流修筑拦泥水库。这些措施是有效的,但从长远看,又受各种条件的制约,也是有限度的。新中国成立以来,开展了大规模、群众性的水土保持工作,取得了明显的治理效果。但是水土保持是一个长期的、渐进的过程,而且由重力侵蚀引起的水土流失难以完全制止。根据地理学家研究的成果,即使在黄土高原植被良好、人类活动影响轻微的商周时期,年水土流失量也有8亿~10亿t。水土保持不能完全解决入黄泥沙问题。在干流修筑大型拦泥水库,可以有效拦截泥沙。按照黄河梯级开发规划,干流枢纽工程总拦沙库容为400多亿m^3,只能解决几十年的拦沙问题。在支流修建拦泥水库,往往要淹没大片川地,对当地经济发展和人民生活影响较大。鉴于我国人多地少的基本国情,大量建设支流拦泥水库是不现实的。

值得一提的是,从河口镇到龙门区间是黄河泥沙特别是粗颗粒泥沙的主要来源区,是造成黄河水沙关系不协调的重要原因。这一地区的天然径流量仅占全河的12.5%,而其来沙量却占全河的56%。可以考虑把这一区间的支流整体或分段拦截使它与黄河干流隔离开来,变为相对封闭的内流区。这样可使下游的沙量大为减少,而对水量的影响不大,使水沙关系不协调的矛盾得到缓解,从而减少下游河道及河口地区的淤积。这也是一条可以探索的治理途径。但即便如此也难以完全解决黄河的泥沙问题。

处理泥沙的第二条途径是利用现行河道尽可能地将泥沙输送入海。这也是长期以来处理泥沙的基本思路。河口滨海区是河道容沙的主要部位,排沙入海可让容沙空间得以充分利用,却不能扩大河道的容沙空间,因而可容纳的泥沙也是有限度的。

第三条途径是在河道及其两侧处理泥沙,其主要措施有放淤固堤、淤筑相对地下河、小北干流和下游滩区放淤等。这些办法都可以处理一定数量的泥沙,但对于年复一年的来沙而言其数量也是有限度的。

人工改道可以开启新的容沙空间,从而使河道获得生机。但是它的损失大、问题多,作为治河方略在历史上从未被采纳过(小范围局部改道除外)。当今社会人口迅猛增加,经济飞速发展,华北平原又是我国人口最稠密的地区之一,交通、水利、能源、通信等基础设施纵横交织,构成密如蛛网的各种网络系统,改道造成的损失是以往任何时代都无法相比的。历史上每次大的改道,都有一个长达数十年的不稳定时期。口门以上剧烈冲刷,口门以下强烈堆积,河槽迁徙无定,防守十分困难,次生的灾害损失也难以估量。因此,改道只能是一种最无奈的选择。

按照黄河上、中游水土保持规划,2001~2010年每年来沙从13亿t减少至11亿t,2010~2020年减少至10亿t,2020~2050年减少至8亿t,2050年之后维持在8亿t。即便如此,这也是一个不小的数字。长远来看,如不采取其他措施改道也是难以避免的。

(三)在河道外处理泥沙是黄河长治久安的必由之路

海洋是接纳黄河泥沙最广阔的空间,输沙入海是实现黄河长治久安的希望所在。但是,利用现行河道输沙入海受到一定的制约。一是黄河水少沙多挟沙能力不足,难以把泥沙全部输送入海,河床因而不断抬高;二是河道的设防水位不能无限提高,容纳泥沙的空间相对有限。在现行河道之外开辟新的高效输沙通道,是破解这一难题的可能途径。

20 世纪 70 年代研究发现高含沙水流具有强大的输沙能力[1]。陕西省水利厅曾在泾惠渠、宝鸡峡引渭渠、洛惠渠三大自流灌区进行过试验,最高引沙量分别达到 41.7%(泾惠渠,1978 年)、42.4%(宝鸡峡引渭渠,1979 年)和 60.6%(洛惠渠,1978 年),渠道均未出现明显淤积。其中宝鸡峡引渭渠输送距离在 100 km 以上。此后,在其他灌区推广,均得到相同的结果和明显效益[2]。由此可见,高含沙水流长距离输送泥沙已为大量的实践结果所证实,提高输沙效率并不是遥不可及的事情。目前,黄河下游河道的输沙效率十分低下,这是水沙过程不均衡造成的。小水时河道淤积萎缩,大水时河槽不能容纳而漫滩,漫滩后流速减小,挟沙能力大幅度下降,导致输沙效率低下。如果在河道外另辟输沙渠道或管道,就可以避免以上问题,使输沙效率大大提高,有效地解决水少沙多的矛盾。当然,建设输沙渠(管)道实行高效输沙,需要解决高含沙水流的塑造、输送和泥沙堆放等问题[3]。有关部门和专家已进行过不少研究和试验,这些问题是可以逐步解决的[4,5]。

黄河的泥沙淤积问题,曾经是无数治河者的困惑与烦恼,人们走过了漫长的求索之路,目前已经看到了彻底解决的希望。一旦上述设想得以实现,黄河将进入一个新的历史时期。小浪底水库成为水沙调节的枢纽,黄河下游将实现清浑(水)分流。泥沙通过渠(管)道向外输送,用于填海造陆、淤地改土和作为建筑材料,从而变成宝贵的资源;清水(低含沙水流)通过现行河道向下宣泄,使河道保持平衡稳定;库区通过抽淤可永久保持需要的调节库容;滩区已完成它的历史使命,堤防间距可以大幅度收窄。黄河下游展现给人们的将是堤防永固、绿水长流、经济发展、人水和谐的绚丽画卷。

参考文献

[1] 当代治河论坛编辑组. 当代治河论坛[M]. 北京:科学出版社,1990.

[2] 黄河水利委员会. 获奖科技成果选编(1)1978—1984.

[3] 王渭泾. 关于黄河下游治理的思考[J]. 中国水利,2004(11):26 - 28.

[4] 费祥俊,王光谦,等. 重提高含沙水流长距离输送[C]//黄河小浪底水库泥沙处理关键技术及装备研讨会文集. 郑州:黄河水利出版社,2007.

[5] 王普庆. 利用管道输沙至海关键技术研究[C]//黄河小浪底水库泥沙处理关键技术及装备研讨会文集. 郑州:黄河水利出版社,2007.

治　理　篇

ZHI LI PIAN

黄河流域环境变异与治河方略的演变*

二〇〇九年二月

在研读黄河历史时，常常会产生这样的疑问：从大禹治水到新中国成立前，黄河治理已有4 000多年的历史，其间生产力不断发展，治河技术不断进步，但黄河的决溢灾害为什么没有减少，反而越来越多呢？大禹治水能够功施三代（夏、商、周），安流千余年，而为什么北宋以后却连年水患，三年两决口、百年一改道呢？中国历史上出现过许多治水英雄和治河名人，他们在实践中创造了不少行之有效的治河方略，取得了相对安流的治理成效。但为什么有些治河方略后来却被逐渐舍弃，即使采用也效果不佳甚至无济于事呢？之所以出现这些现象，是因为在漫长的岁月里黄河自身不断地发生着变化。历史的黄河不同于今天的黄河，未来的黄河也将有所不同。长期以来，人们主要借助史料记载了解黄河的历史情况，但是史料记载存在着时间、空间和认识上的局限性。最早记载黄河的史籍是《尚书》，成书年代约在春秋时期，距今不过2 000多年，对黄河而言只是一个短暂的时段。史料记载又多限于某一河段、某一时点，往往缺少对整体情况的记述。由于科学技术水平的限制，历史记载也难以留下全面翔实的数据资料。因而，在史籍中看到的黄河常常是片段的、瞬时的、孤立的，难以反映黄河变化的全貌。随着科学技术的进步，人们从地球本身——沉积岩、沉积地层中获取了大量的历史信息，大大开阔了人们的眼界，弥补了史料记载的不足。这也有助于我们了解黄河变迁与外部环境的

* 本文曾刊登在2009年4月2日《黄河报》。

关联,从而加深对黄河历史的认识。

一、自然环境的变迁

(一)距今3 000 年以前的自然环境

地学家们通过地质勘探、考古发掘,以及西北地区黄土地层中植物孢粉、动物遗骸、内陆湖水位遗迹等综合研究发现,3 000 年以前黄河流域的自然环境和现今有明显不同。

1. 气候

全新世以来我国北方地区存在一个温暖湿润期。这个温暖湿润期距今8 500 ~3 000 年。其间又分为距今8 500 ~7 000 年的波动升温期,距今7 000 ~6 000 年的稳定暖湿期,距今6 000 ~4 000 年较稳定的温暖期,距今4 000 ~3 000 年的气温波动下降期。距今3 000 年以来则进入气温下降、变干与人类活动影响叠加期。大禹治水发生在较稳定的温暖期,从夏到西周初期处在气温波动下降期。在4 000 年前的温暖湿润期,我国北方年平均气温比现在高出2 ~3 ℃,黄河上游年降水量为600 ~700 mm,比现在多70% ~80%,中游鄂尔多斯地区年降水量约为650 mm,比现在年降水量450 mm 高出40%以上。在距今4 000 ~3 000 年的气温波动下降期,年降水量也比现今高出100 mm[1]。

2. 地形地貌

春秋以前的黄土高原不像现今这样支离破碎,除山地外就是原和隰。“原”按照我国最早的辞典《尔雅》的解释就是广平之意,当时的周原包括现在陕西省的凤翔、岐山、扶风、武功四个县的大部分,兼有宝鸡、眉县、乾县、永寿四个县的小部分,比现在周原要广大得多[2]。今天的平凉、庆阳地区那时被称为大原,是一片广阔的草原,著名的董志原就是其中的一部分。直到百十年前当地还有“八百里秦川,抵不过董志原一边”的民谚。原和原之间则是较为低湿的河谷台地,称为“隰”,也是比较宽阔宜于发展耕作的地带。在我国古代史籍中有许多关于原、隰的记载,如“畇畇原隰,曾孙田之”、“原隰既平,泉流既清”、“皇皇者华,于彼原隰”、(《诗经·小雅》)、“周原膴膴,堇荼如饴”(《诗经·大雅·绵》),等等。

黄河下游的地貌也不像今天这样平坦无垠,除冲积平原外,还有凸起的丘、陵、冈、阜和众多湖泽[2]。丘陵高地大多为先民聚居之地,随着平原的淤积抬高,水患消除,人们才逐渐迁居于平地。《禹贡》在兖州一段里记载“桑土既蚕,是降丘宅土”,就是对这种变化的记述。春秋以前的地面比现在要低十几米到几十米,随着黄河泥沙的积淀,有些丘、陵、冈、阜已被掩埋。春秋战国时期就有许多关于丘、陵、冈、阜的记载,以丘为例,见于《春秋》、《左传》的记载就有数十处之多。除高地外还有众多的湖泊和沮洳地带[2,3],其中较大的有大野泽、大陆泽等。据《元和郡县志》记载,在唐代大野泽虽经黄河淤积,南北长仍有三百里,东西宽百余里。大陆泽的大小当时没有具体记载,据现代在河北巨鹿等八县间遗址的勘测,长约 67 km,宽 28 km。图 1 为河北省古湖淀群示意图。

3. 径流、泥沙

根据古气候研究的结果,可以对当时黄河的径流、泥沙状况进行粗略的估算。我国北方地区在温暖湿润期年平均降水量比现在多出 40% ~80%,进入下游的年均径流量若按同比放大应不小于 900 亿 m^3。夏、商、周时期的年平均降水量比现在多出 100 mm,约高 25%,进入黄河下游的年均径流量在 600 亿 m^3 左右。

对于进入下游的泥沙量地理学家们进行过专题研究[4],选定距今 3 000 年以前作为黄土高原自然侵蚀的背景值,即在人类活动影响轻微的自然状态下,黄土高原自然侵蚀的基础数值。当时黄土高原植被完好,属“疏林灌丛草原”。原面上有广阔的草地,成片的灌木丛,间有松、桦等乔木生长,对原面土壤有良好的保护作用。对当时的自然侵蚀,专家们有三条研究途径:一是根据不同时期黄河下游冲积扇的面积、沉积物平均厚度、泥沙比重、河道迁徙时间等参数计算下游的堆积量,从而计算出不同时期年平均侵

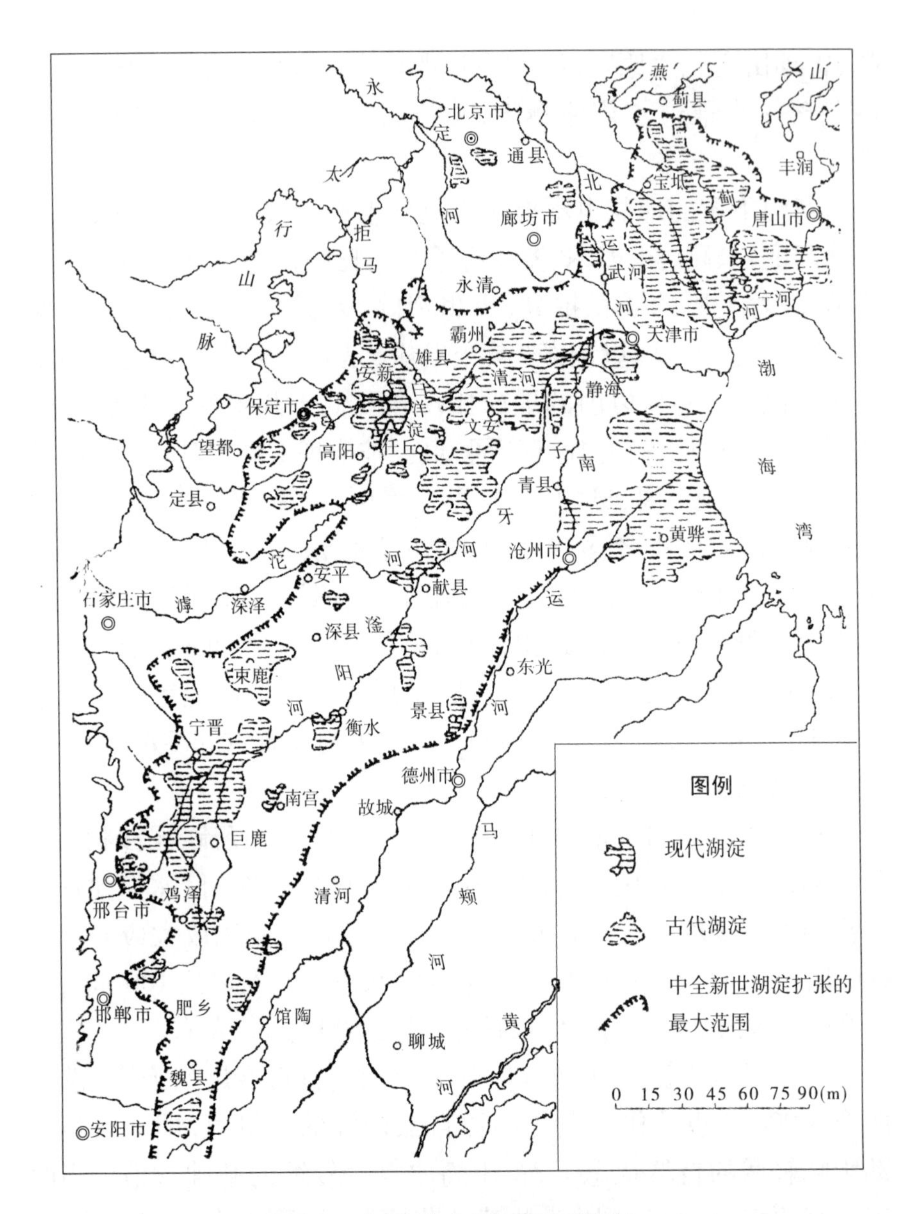

图1　河北省古湖淀群示意图

蚀率。用这种方法计算距今6 000～3 000年的年均侵蚀量为9.75亿t。二是由古黄河口泥沙淤积量推算。利用河口地区泥沙淤积量参照泥沙在下游淤积的分配比例,推算下游的总淤积量。

由于不同时期下游淤积分配情况复杂，计算出入可能较大，用这种方法计算的年均侵蚀量为6.5亿t。三是由小流域土壤侵蚀模型外推。有关专家曾建立了皇甫川流域土壤侵蚀模型，但由于其他小流域尚未完成这类分析，因此尚无整个流域的计算结果。根据以上研究成果，黄河流域自然侵蚀的背景值应在8亿~10亿t，这个数字也即西周以前进入黄河下游的泥沙数量。

4. 下游河道状况

根据上述史料和研究成果，可以对西周以前黄河下游河道作出一些基本的判断：

其一，下游河道是地下河。根据上述年均径流量和侵蚀量计算，夏代以前进入下游的年平均含沙量为9~11 kg/m^3，夏、商、周时期进入下游的年平均含沙量为13~17 kg/m^3。根据现代的观测研究成果，年均含沙量在20~25 kg/m^3 即可维持河道冲淤平衡，小于这个数值河道就会冲刷下切，这样的水沙关系不可能形成地上河。《孟子·滕文公下》记载大禹治水以后“水行地中”，应是符合实际情况的。

其二，河道可保持长期稳定。当时的河道为“山经河道”或“禹贡河道”，这两个河道在大陆泽以上实际为同一河道，由于含沙量小，河道处于冲淤平衡，有时或处于微冲状态。泥沙主要淤积在大陆泽和河口地区，只有在大水漫溢时才会在两岸造成淤积。洪水回落时水流即可归槽。大水时主槽一旦冲刷扩展，可以长期维持较大的河道断面。

其三，不需要堤防。当时下游人口稀少，开垦范围不大，人们多居于丘、陵、冈、阜之上，黄河蜿蜒于高地和湖泊之间，河流有较大的调节库容，人们有足够的回旋余地，加之下游气候温和、土地肥沃，因而成为中华民族繁衍生息的沃土，中华文明产生和发展的摇篮。

(二)3 000 年以来的环境演变

1. 气候、环境

3 000 年以来黄河流域的自然状况发生了很大的变化。气候变干、变冷,与前期相比年平均气温下降了 2 ~3 ℃,降水量也明显减少。其间虽有周期性波动,但和现今气候已大体相仿。受此影响,西北地区森林减少,草原退化,草原和森林的边界向南推移。这时人类活动对自然环境的影响也大大加剧了。其中较突出的有三个时期:

一是战国后期到西汉。战国后期秦、赵两国就在北部边陲设置郡县,迁移人口。秦始皇统一六国后,郡县设置一直到达阴山南麓。汉武帝以后继续移民开发使一部分牧区改变为农业区。随着人口的增加,六盘山、子午岭一带的森林也遭到砍伐,植被破坏,水土流失加剧,那时已有“泾水一石,其泥数斗”的记载(《汉书·沟洫志》)。

二是唐代中、后期。由于国家统一,国力强大,在北方游牧地区设置了更多的州县。开发的范围向北扩展,生态环境退化愈加明显。鄂尔多斯高原在 5 世纪初还是肥美的草原,大夏国曾在此建国都统万城,赫连勃勃赞美这里“美哉,临广泽而带清流”(《元和郡县图志·关内道四》)。时隔二三百年这里就发生了巨大变化,被描写为“广长几千里,皆流沙”,北宋淳化五年(公元 994 年)因“深陷沙漠中”统万城被废弃(《资治通鉴》)。可见唐代以后生态环境急剧恶化。图 2 为统万城遗址。

三是北宋以后。由于人口的增加,对木柴和薪炭的需求越来越多,不仅关中及其周围地区的森林遭到砍伐,而且大规模的砍伐又向陇西和吕梁山北部地区发展。明代为了巩固边防,在黄河中游重新修筑长城,设置州、县,实行屯田制度。黄河中游沿边一带“山之悬崖峭壁,无尺寸不耕”(《明经世文编卷 359·清理山西三关屯田疏》)。清代人口剧增,加剧了土地的开垦。乾隆十一年山西巡抚阿里衮的奏文里说:山西“实无遗弃未尽,可以开垦地土”。

图2 统万城遗址

足见当时开垦土地的广泛程度。

2. 径流、泥沙

随着气候、环境的变化,黄河的径流、泥沙状况也发生了改变。这一时期的气温、降水已和现代大体相当,进入黄河下游的径流,可按每年470亿m^3左右估算。战国时期进入下游的泥沙总量年均约11.6亿t,明代中期则增加到13.3亿t,清代中后期增加至16亿t[4],相应的年均含沙量由24.7 kg/m^3逐步增加至28.3 kg/m^3及34 kg/m^3。根据现代观测研究的结果推断,在这样的年均含沙量下,不但河口会不断淤积延伸,下游河道也会发生严重的淤积抬升。

3. 河道变迁

由于泥沙淤积,黄河下游河道也不断发生改变。战国以前虽然含沙量较小,但经过1 000多年的日积月累,到春秋中期大陆泽已被淤平,大陆泽以下的低洼地带也普遍淤积抬高。公元前602年禹河故道废弃,改行西汉河道。西汉时黄河含沙量增加,河道两侧又缺少大型的湖泽调蓄,加之堤防强化,逐渐形成地上悬河。公元11年黄河在魏郡决口,继续向东南摆动,进入了东汉时期的河道。这个河道入海流程短,地势低洼,两侧又有大野泽等众多湖泽的调节,有较大的容沙空间,加之王景治河时因势利导措施得当,出现了一个800多年的安流时期,直到唐代末期因长期淤积而进入行河晚期。北宋时的河道在西汉和东汉河道之间,两侧都已淤积抬高,容纳泥沙的空间有限,北宋政权虽全力修治,始终未能改变频繁决口的局面。公元1128年黄河改行徐淮河道。金、元、明、清时期,每年进入下游的泥沙总量由13.3亿t逐渐增加到16亿t,年均含沙量已大大高于维持河道冲淤平衡的临界数值。这一时期河道淤积严重,决口不断,河南中、东部及以下地区,大面积淤积抬升。

总之,从战国到清代的2 000多年间,西北地区的自然环境和社会环境都发生了巨大的变化:气候变干变冷,降水量减少,土地旱化,河湖萎缩,草原自然边界向南推移,加上人口增加,人类活动影响加剧,致使进入黄河的泥沙不断增加,黄河下游的淤积改道频繁发生。

二、治河方略的演变

随着自然环境变异和黄河水沙关系的改变,人们治理黄河的方略也自觉不自觉地发生着变化。笔者认为,历史上的治河方略大体可分为四个阶段:第一阶段是从大禹治水到春秋末期,这一时期的治理方略是以疏导和分流为主;第二阶段是战国到明代后期,是从分流治理到合流治理的过渡阶段,这一时期的治理方略是筑堤和分流并用或交替使用;第三阶段是从明代后期到新中国成立,是以筑堤合流、束水攻沙为主的治理阶段;第四阶段是新中国成立以后,黄河进入了全河统筹、综合治理的新阶段。

(一)疏导和分流为主的治理阶段

尧舜时代河道处于自然状态,尚未进行过疏通和整治,常因河道壅塞、排水不畅造成大面积漫溢。大禹之前的治理方法是"堵",这是一种原始的局部防洪措施,鲧用这种办法治水九年"绩用弗成"。大禹则顺应水流的自然规律采取以疏导为主的治理方略,经过13年的努力,疏通了河道,沟通了黄河与济水、漯水的联系,实现分流入海。还对沿河湖泊进行了治理。于是,“九川既疏,九泽既洒,诸夏艾安,功施于三代”(《史记·河渠书》),成为历史上第一个安流时期。

(二)筑堤和分流相结合的治理阶段

战国以后的黄河发生了两个重要的变化。一是径流减少,沙量增加,水沙关系由相对平衡变为不平衡,下游河道也由地下河逐渐变为地上河;二是堤防形成。当时黄河下游已成为人口密集、经济发达的地区,为了保护居住安全和经济发展,黄河堤防出现了。堤防的形成是经济社会发展的必然要求,也是治河方略的一大进步。堤防修筑也带来负面的影响——泥沙集中淤积在两堤之内,形成地上悬河,造成决口甚至酿成巨大的灾难。堤防的功过是非千百年来引发过无数争论,但黄河堤防却在不断的争论中世代传承。西汉时由于河道淤积,悬河发展,决溢灾害频繁,贾让提出“治河三策”。他主张分流治理,让水流宽缓不迫,自由淤积摆动,对“缮完堤防”持否定的态度。东汉时的王景则是一个实行家。他没有按照当时流行的主张实行分流,而是就改道后的新河修筑堤防,因势利导,取得了治河成功,迎来了大禹之后第二个安澜时期。金、元和明代前期,由于南北对峙、“保漕”等原因,实行北岸筑堤、南岸分流的治理策略。实行的结果并没有像分流论者想象的那样“期月自定,千年无恙”,而是“忽南忽北,靡有定向”,成为黄河历史上灾害最为频繁的时期。

(三)合流攻沙为主的治理阶段

经过战国至明代的河道变迁,黄河下游的广大地区已严重淤积抬高,许多大型湖泊也相继消亡。实行分流策略,造成泥沙淤积、河道乱流,已经到了难以收拾的地步。这时潘季驯等提出了“筑堤束水,以水攻沙”的治河思想,在治河者中间展开了分流与合流的争论。主张分流的人认为,疏导分流是大禹治水的成功经验,是不能改变的“圣人之法”。主张合流的人则从水和泥沙的相互作用提出了不同的见解。潘季驯指出“水分则势缓，势缓则沙停，沙停则河饱，水合则势猛，势猛则沙刷，沙刷则河深”，主张束水攻沙。在水流运动的过程中，水和泥沙是相互矛盾又相互关联的两个方面。矛盾的主要方面决定着事物的性质和发展方向，在含沙量小于水流挟沙能力时，水是矛盾的主要方面，这时的河道不会发生淤积，实行分流治理，可以分杀水势，减轻洪水威胁，取得较好的治理效果。在含沙量大于水流挟沙能力时，泥沙成为矛盾的主要方面，河道淤积就成了不可避免的发展趋势。这时再实行分流将会造成更加严重的淤积，不利于河道治理。潘季驯主持治河期间，堵塞决口，截支强干，筑堤束水，以水攻沙，改变了此前河道“忽东忽西，靡有定向”的乱流局面，取得了为后人称道的治理成就。当然，束水攻沙的方略也不是一剂万应灵丹，源源不断的泥沙必须有堆放的空间。即使不淤在河道也必然淤积在河口，使河口延伸，比降变缓，输沙能力降低，造成自下而上的溯源淤积。潘季驯以后大都实行合流治理，虽然在规顺河道、减少灾害方面起到了积极的作用，但河道的淤积抬高始终没有得到解决。

（四）全河统筹、综合治理的新阶段

新中国成立后，在认真总结历史经验的基础上，提出了一系列新的治理方略。较之历史上的治河方略，具有以下鲜明的特点：

（1）坚持除害兴利，综合利用。几千年来，黄河下游灾害频繁，成了历朝历代人民群众的沉重负担。人们能保住洪水时堤防不决口就满足了。新的方略强调要把害河变为利河，利用黄河的水土资源为人民造福，大力开发灌溉、发电、供水等水利事业，为经济社会的全面发展服务。

（2）把全流域作为一个整体进行治理。历史上治理黄河多局限于下游。新的方略按照除害兴利、综合利用的要求，从干流到支流，直到流域内的广大地区，进行统筹规划，全面治理，综合开发利用。这是治河方略的历史性进步。

（3）水沙兼治，更加注重泥沙处理。历史上治河大多着眼于洪水处理,潘季驯治河虽然关注到泥沙,但处理手段相对单一,仍难以解决下游河道的淤积问题。新的方略在全河上下采取综合措施,拦减和利用泥沙,达到减缓河道淤积的目的。

(4)采用现代技术手段探索黄河的自然规律。历史上对黄河自然规律的认识大多基于定性观察和经验积累。新中国成立后开展了大规模的水文、气象、河道、地质的观测研究工作,收集了大量的基础数据,使我们对黄河的认识建立在更加科学可靠的基础之上。特别是现代水力学、泥沙运动力学为我们制定完善治河方略奠定了理论基础。这些都是历史上任何时期都无法相比的。

三、历史的启示

从黄河流域自然环境变迁和治河方略演变中,可以得到以下重要启示。自然界是一个不断运动、相互联系又相互制约的整体。地球上的水在岩石圈和大气圈之间不断地运动和循环着。河川径流是水循环中的一个环节,因而不可避免地受到气候变化的影响;河川径流在地表流动奔泻,又会和地球表面发生相互影响、相互制约的关系;大自然孕育了万物和人类,人类活动又对自然环境产生影响,随着生产力和科学技术的进步,这种影响越来越大,成为自然环境改变不可忽视的重要因素。

无数事实告诉我们:数千年来黄河演变与治理的历史,是一部水沙关系由相对平衡到不平衡的演化史;是上中游侵蚀,下游堆积,移山不止,填海不息的运动史;是人们开发利用黄河,力图控制黄河,而黄河又依照自然规律不断寻求洪水出路与容沙空间的历史。这个历史现在还没有完结,如何利用黄河的水土资源为经济社会的发展服务,同时又顺应自然规律给黄河洪水寻求出路,特别是为黄河泥沙寻求堆放的空间,将是一代代治河人必须面对的一个长远的课题。

参考文献

[1] 刘东生. 西北地区自然环境演变及其发展趋势[M]. 北京:科学出版社,2004.

[2] 史念海. 河山集·二集[M]. 北京:生活·读书·新知三联书店,1981.

[3] 张新斌,等. 济水与济河文明[M]. 郑州:河南人民出版社,2007.

[4] 叶青超. 黄河流域环境演变与水沙运行规律研究[M]. 济南:山东科技出版社,1994.

给泥沙以空间*

——关于黄河下游治理问题的思考

二〇〇九年十月

黄河是世界上最著名的多泥沙河流之一。它流经我国西北的黄土高原,裹挟大量泥沙进入下游,淤积在黄淮海大平原上。在自然状态下,黄河不断摆动自行寻找洪水出路和堆沙空间。但是,这种自由泛滥的状态和人类社会的发展产生了冲突。人们在与黄河的抗争中,虽然取得过一次次的胜利,阶段性地把河道控制在一定的范围之内,但始终无法改变黄河不断决口改道的局面。因而,也引发了人们对于治河方略的探索与思考。

1964 年 3 月,为解决三门峡水库的运用与改建问题,国务院曾召开治黄工作会议。在这次会议上,展开了新中国成立后一次治黄方略的大讨论。周恩来总理在听取各方意见之后曾经说:总的战略是要把黄河治理好,把水、土结合起来解决,使水土资源在上、中、下游都发挥作用,让黄河成为一条有利于生产的河。这个总设想和方针是不会错的,但是水、土如何结合起来,这不仅是战术问题,而且是带有战略性的问题。譬如,泥沙究竟留在上中游,还是留在下游,还是上、中、下游都留些?我们还有许多没有认识的领域,必须不断去认识。周总理已经看到,泥沙处理是治黄的战略问题,是黄河治理的关键所在。

---

* 本文曾刊登在 2009 年 9 月 17 日《黄河报》。

一、黄河下游河道容纳泥沙的能力是有限度的

（一）关于容沙空间的概念

黄河下游水少沙多，河床不断淤积抬高。在自然状态下河道通过摆动迁徙可以找到广阔的沉积泥沙的空间。但是随着堤防的形成和完善，河道摆动的范围受到约束，泥沙沉积的空间也受到限制。为便于讨论，我们对河道的容沙空间给出以下定义，即**在一定的设防水位下，河道可容纳泥沙体积的最大值**。容沙空间的下界面是两堤之间或最高设防水位线以下的河床表面（包括河口三角洲和相应的浅海区）。它的上界面是最高设防水位下的河面宽度和临界比降（浅海区为平衡比降）构成的面。这里的临界比降是指维持河道输沙的最小比降，平衡比降是指浅海区在海洋动力作用下达到平衡状态时的比降，在上述空间中扣除槽蓄水的体积，即为河道的容沙空间。

（二）容沙空间的盈缩

在河道边界条件改变时容沙空间也会相应改变：设防水位提高时，容沙空间随之扩大，设防水位降低则容沙空间随之减小。设防水位提高后防洪工程建设、维护和防守成本上升，一旦失事造成的灾害损失也会增加，因此设防水位的提高是有限度的，只能限定在技术可行、经济合理的水平上；分流、分滞、湖泊调蓄可增加河道的容沙空间，堤防决口也会开拓新的容沙空间；河道扩宽可增加容沙空间，滩区围垦则会缩小容沙空间，等等。

有人会提出，河口是一个开放的系统，排沙入海能否扩大容沙空间呢？借助海洋动力将泥沙输入深海能否使容沙空间不断增加呢？首先，输沙入海必须保持一定的比降，随着泥沙入海会使河口延伸，比降变缓，输沙能力下降，为了保持输沙能力就必须提高水位，可见保持输沙能力是以水位抬高为条件的，在既定设防水位下河道的容沙空间是不能扩大的。其次，海洋动力的作用，只能影响河口及浅海区的淤积形态，不能有效增加河道的容沙空间。河口

区的潮流在 24 h 内呈现周期性往复变化，它的合成矢量（余流矢量）很小，不足以使河口泥沙产生定向推移，只能使河口淤积体在潮流的往复作用下逐渐坦化、扩散。它的表现是淤积体前沿向前推进，淤积体上部逐步退蚀，纵比降变缓，当海底达到平衡比降时，这种运动也就停止了（见图 1）。虽然不排除少量泥沙扩散到其他海域，但与河口泥沙的大量堆积相比是微不足道的。河口及河道的观测结果充分说明了这一点。

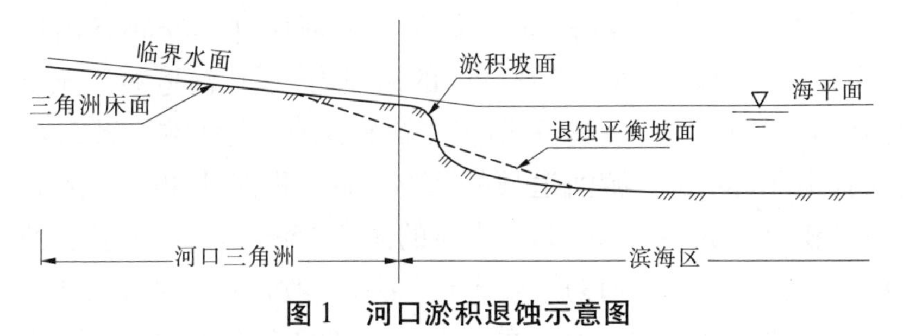

图 1　河口淤积退蚀示意图

（三）容沙空间的利用

河道的容沙空间是有限的，在容沙空间被充满之后河道的生命就终止了。因此，河道容沙空间的大小和来沙量的多少就决定了行河年限的长短。我们不妨用河道的容沙空间的不同来观察一下河道变迁的历史："禹贡河道"有巨大的容沙空间。其一，下游有巨大的"调节水库"——大陆泽及其以下的湖泊群。其二，河口地区地势低洼。史料记载大陆泽以下的九河"同为逆河"，即涨潮时海水倒灌的河流，是类似潮间带的低洼地区。加上那时来沙较少，年均沙量 8 亿～10 亿 t，所以行河千余年才发生改道。西汉河道沿河较少有大型湖泊，来沙量也逐渐增加，行河维持了 600 余年。王景治河后的东汉河道，由于流程短、地势低，加之分流河道——济水进入大野泽，增加了容沙空间，因而也行河 900 余年。北宋时的"横陇"、"东流"河道处于西汉、东汉两河故道之间，"北流"河道处于禹河、西汉故道之间，这些故道均长期行河并屡屡决口，河道之间已发生大量淤积，所剩空间较为有限，北宋王朝虽举全国之力治理黄河，也难以改变频繁决口的局面，仅行河百余年就改行徐淮河道了。徐淮河道的情况有所不同，虽然此时来沙较多，也无特别有利的地形地势，但当时采取“弃南保北”的方略，南岸没有完整堤防，行河范围遍及黄淮之间，淤积范围广大，也维持行河700余年。

河道的容沙空间实际上并不能完全利用，由于泥沙沉积不均衡，常常在容沙空间被充满之前改道就发生了。就纵向沉积而言，由于泥沙输移的惯性影响，淤积最强烈的河段并不在峡谷出口附近，而是在孟津以下200～400 km的河段内（现行河道夹河滩至孙口附近）。根据1950～1997年实测资料统计，夹河滩至孙口河段的河长169 km，占下游河道长的22%，而淤积泥沙40.32亿t，占下游淤积总量的44.2%，形成明显的淤积“驼峰”，引起强烈的河势游荡。因此，这一河段成为历史上决口、改道最频繁的地区，历史上大的改道多发生于此。例如公元前602年的宿胥口、公元11年的魏郡、公元1048年的商胡、1855年的铜瓦厢均在此范围之内。在下游采取巩固堤防、整治河道、调水调沙等措施，加大河道的排洪输沙能力，尽可能输沙入海，可以减轻纵向淤积不均衡现象，有利于河道的容沙空间得到较充分的利用。河道淤积在横向上也有不均衡问题，近年来表现更为突出。河道未经整治时，河槽可以自由摆动，滩槽位置不断变换，河床也因此均衡抬升。在经过整治固定河槽以后，泥沙主要淤积在主槽两侧，逐渐出现主槽平均高程高于滩地平均高程的“二级悬河”现象（见图2），不仅威胁堤防安全，也造成河道容沙空间不能有效利用。如能有计划地引洪淤滩，可使“二级悬河”得到缓解，容沙空间也将得到充分的利用。

二、目前处理泥沙的主要途径

泥沙淤积是黄河灾害的根源，妥善处理泥沙是治河的根本任务之一。当前处理泥沙的途径主要有三条：一是把泥沙拦截在上、中游；二是把泥沙输送入海；三是把泥沙堆积在河道及其两侧。对

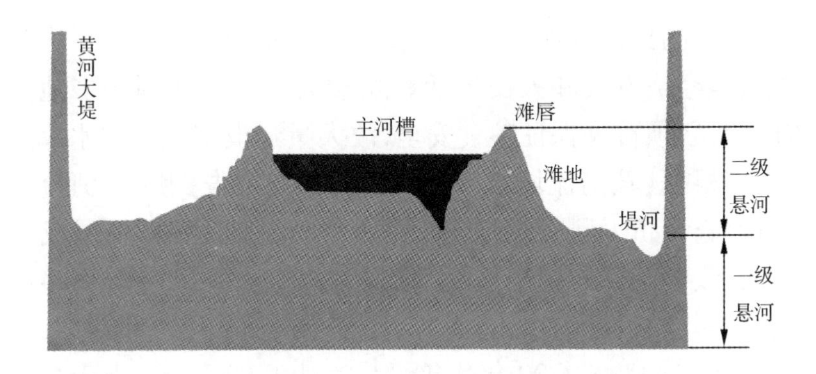

图2 “二级悬河”示意图

于这些处理方法的效果和前景分别作以下分析和探讨。

(一)在上、中游处理泥沙

在上、中游处理泥沙主要有两种措施:一是水土保持;二是在干支流修筑拦泥水库。这些措施的效果是肯定的,但从长远看,又受各种条件的制约,也是有限度的。

1. 水土保持

黄土高原经过长期侵蚀,地表已经受到严重破坏,沟壑纵横,支离破碎,而且沟深坡陡,土质疏松,极易侵蚀流失。新中国成立以来,对水土流失开展了大规模、群众性的治理活动,初步形成了生物、耕作和沟道工程三大措施体系,取得了一定的治理效果。但是水土保持是一个长期的、渐进的过程,而且由重力侵蚀引起的水土流失难以完全制止,最终的治理效果也是有限度的。根据地理学家研究的成果,即使在黄土高原原面完整、植被良好、人类活动影响轻微的商周时期,黄土高原年水土流失量也有8亿~10亿t之多,水土保持不能完全解决入黄的泥沙问题。

2. 修建拦泥水库

在干流修筑大型拦泥水库可以有效拦截泥沙,有的还可建成综合性枢纽,兼具灌溉、发电、调节水沙等多种功能。按照黄河梯级开发规划,尚未建设并能发挥较大作用的干流枢纽工程还有古贤、碛口、大柳树等少数几个,总的拦沙库容为300多亿m^3,只能解决几十年的拦沙问题。在支流修建拦泥水库往往要淹没大片川地,对当地经济发展和人民生活影响较大。鉴于我国人多地少的基本国情,必须首先保证粮食安全,故大量建设支流拦泥水库是不现实的。根据《黄河流域水库泥沙淤积调查报告》和《黄河流域基本资料审查评价及天然径流量计算》等资料统计,新中国成立以来,黄河上、中游共修建小(一)型以上支流水库483座,大多以灌溉、发电等兴利目标为主,总库容为75.54亿m^3。20世纪80年代年平均拦沙1.37亿t;90年代年平均拦沙1.03亿t。由于总库容有限,难以长期发挥拦沙作用。

需要指出的是,大量修建水库枢纽工程,对黄河的水沙关系有着不可忽视的负面影响。上、中游的枢纽工程大多为综合利用枢纽,有些还以发电、灌溉为主。在运行时一要增加水量消耗,二要对径流过程产生影响。为了提高发电保证出力和灌溉保证率,势必要在丰水时拦蓄,枯水时泄放,使径流过程坦化,洪水量级减小。例如1986年龙羊峡水库建成并和刘家峡水库联合运用之后,黄河下游的水沙过程就发生了较大改变,汛期来水比例减小,非汛期来水比例增加,高含沙洪水出现机遇增多,河槽萎缩,输沙能力降低。1950~1999年的50年间花园口站年均径流量为408.2亿m^3,年均输沙量为10.64亿t,而龙羊峡水库运用后从1986~1999年的14年间,年均径流量为276.4亿m^3,年均输沙量为6.84亿t。虽然水沙量近乎同比减少,但由于洪水过程坦化,量级减小,输沙能力却大大降低,下游河道的淤积量明显增加。1950~1999年下游河道年均淤积1.86亿t,占来沙量的17.5%,而1986~1999年年均淤积2.23亿t,占来沙量的32.6%,无论是淤积的绝对量还是淤积比都有明显增加。由此可见,在修建枢纽工程的同时,也须高度重视其对自然环境和河道输沙能力的影响。

(二)输沙入海

处理泥沙的第二条途径,就是利用现行河道尽可能地将泥沙输送入海。这也是长期以来处理泥沙的基本指导思想。如前所述，排沙入海也要占据河道的容沙空间，但河口滨海区是河道容沙的主要部位，如不能有效地将泥沙输送到位，容沙空间将难以有效利用，从而加速河道的衰亡。要想把泥沙输送到位，必须具备适当的来水来沙条件和河道边界条件。根据多年的观测，保持下游河道冲淤积平衡的年均含沙量为20～25 kg/m^3，也就是说，每输送1 t泥沙需要40～50 m^3 的水量。20世纪以来，黄河下游多年平均含沙量为35 kg/m^3，大于维持冲淤平衡的临界含沙量，下游河道总体上处于淤积状态。为了尽可能地增加排沙入海的数量，目前主要采取整治河道、调水调沙和增水冲沙等治理措施。

1. 整治河道、调水调沙

为了有效地增加排沙入海的数量，近年来采取了整治河道、调水调沙的治理措施。通过建立黄河水沙调控体系，塑造适宜的水沙过程及河道边界，尽可能提高河道的输沙能力。调水调沙的基本要求是：

一要有一定量级的洪水和持续时间。水流挟带泥沙的能力和流量的高次方成正比，流量越大，挟沙力越大，输沙效率（单方水输移泥沙的数量）也越高。除量级外，还需要一定的洪水持续时间，否则会造成上冲下淤，不能有效地将泥沙冲泻入海。

二要有一定的边界条件。上述挟沙能力和洪水量级之间的关系，只有在河道顺畅且不漫滩的情况下才能完全成立。一旦洪水漫滩，进滩洪水的挟沙能力会迅速降低，一般会发生滩地淤积、河槽冲刷的“淤滩刷槽”现象，全断面的挟沙能力和排沙比也会随之下降。此外，排洪河道的断面形态对输沙能力也有显著影响，窄深的河道断面，输沙能力相对较大。因此，通过河道整治，形成窄深、稳定、行洪顺畅且有较大过洪断面的中水河槽，是提高河道输沙能力的重要条件之一。但是在大水大沙的条件下，泄放漫滩洪水，实行淤滩刷槽也是一种合理的选择。虽然会有一定淤积，但可以改善横断面的形态，增加滩槽高差，扩大主槽的排洪输沙能力。

三要调节水沙搭配。通过工程控制，泄放含沙量适宜的洪水，是调水调沙的基本要求。如果含沙量过大,会造成主河槽淤积,降低排洪输沙能力;如果含沙量过小,主槽虽可出现冲刷,但泥沙启动需要消耗水流能量,且床沙颗粒较粗,不利于启动和挟带,也不能达到最佳的输沙效果。

调水调沙也有一些重要的制约因素。首先,调水调沙只能解决因水沙过程不平衡造成的淤积,而对于水沙总量不平衡(即泥沙量超出水流总体的挟带能力)造成的淤积却无法解决,对上、下断面输沙能力不平衡造成的淤积也效果不大。其次,调水调沙受到水量的制约,不但每次调水调沙过程都需要一定量级的洪水和持续时间,而且塑造和维持中水河槽也必须有足够的水量。随着流域内人口的增加和经济的发展,耗水量越来越大,进入下游的实测径流量呈不断减小的趋势,初期形成的中水河槽将难以长期维持,成为调水调沙的重要制约因素。再次,调控泥沙比调控洪水更加困难。泥沙一旦在库区或河道内淤积,将难以重新启动,给水沙配置特别是泥沙颗粒级配的调整造成困难,这也是调水调沙的制约因素之一。

2. 增水排沙

多年来,黄河流域用水量不断增大,水少沙多的状况更加突出。为了解决这种资源性缺水问题,黄河水利委员会提出了流域外调水的规划,并做了大量的前期工作。国家规划的南水北调有东、中、西三条线路。其中,西线南水北调是唯一一条能够增加黄河水量、改善黄河水沙关系的线路。规划每年从长江调水 170 亿 m^3,对缓解黄河水少沙多、水沙不平衡的矛盾将起到积极而重大的作用。近来也有专家提出由三峡库区"引江入渭"的调水方案,对解决黄河的问题也有积极的意义。但是随着人口的增加、经济的发展,以及全球气候变化的影响,各地水资源平衡都面临新的情况和问题,能否实现规划的调水量还存在不确定因素。

(三)在河道及其两侧处理泥沙

在河道及其两侧处理泥沙可以采取的主要措施有小北干流放

淤、下游滩区及背河放淤、人工改道等。

1. 小北干流放淤

小北干流即龙门—潼关河段，该河段位于汾渭盆地之中，两侧皆为黄土高地，河道面积 1 107 km^2，滩地面积 682.4 km^2，人口 7.96万人。根据黄河勘测规划设计院1979 年提出的放淤方案，在禹门口增建一级枢纽，实行有坝自流放淤。放淤面积可达 566 km^2，放淤量为 180 亿 t，约合 129 亿 m^3。近年来又提出“淤粗排细”的措施并开展了相应的试验，以减少进入下游的粗颗粒泥沙，把更多的泥沙排放入海[1]。

2. 下游滩区及背河放淤

黄河下游滩区涉及河南、山东的 15 个地(市)43 个县(区)，根据2003 年统计，滩区总面积 4 047 km^2，耕地 375 万亩，村庄 2 052个，人口 180.94 万人[2]。由于滩区人口众多，受环境容量限制将人口完全迁出滩区是不现实的。根据当前滩区安全建设规划，拟采取修建避水台就地安置和适量外迁相结合的办法安置滩区居民。滩区放淤的办法可采取引洪自流放淤、机械抽排放淤，或从小浪底水库另辟放淤渠道放淤。有计划地实施滩区放淤，可以缓解“二级悬河”的不利形势，使滩区容纳更多的泥沙。

自 20 世纪 50 年代以来，黄河下游曾采取自流放淤、扬水站放淤、船泵放淤等多种形式淤高背河洼地，用以处理堤防险点、险段，既加固了堤防，又利用和处理了泥沙。1970 年以后列入国家基本建设计划，较大规模地开展了放淤固堤工作，目前已完成堤防淤背 853.5 km。截至 2001 年底，共完成放淤固堤土方 7.6 亿 m^3。如果将放淤范围继续扩大，将下游河道淤筑为相对地下河，不但可大大提高黄河下游的安全保障，也可为泥沙处理找到适宜的空间。黄河下游计有临黄堤 1 371 km，如将放淤范围向外扩展500 m，平均淤高按 5 m 计，可容纳泥沙近 35 亿 m^3。这些堤段在淤筑完成后仍可继续开发利用，不影响有效的土地利用面积。淤筑相对地下河还可与引黄沉沙相结合，减少引黄灌区的清淤负担。

另据黄河勘测规划设计有限公司测算,每年黄河引水可引出泥沙1.1亿m^3,河道采砂制砖等每年可利用泥沙1 140万m^3,对减少河道的泥沙淤积也有不可忽视的作用。

3. 人工改道

人工改道可以开启新的容沙空间,从而使河道获得生机。但是因为它的损失大、问题多,作为一个治河方略在历史上从未被采纳过(小范围局部改道除外)。即使自然决口改道,也多是尽力堵复,将决河挽回故道。当今社会人口迅猛增加,经济飞速发展,华北平原又是我国人口最稠密的地区之一,交通、水利、能源、通信等基础设施纵横交织,构成密如蛛网的各种网络系统,改道造成的损失是以往任何时代都无法相比的。历史上每次大的改道以后,都有一个长达数十年的不稳定时期。口门以上剧烈冲刷,口门以下强烈堆积,河槽迁徙无定,防守十分困难,次生的灾害损失也难以估量。因此,改道只能是一种最无奈的选择。

三、现行河道行河年限估算

历史上大禹治水曾经安流1 000多年,东汉的王景治河也有900多年没有发生大的改道。那么今天能够争取多长时间的安流期呢?既然河道的行河年限是由容沙空间决定的,我们就可以根据河道的容沙空间推算其行河年限。当然在推算时必须有确定的边界条件,如河道边界、设防水位、来水来沙数量、泥沙处理途径,等等。由于这些边界条件具有相当的不确定性,因此确切计算行河年限是很困难的。但在设定一些基本条件之后,可以对行河年限作一些粗略的估算。

计算之前设定以下前提条件:一是以现行河道的边界为计算依据。二是合理确定设防水位。1996年8月花园口站发生7 600 m^3/s的洪水时,东坝头以上的高滩区大都上水漫溢。这些高滩都是1855年铜瓦厢改道以前形成的。它们的漫溢,说明现行河道的平均河床高程和1855年以前的老河道已经比较接近,对其纳淤的潜力不能有过高的估计。估算时设防水位以提高 5 m 为限(维持现有的设防流量和堤防超高)。三是泥沙处理。实施本文提到的所有处理措施并达到预期的效果。

(一)河道容沙空间的估算

根据近期卫星遥感调查资料,现行河道从孟津到利津河道面积为 4 407 km^2(不含封丘倒灌区)。设防水位提高后河道也按平均淤积 5 m 来计算,则可容纳泥沙 220 亿 m^3。河口三角洲和滨海区的泥沙淤积遵循淤积—延伸—摆动—再淤积延伸—再摆动的规律,循环往复,将泥沙输送至三角洲和浅海海域。在自然状态下河道淤积与河口地区的淤积数量分别占 1/4 和 3/4,这也可以视为河道与河口地区容沙空间的比例。由此推算河口地区容沙空间为 660 亿 m^3。在设防水位提高 5 m 的情况下,现行河道的容沙空间约为 880 亿 m^3。

(二)水库拦蓄处理泥沙估算

干流水库的拦沙库容:小浪底水库 75 亿 m^3(从 21 世纪初起算),古贤水库 117.9 亿 m^3,碛口水库 97.8 亿 m^3,大柳树水库 57.2 亿 m^3,刘家峡水库 15.5 亿 m^3,龙羊峡水库 53.5 亿 m^3,其他干流水库尚可利用的库容约 30 亿 m^3,共可拦截泥沙 447 亿 m^3[1]。支流水库拦截泥沙较难估算。20 世纪 50 年代流域规划时,曾计划在支流建设一些骨干的拦泥水库,但因为这些水库需要淹没大片川地,对当地经济发展和人民生活影响较大,有悖于我国人多地少的基本国情,基本上都没有实现。后来也修了一些水库,但大多以灌溉、发电等兴利目标为主,总库容 75.5 亿 m^3。以拦泥为主的水库今后也难以大规模建设。总拦沙库容拟按 200 亿 m^3 估计。因此,水库处理泥沙总计为 647 亿 m^3。

(三)放淤工程处理泥沙估算

小北干流放淤 180 亿 t,约合 128.5 亿 m^3,淤筑相对地下河 1 300 km,约合 32.5 亿 m^3,下游滩区(含温孟滩)已计算在河道容沙空间之内,不再重复计算。放淤工程处理泥沙计 161 亿 m^3。

以上措施共可处理泥沙 1 688 亿 m^3。

(四)河道来沙估算

按照上、中游水土保持规划,2001 ~ 2010 年进入下游河道的泥沙从 13 亿 t 减少至 11 亿 t,2010 ~ 2020 年减少至 10 亿 t,2020 ~ 2050年减少至 8 亿 t,2001 ~ 2050 年共计来沙 495 亿 t(约 354 亿 m^3),2050 年后每年来沙按 8 亿 t (5.71 亿 m^3) 计。

综合以上数据,各种措施共可拦截和处理泥沙 1 688 亿 m^3,2001 ~ 2050 年来沙 354 亿 m^3,剩余空间 1 334 亿 m^3。2050 年以后按每年来沙 5.71 亿 m^3 计算,河道尚可维持约 234 年。从 2001 年算起现行河道可维持行河约 284 年。实际上河道的容沙空间不可能完全利用,实际的行河年限会小于计算数据。

上述计算中,还有不少不确定的因素。例如,黄土高原的水土保持能否如期达到减沙 8 亿 t 的目标,规划的放淤工程措施能否完全实现,都会对实际行河年限产生不同程度的影响。特别值得指出的是,下游的容沙空间主要在河口三角洲和浅海区,能否有效地将泥沙输送入海,对河道的行河年限有至关重要的影响。如将 8 亿 t 泥沙输送入海,每年需 320 亿 ~ 400 亿 m^3 的入海径流量。近年来由于洪水量级减小,输沙能力降低,入海泥沙的绝对量和占来沙的比例都在大幅度降低(见表 1)。如果不能把泥沙输送到河口地区,将会加大河道淤积比例,使河道的行河年限大大缩短。

表 1　不同时期进入下游和河口地区(年平均)沙量统计

年份	1950 ~ 1959	1960 ~ 1986	1987 ~ 1999
进入花园口以下年均泥沙量(亿 t)	15.067	10.69	7.11
进入利津站以下年均泥沙量(亿 t)	13.197	9.16	4.16
进入河口区泥沙占比(%)	87.6	85.7	58.5

四、解决黄河泥沙问题的设想

年复一年的泥沙堆积是造成黄河灾害的根源。黄河能否长治久安取决于泥沙能否得到妥善处理。下游河道在一定的设防水位下,容纳泥沙的空间是有限的,要实现下游河道长治久安,还须开拓新的泥沙处理途径。

(一)泥沙资源化

从治河的角度讲泥沙是个沉重的包袱。那么,能否将这些泥沙转变为可以利用的资源呢?当然黄河泥沙填海造陆以及采取人工措施放淤改土、淤背固堤等都属于资源化的范畴。但为了实现长治久安还需要开拓更多的泥沙利用途径。近期黄河勘测规划设计有限公司对泥沙利用开展了专题研究[3],提出了以下利用途径:

(1)制砖。由于我国土地资源匮乏,利用可耕地制砖已被明令禁止,黄河泥沙因而成为不可多得的资源。在现有技术条件下,可利用黄河泥沙烧制实心砖、多孔砖、空心砖等烧结制品,也可以用蒸压技术或以水泥等为胶结材料制作免烧砖,还可以制作建筑瓦、琉璃瓦、陶制品等。这些制品在技术、经济层面都是可行的,上述成品砖的成本和性能与传统砖基本接近,甚至优于传统的黏土砖。根据有关测试,黄河泥沙免烧砖的各项力学性能均优于黏土砖,相关技术指标全部合格,成本与黏土砖相当。

(2)制作人工石材。选择有代表性的“泥质”黄河泥沙,通过活性激发技术和振动辅助液压成型技术,制作人工石材代替天然石材,可广泛用做防汛抢险石料、堤坝建筑石料、工业民用建筑石料、衬砌护坡石料等。人工石材容重不小于1.7 t/m^3,强度不低于10 MPa,同时兼具耐久性、抗冲性、抗冻融、抗水解等性能,综合成本也不高于天然石材。

(3)河道采砂。黄河干支流部分河段河砂资源丰富,可作为建筑大砂。黄河适宜采砂的河段主要分布在上游地区、伊洛河口至沁河口的黄河干流、伊洛河、沁河、大汶河等几个部分。目前尚缺乏全面管理,存在无序采砂现象,应完善有关法规,规范采砂活动,进行有计划、有限制的开采利用。

上述产品都有质重、量大的特点，运输成本较高，因而都有一定的适用范围。黄河勘测规划设计有限公司在考虑资源分布、市场需求、防洪安全、经济效益等各方面的情况后，预测每年制砖利用泥沙量为600 万 m^3（远期为400 万 m^3），人工石材（黄河防洪用）利用泥沙量为40 万 m^3，建筑大砂适宜采挖量为500 万 m^3，三项合计为1 140 万 m^3。约占下游年淤积量的2%。虽然数量还不算太大，但是年复一年也是一个不可小视的数字。随着科学技术的进步，应用项目的拓展，加之适当的政策引导，泥沙资源化还会有新的境地。

（二）开拓输沙入海的新途径

海洋是接纳黄河泥沙最广阔的空间，输沙入海是实现长治久安的希望所在。利用现行河道输沙入海受到两个方面的制约：一是黄河水少沙多，不能把泥沙全部输送入海，河床抬高难以遏制；二是河道的设防水位不能无限提高，容沙空间不能无限扩大，改道也就难以避免。在现行河道之外开辟新的高效输沙通道，是破解这一难题的可能途径。为此，一要提高输沙效率，突破水少沙多的制约；二要开辟更广阔的输沙海域，而不局限于现行河口。

1975 年陕西省引渭灌区的一次意外事件引起了泥沙专家和研究机构的关注。此前，陕西灌区为防止渠道淤积，规定引水含沙量不得超过15%（折合166 kg/m^3）。1975 年渭河发生洪水，含沙量高达700 kg/m^3，引渭渠首管理人员由于计算疏忽，误认为是70 kg/m^3，于是开闸引水。离渠首50 km 的一位管水员发现了一些异常现象：渠水表面有一层薄薄的清水，渠旁两行树木的倒影清晰可见。他对渠水的含沙量重新测量，结果是700 kg/m^3。灌区管理人员因害怕渠道淤塞也不敢贸然断水，高含沙洪水持续3 天。事后检查沿途渠道淤积情况，结果却出人意料，沿渠50 多 km 竟没有发生渠道淤积。水电部十一工程局、黄河水利委员会水科所、西北水科所都派科研人员到工地收集资料，并进行室内试验研究。三个单位经研究得出了相同的认识，即高含沙水流是具有极限切应力的非牛顿体(即宾汉体),它比低含沙水流具有更强大的输沙能力[4]。此后,陕西省水利厅成立了高含沙引水淤灌试验研究小组。在泾惠渠、宝鸡峡引渭渠、洛惠渠三大自流灌区进行试验,最高引沙量分别达到41.7%(泾惠渠,1978年)、42.4%(宝鸡峡引渭渠,1979年)和60.6%(洛惠渠,1978年),渠道均未出现明显淤积。其中宝鸡峡引渭渠渠底坡降为1/4 000～1/5 000,设计流量20～30 m^3/s,含沙量400～500 kg/m^3,输送距离在100 km以上。此后,在其他灌区和陕北的中小灌区推广,均得到相同的结果和明显效益[5]。由此可见,高含沙水流长距离输送泥沙已为大量的实践结果所证实,提高输沙效率并不是遥不可及的事情。

在上述研究的基础上,有些专家曾提出,利用高含沙水流的输沙特性,解决黄河下游输沙能力不足的设想。鉴于黄河下游河道边界条件复杂,宽浅多变,大水漫滩经常发生,水流又多处于充分紊动状态,难以稳定地输送高含沙洪水,需要另修人工渠道以解决泥沙输移问题。在当时的技术条件下,高含沙水流的塑造、输送和泥沙堆放等还存在一些难以解决的问题,这些建议就被搁置下来。目前来看,随着科学技术的进步,这些问题已经具备解决的条件[6]。

1.高含沙水流的塑造

高含沙水流需要一定比例的细颗粒泥沙,而通过闸门冲泻,含沙量和颗粒级配都难以掌握,难以形成均匀稳定的高含沙水流。这个问题可在小浪底水库用机械抽淤的办法解决。当前清淤、疏浚技术已有长足发展,清淤设备功能十分强大。如荷兰、日本建造的耙吸式挖泥船,每小时疏浚能力可达7 200 m^3,大型清淤泵每小时清淤也可达2 000 m^3 以上。有些设备移动灵活、方便,适宜水库和海区作业。可利用清淤设备,在小浪底库区不同的淤积河段抽取泥沙,经过搭配、混合形成符合输移要求的均匀稳定的高含沙水流。河南黄河河务局在黄河温孟滩放淤工程中曾采用组合泵放淤的办法,即由小泵群分散抽淤、混合后由大泵集中输送,取得了很好的效果,可作为库区抽淤的借鉴。

2. 高含沙水流的输送

利用小浪底水库输送高含沙水流当前面临过坝问题。从长远考虑可对小浪底工程进行改建,或从库区另辟过水通道。高含沙水流如用渠道输送,则渠道设计需满足不淤流速、临界坡降和断面形态的要求。清华大学的有关专家曾计算过四种不同方案[7],主要参数和效果见表2。

表2　四种计算方案水力参数及输沙效果

方案	流量 (m^3/s)	含沙量 (kg/m^3)	断面形态参数	水力半径 (m)	流速 (m/s)	水力坡降 (‰)	渠道底宽 (m)	水深 (m)	日输沙量 (万 t/d)	耗水量 (m^3/t)
1	150	300	12	2.35	2.26	0.23	13.40	3.30	388.80	3.33
2	100	300	12	1.96	2.17	0.27	11.18	2.76	259.20	3.33
3	150	200	12	2.60	1.84	0.13	14.74	3.48	259.20	5.00
4	100	200	12	2.17	1.77	0.18	12.36	3.06	172.80	5.00

从表2的计算结果可以得到以下认识:第一,计算方案可满足黄河下游输沙需要。方案1年输沙量14.20亿t,方案2、方案3年输沙量9.45亿t,方案4年输沙量6.31亿t,考虑到下游河道内还要输送一定数量的泥沙,四种方案基本上都可满足黄河下游输送泥沙的数量要求。以上计算结果均按非均质两相流计算,对流态没有特别的要求,如果泥沙级配适宜,能出现均质流状态,就更加有利于泥沙输送。第二,具备实施的基本条件。渠道断面不大,底宽最大不超过15 m,工程布设和修建不存在特殊困难。小浪底水库进入正常运用期后库区滩面高程在250 m左右。小浪底水库距渤海、黄海的距离均不足1 000 km,比降在0.25‰~0.3‰,均能满足设计坡降的要求,可以实现自流输送。即使在特殊情况下出现坡降不足的情况,因流量不大亦可辅之以提排措施。第三,以上

方案中最大单吨耗水量为 5 m^3，年排沙按 8 亿 t 计，仅需耗水 40 亿 m^3，大大提高了输沙效率，较好地解决了输沙水量不足的问题。

3. 泥沙的堆放

用渠道输送高含沙水流，可以不受现行河道的限制，也不存在日常防洪问题，不但可以输入渤海，亦可输入黄海，为泥沙提供足够广阔的空间，为实现长治久安提供了可靠的保障。为了解决渠道入海口淤积延伸问题，可在近海处设计若干岔道，轮流使用，在一定时期内实现淤积和退蚀的平衡。在河（渠）口三角洲淤满后，可改建部分渠道开辟新的堆沙海域。高效输沙可以和围海造田、填海造陆相结合，获取巨大的经济效益和社会效益。

提高输沙效率的另一种办法是管道输沙。国外管道输煤已有广泛应用。美国于 1979 年建成的怀俄明－阿肯色输煤管道长 1 670 km，年输煤量 2 500 万 t。有关专家提出增建小浪底枢纽排沙底孔设施，利用压力管道输送小浪底高含沙水流，重新配置黄河水沙关系，实行清浑分流，以解决黄河下游河道淤积问题。若小浪底水库至海区的比降按 1/4 000 计，用压力管道输送 300～400 kg/m^3的高含沙水流，可用两条直径为 4～5 m 的管道，每天输送泥沙 250 万～350 万 t，每年工作 200 天则可输送泥沙 5 亿～7 亿 t。鉴于输送距离较长，从经济、实用等原则出发，可将整个线路分为若干输送段分段加压，接力输送[8]，这也是一条可以探讨的输移途径。

以上利用渠道或管道输送高含沙水流的方案还是初步的。在实施过程中还会遇到各种各样的困难和问题，但毕竟已有类似的成功先例，已不存在无法逾越的障碍，只要锲而不舍地坚持研究，这些问题是可以逐步解决的。

黄河的泥沙淤积问题，曾是无数治河者的困惑与烦恼，人们走过了漫长的求索之路，目前已经看到了黎明的曙光。一旦上述设想得以实现，黄河将进入一个新的历史时期。小浪底水库成为水沙调节的枢纽，黄河下游将实现清浑（水）分流。泥沙通过渠（管）

道向外输送，曾给人们带来无数灾难和烦恼的泥沙将用于填海造陆、淤地改土和作为建筑材料，从而变成宝贵的资源；清水（低含沙水流）通过现行河道向下宣泄，使河道保持平衡稳定；库区通过不断抽淤将可永久保持需要的调节库容；滩区已完成它的历史使命，堤防间距可以大幅度收窄。黄河下游展现给人们的将是堤防永固、绿水长流、经济发展、人水和谐的壮丽画卷。

参 考 文 献

[1] 李国英. 维持黄河健康生命[M]. 郑州：黄河水利出版社，2005.

[2] 黄河勘测规划设计有限公司. 黄河下游滩区安全建设规划[R]. 2006.

[3] 黄河勘测规划设计有限公司. 黄河下游滩区综合治理规划（阶段成果）[R]. 2008.

[4] 当代治河论坛编辑组. 当代治河论坛[M]. 北京：科学出版社，1990.

[5] 黄河水利委员会. 获奖科技成果选编（1）1978—1984.

[6] 王渭泾. 关于黄河下游治理的思考[J]. 中国水利，2004（11）：26－28.

[7] 费祥俊，王光谦，等. 重提高含沙水流长距离输送[C]//黄河小浪底水库泥沙处理关键技术及装备研讨会文集. 郑州：黄河水利出版社，2007.

[8] 王普庆. 利用管道输沙至海关键技术研究[C]//黄河小浪底水库泥沙处理关键技术及装备研讨会文集. 郑州：黄河水利出版社，2007.

关于黄河长治久安的思考*

二〇〇二年五月

早在大地洪荒之时,黄河就流淌在我们这块土地上,以其丰腴的水土资源,养育着我们的祖先。因此,黄河被誉为中华民族的摇篮、中华文明的发祥地。同时,它也以频繁的洪水灾害闻名于世,有人称它是“中国之忧患”。为了治理黄河,我们的先人进行过长期不懈的努力,也取得过安流一时的成效。特别是新中国成立以来,党和政府对黄河治理高度重视,投入了大量的人力、物力、财力,在旧中国堤防残缺、千疮百孔、三年两决口的基础上,取得了50多年岁岁安澜的伟大成绩。但是,时至今日黄河的洪水威胁尚未根本消除。一个典型的“地上悬河”还横亘在祖国的大地上,我们还没有找到确切有效的办法制止它继续抬升。

一、黄河治理的难点何在

黄河流域曾经是我国大多数历史王朝的建都之地和政治、经济、文化中心。许多王朝都把黄河洪水灾害视为影响社稷安危的心腹之患,不惜人力、财力进行过持续不断的治理。那么黄河的灾害威胁为什么历经数千年的治理而不能根本消除呢?众所周知,黄河上、中游流经黄土高原水土流失区,该区水土流失的面积达45.4万km^2。区内沟深坡陡,土质疏松,气候干旱,但暴雨集中,一遇暴雨大量泥沙通过沟道、支流进入黄河。干流实测最大含沙量达941 kg/m^3之多。中游河段多为峡谷,比降大,挟沙能力强。进

* 本文刊登在《中国水利》2004年第11期。

入下游以后地势开阔，水流变缓，挟沙能力迅速降低，大量泥沙沉积在河道里，河床因而不断抬高，达到一定程度就会发生摆动。小范围摆动即所谓河势游荡，大范围摆动就会造成改道。改道之后又重复上述过程，如此周而复始形成了黄河下游的冲积平原——华北大平原。人们为了生产发展和生活安定，力图限制洪水漫溢的范围，从“壅防百川”到“疏川导滞”逐渐形成了堤防。堤防的出现缩小了灾害损失，同时也缩小了河道堆沙的范围，加快了堆积速度和摆动频率，形成了高踞于两岸地面之上的“地上悬河”和“游荡性河道”，这两者是黄河灾害频繁发生的直接原因。而泥沙淤积，河床不断抬高，则是黄河区别于其他江河的主要特点，也是黄河难以治理的根本原因和难点所在。

1950～1999年的50年间，由花园口断面进入黄河下游的泥沙总量为532亿t，而同期进入利津以下河口地区的泥沙为433亿t，大约有100亿t泥沙淤积在下游河道里，迫使我们进行了三次大规模的复堤工程，以应对由于河床抬高所造成的洪水威胁。50多年来，由于水资源的开发利用、干支流枢纽工程的兴建、水土保持的开展、气象因素的变化等诸多因素的影响，黄河本身的水沙情况也发生了很大变化。这些变化归结起来主要是水沙总量减少、水沙过程改变和河道淤积增加。如果将后10年的情况和以前比较就可以看出：其一，进入下游的实测水沙总量呈逐渐减少的趋势。1990～1999年10年间花园口站年平均来水量256.8亿m^3，来沙量6.84亿t，分别比1950～1999年50年平均值减少了37.1%和35.7%。其二，水沙过程发生了变化，主要是汛期来水比例减小，非汛期增加，来水过程趋平。1950～1959年汛期平均来水量为296.5亿m^3，来沙量12.83亿t，分别占年均水沙总量的61.3%和85.2%。1990～1999年汛期来水来沙量分别为116.5亿m^3和5.75亿t，分别占年均来水来沙量的45.4%和84.1%，90年代汛期来水量已经小于非汛期，而来沙量所占比例则和50年代基本持平。另外，汛期洪水的次数明显减少。1950～1999年50年间共出现大于4 000 m^3/s 的洪峰181次，其中50年代出现63次，占1/3以上，而90年代只出现9次，约占1/20。其三，用输沙平衡法计算1990～1999年下游河道年平均淤积量为2.94亿t，高出1950～1999年50年均值0.97亿t，考虑下游引水引沙的因素仍高出均值约0.6亿t。上述情况表明，近年来黄河来水来沙的总量虽呈减少趋势，但由于水沙过程发生了不利变化，下游河道的淤积非但没有减少，反而有所增加，而且由于漫滩洪水减少，泥沙主要淤积在主槽里，造成主槽萎缩，排洪能力大大降低。这些情况由于小浪底水库的即将建成而没有引起足够的关注。“96·8”洪水流量7 600 m^3/s 造成下游普遍漫滩曾让我们惊叹不已，2002年调水调沙2 600 m^3/s 流量就造成高村上下大面积漫滩，又为我们始料不及。小浪底水库的建成运用为我们争取了宝贵的时间。在这有限的时段里必须有所作为，否则在小浪底拦沙库容淤满之后，同样的甚至更为严峻的问题又将摆在我们面前。

二、历史上主要治河方略的得失

黄河治理，可以看做是如何处理超出径流挟带能力的多余泥沙的问题。历史上的治河方略大多是从处理洪水着眼的，有的虽着眼于处理泥沙，却没有找到妥善的处理方法。泥沙问题得不到解决，洪水灾害也无法根本消除。关于历史上的治河方略，专家们多有评述，这里仅从泥沙处理，也就是泥沙堆放何处和如何输移的角度分析各种方略的得失。第一种方法是用自然或人工改道的方式，把泥沙堆积到冲积平原的相对低洼之处。这种方法符合黄河的自然规律，既无悬河之险，亦无决堤之忧，在生产力低下、社会财富匮乏的远古时代，不失为一个治河良方。但随着生产力的发展和社会财富的增加，这种方法的代价越来越高。汉成帝绥和二年（公元前7年）贾让曾提出三种治河方案，即著名的“贾让三策”。其中就把改道推为上策，把修堤视为下策。后来主张改道的人也不绝于史。耐人寻味的是，这种治河的上策在历史上几乎没有被采纳过,而被视为下策的"修筑堤防"则传承至今。究其原因,就是改道这种方法违背了人们谋求经济发展和社会稳定的治河初衷。一种治河方略有时候不单是技术和经济问题,也是重要的社会政治问题。当今社会生产力飞速发展,社会财富迅猛增加,交通、水利、电力、信息等多种基础设施纵横交织日臻完善,黄河改道的损失是以往任何时代都无法相比的,改道方案越来越无法实行。

第二种方法是有控制地把泥沙堆放在河道及其两侧。如历史上的分流方案,引黄放淤,引黄灌溉,等等。如果从分滞超量洪水和水沙资源利用出发,这些措施无可非议,当前我们正在不同形式地使用着。但作为处理泥沙的手段情况就大不相同,例如有人提出"大放淤"的方案,把黄河的水沙在河道两侧"吃干喝净",以水灌溉,以沙肥田,永续利用。但是根据河流的输沙特性,输沙能力和流量的高次方成正比,分流以后各分支输沙能力的总和,远小于分流前的输沙能力。分支愈多输沙力衰减愈快,输移距离也愈短,必然导致河渠淤塞、沟道废弛,如遇大的洪水,将会导致更大的灾害。另外,分流时泥沙分选还会导致部分土地沙化,造成许多生产问题和环境问题。

第三种方法是增加河道的排沙能力,把泥沙输送入海。"束水攻沙"、"疏浚河道"等治河方略均属此类。明代著名的治河专家潘季驯提出了以"以堤束水,以水攻沙",用缩窄河道加大流速和增加河道排沙能力的方法把泥沙输送入海。和前人相比,他对黄河的输沙特性有了更深入的了解。他还提出了一系列的具体措施并付诸实践。但这种方法是有限度的。按照现在对输沙能力的计算,要想把泥沙完全输送入海,在花园口附近河道需要缩窄到300 ~ 500 m,再向下游随着比降变缓断面还需更窄。这在修建和防守上都十分困难,即使能够把断面缩到上述宽度,由于黄河洪水丰枯变化很大,如出现大水漫滩,或者小水大沙,河道还是要淤积。事实上在潘季驯治河期间,河床仍然在淤积抬高。另一种增加入海泥沙的设想是用机械搅动河床,增加含沙量和入海沙量。现代对河流挟沙能力的研究表明，在一定的来水来沙和河流边界条件下，水流挟带泥沙的能力是一定的，超过挟沙能力就要落淤。何况床沙颗粒一般较粗、沉降很快，搅动拖淤必然出现前拖后淤、边拖边淤的结果。以上两种方法还有一个共同的问题，即随着入海沙量的增加，河口淤积延伸也将加快，使侵蚀基准面相对抬高，从而自下而上地影响河道，使之普遍淤积抬升。

长期的实践使人们看到，下游的各种治河方策都不能解决黄河淤积抬高的问题，于是人们就把目光转移到上、中游的治理上。即在水土流失区开展水土保持，采用工程措施和生物措施把泥沙拦截在上、中游。这当然是治理黄河的“正本清源”之策。从明代开始就有人提出沟洫治河的主张，民国时期李仪祉还提出了较具体的水土保持措施。新中国成立以后，国家高度重视水土保持工作，投入了大量的人力、财力，开展了试验研究和大规模群众性的示范、推广工作，取得了巨大成绩，积累了丰富的经验。目前这项工作仍在不断地深入和发展。但是我们对水土保持的认识也经历了曲折发展的过程。通过长期实践，特别是三门峡水库的经验教训，使我们对黄河泥沙问题和水土保持的作用问题，认识得更全面、更加符合实际了。王化云同志在总结他的治黄实践时认为，水土保持工作是重要的、有效的，必须大力开展。但同时它也是长期的，减沙效益是有限度的。他还说：“治黄的长期实践告诉我们，黄河不可能变清……据一些专家研究，由于自然力的破坏而造成的入黄泥沙平均每年约有 10 亿 t，这是人力难以完全制止的。假设经过长期努力，取得减沙 50% 的显著效益，到那时每年进入黄河下游的泥沙仍有 8 亿 t，黄河仍然是黄河，仍是世界上输沙量最多的河流之一。”

三、对黄河认识的深化

新中国成立以来，我们在取得巨大治黄成就的同时，还把传统的治黄经验和现代科学技术相结合，开展了大规模的实地观测和科学研究工作,积累了大量的资料,取得了丰硕的成果。这些都将成为我们治理黄河的科学依据和思想基础。在探讨新的治黄设想之前,我想对几个相关的研究成果作一简要的叙述。

(一)关于黄河水沙来源的认识

长期的观测和研究结果表明,黄河可分为四个水沙来源区:河口镇以上和三门峡至花园口区间是清水来源区;河口镇至龙门、龙门至三门峡区间是浑水来源区。浑水区多年平均径流量为187亿m^3,占花园口径流量的33.4%,而其多年平均输沙量为14.6亿t,却占来沙总量的90%。其中粗泥沙($d>0.05$ mm)6.9亿t,占粗泥沙来量的94%,而这些粗颗粒泥沙对下游河道的淤积影响最大,约为下游河道淤积量的70%,它们主要来自10万多km^2的黄土丘陵沟壑区。对这些地区进行重点治理,不但可以显著减少入黄泥沙的数量,而且能够改善颗粒组成,为处理泥沙创造良好的条件。

(二)关于下游河道冲淤规律的认识

观测和研究结果表明,黄河下游河道的冲淤与来水来沙情况和河流边界条件有关,而来水来沙情况是主导因素。在下泄清水时河道发生冲刷,冲刷量和流量的平方成正比。冲刷范围随着历时延长而加长,流量在2 500 m^3/s以上,总水量在15亿~20亿m^3时一般可实现全下游普遍冲刷。随着来水含沙量的增加,河道会由冲变淤。含沙量越大,淤积量越多。经过多年研究得出保持下游河道不淤的来沙系数(含沙量与流量之比)为0.008~0.01 $kg \cdot s/m^6$,有关研究成果还提出,下游河道不淤积的年平均含沙量为20~27 kg/m^3。

(三)关于高含沙水流的输沙特性

如前所述,黄河下游河道的淤积量和来水含沙量成正比,含沙量越大,淤积量越大。但是1975年洛惠渠的一个偶然事件使人们发现了高含沙水流的特殊现象。后来,在渭河、北洛河的观测研究中也发现高含沙洪水(400 kg/m^3以上)可以在河道内长距离输送，河道不但不淤积，有的还出现明显冲刷。进一步的研究证实，当水流的含沙浓度和极细颗粒（$d<0.01$ mm）的含量达到一定数值后，其中粗颗粒泥沙的沉速大幅度降低，有时甚至在静止下也无分选现象。这时水流只需单纯克服边界阻力即可实现长距离的输送。那么黄河下游的高含沙水流为什么不能长距离输送呢？因为河南河段河道宽浅散乱，高含沙水流多是伴随洪水而来，大水漫滩后滩槽发生强烈的水沙交换，主槽含沙量迅速降低，难以保持高含沙状态。这是下游高含沙洪水不能远距离输送的主要原因。另外，随着主槽冲刷，粗颗粒泥沙比例增大，可能发生分选淤积，不能保持均质流状态，也是原因之一。

（四）关于河口的淤积延伸和退蚀规律的认识

对河口的长期观测和研究表明，它的自然规律是淤积延伸—摆动—再淤积延伸—再摆动，从而使河口三角洲不断发育增长。随着三角洲岸线的全面推进，河口侵蚀基准面相对抬高，从而影响下游河道自下而上的淤积抬升。虽然每次摆动改道都会程度不同地发生溯源冲刷，使其对河道冲淤的影响呈现交替出现的形式，但从长时期看，由河口延伸而造成的抬高总体上是不断累积不可逆转的，这种影响在长远决策时是不应忽视的。另外，河口在停止行洪以后在海洋动力的作用下，将会发生退蚀，退蚀的速度因海洋动力条件和滨海区水下地形的不同而有所差别。根据1954～1972年黄河河口高、低潮线的历史变迁图分析计算，该时段河口淤积造陆面积为786 km^2，同期退蚀面积为208 km^2，占造陆面积的26.5%，有的地方海洋动力和海域情况较好，退蚀比例可高达33%～45%，在特定情况下这种退蚀也是可以利用的。

四、实现长治久安的基本设想

如前所述，黄河的根本问题是进入下游的泥沙超出径流的挟带能力，使河床不断淤积抬高的问题。要解决它有三条可供选择的途径。第一是减沙，前面已有叙述。第二是增水。黄河水资源的供需矛盾日益突出,当前连维持多年平均的淤积水平所需要的200亿m^3输沙用水尚不能保证,要满足保持下游河道不淤积的全部水量其难度更是可想而知。第三是提高输沙效率,减少输沙消耗的水量。我们能否在这第三条途径上实现突破呢?1976年方宗岱首先提出利用小浪底水库泄放高含沙水流调沙放淤的方案。有关方面也进行了大量的研究工作。但由于用水库泄洪排沙难以形成均匀稳定的高含沙水流等问题,而被搁置起来。对此我提出如下治理设想,其要点是:

第一,大力搞好上、中游水土保持和生态环境建设,特别是多沙粗沙区的水土流失治理。发展经济,改善环境,减小入黄泥沙的数量和粗颗粒泥沙的比例,为泥沙的处理和输送创造良好的条件。

第二,充分发挥小浪底水库的调节作用。小浪底水库运用初期采用大洪水淤滩刷槽,中常流量清水冲刷,配合河道整治工程形成平滩流量5 000~6 000 m^3/s的窄深稳定的河槽。投入正常运用后,实行蓄水拦沙运用方式。水库只泄放低含沙水流,以保持下游河道不淤积,将多余的泥沙暂时拦蓄在水库里。我们可按1950~1999年平均来水来沙情况进行估算,平均径流量408.2亿m^3,来沙量10.6亿t。保持下游不淤的年平均含沙量按20世纪80年代以前的资料分析为20~27 kg/m^3,考虑到近年来水量减少的影响可按15 kg/m^3考虑。这样,通过河流排泄的沙量约为6亿t,每年将有4亿~5亿t泥沙堆积到水库里。

第三,当前清淤、疏浚技术有了长足的发展,清淤设备的功能十分强大。如荷兰、日本建造的4 500 m^3的耙吸式挖泥船,疏浚能力可达每小时7 200 m^3,折合约1万t;意大利生产的1500/200型劲马泵,疏浚能力每小时2 000 m^3(约2 800 t),清出物可远距离排放,工作时置于泵船上,移动方便灵活,适宜于水库、海区清淤。如用这种劲马泵按工作300天计算,每台每年可清淤1 500万t以上,30~35台即可每年清淤4亿~5亿t。这些泵可布置在近坝段30~40 km范围内,每年清淤量可形成宽1~2 km、深10 m

左右的凹槽，随着来沙淤积不断清挖。

第四，在清淤段库区边缘修建渠道，清出物经过稀释以500 kg/m^3 左右的浓度排入该渠，合理安排泵群的作业位置，使粒径小于0.01 mm的极细颗粒泥沙保持在20%以上。沿程集流后通过隧洞进入大坝下游，与坝下的输沙渠道相连接。根据高含沙水流的输沙特性，这样的水流可长距离输送而不会发生分选淤积。如果把排沙渠首端高程设定为250 m左右，到海岸距离800～850 km，平均比降可达0.25‰～0.3‰，总体上具备用渠道自流输送的条件。考虑到地形变化，有些地段也可用管道输送，个别比降不足的地段可用泵站适当加压。渠(管)道按50 m^3/s 设计可满足排放需要。输沙用水约10亿 m^3。

第五，输沙渠系可根据需要设置汊道，用于放淤改土、放淤固堤、放淤造田，等等。入海口的选择不限于现行河口，可在渤海、黄海较大范围内选择几个海洋动力条件好、水下地形梯度大的地方作为入海处。在渠道的近海段分为若干汊道，分别通向选定的入海海域，各汊道轮番使用，淤积一定数量后有足够的间歇时间，以实现淤积和退蚀的平衡，使入海口长期使用，不至于因河口淤积延伸影响渠道排沙。

这个方案利用库区清淤实现水库泥沙进出平衡，利用高含沙水流的输沙特性实现输沙渠道的进出平衡，利用淤泥质海岸的退蚀规律实现入海口淤积和退蚀的平衡。这样我们即可在动态平衡之下，实现黄河的长治久安。

如果这个方案能够实施，在干流可不再修建以减淤为主要目的的大型枢纽工程；三门峡水库可调整运用方式冲泻泥沙降低潼关高程，解决三门峡水库的遗留问题；小浪底水库的调节库容可永久保持并可适当扩大；下游河道不再淤积，强化现有防洪工程可永保安澜；滩区不再承担堆沙功能，可改为滞洪区，在必要时分滞洪水；河道可像其他河流一样整治成窄深稳定的河槽并可开发航运之利；河口可发展口岸城市，滨海区盐碱沙荒地可改造为良田。

以上设想主要是提出一个解决泥沙淤积问题的基本思路,很多问题没有作具体的探讨。由于水平所限,疏漏不当之处在所难免,诚望批评指正。

参考文献

[1]龚时旸,熊贵枢. 黄河泥沙的来源和输移//黄河水利委员会. 获奖科技成果选编(1)1978—1984.
[2]赵业安,潘贤娣,樊左英,等. 黄河下游河道冲淤情况及基本规律[C]//黄河水利委员会水科所科学研究论文集第一集.
[3]齐璞,赵业安. 黄河高含沙洪水的输移特性及河床形成问题[C]//黄河水利委员会水科所科学研究论文集第一集.
[4]方宗岱. 非牛顿学高含沙水流治理黄河的科学机理与生产实践[C]//当代治黄论坛. 北京:科学出版社,1990.
[5]谢鑑衡. 黄河下游纵剖面变化及其治理问题[J]. 人民黄河,1986(6).
[6]洪尚池. 黄河河口地区海岸线变迁情况分析//黄河水利委员会. 获奖科技成果选编(1)1978—1984.
[7]王化云. 我的治河实践[M]. 郑州:河南科技出版社,1989.

黄河下游河南段“二级悬河”的形成和治理问题*

二〇〇二年十二月

一、“二级悬河”的形成机理

黄河下游是著名的地上悬河。20世纪70年代以后，有的河段又出现了主槽平均高程高于滩地平均高程的“二级悬河”现象。“二级悬河”的形成和“一级悬河”一样，主要原因是泥沙淤积。由于黄河泥沙淤积的特点，其本身就有形成“二级悬河”的自然趋势。一般来说，水流的挟沙能力和来水来沙及河流边界条件等多种因素有关，但对于黄河下游这样一个特定的河段而言，有些边界条件变化不大，一定量级的水流有一个大体相应的挟沙临界值，当含沙量超过其临界值时就会发生淤积。河水不漫滩时淤积发生在主槽内，河水漫滩时溢出的河水流速减缓，挟沙能力迅速降低，粗颗粒泥沙在靠近主槽处沉积。愈近主槽淤积量愈大、颗粒愈粗，愈远离主槽淤积量愈少、颗粒也愈细，因而在主槽两侧形成高出滩面的沙埂即“滩唇”，如此反复淤积就有可能发展为“悬河”。但是，在自然状态下一般不会形成“二级悬河”。因为主槽抬高之后，遇到较大洪水时，往往会发生摆动或者出现支汊、串沟，使原来较低的滩地得到淤积抬升。另外，下游河道两侧均有堤防约束，落淤后的清水绝大部分要回归主槽。归槽后的清水使主槽冲刷，槽高滩低的状况将会得到缓解以至消除。可见，“二级悬河”的形成还需

---

* 本文收入黄河水利出版社《黄河下游“二级悬河”成因及治理对策》一书。

另外一个条件,那就是主槽摆动受限,诸如漫滩洪水减少、河槽自身约束增强、生产堤的修筑、控导工程的建立等。具备这两个条件之后,大部分泥沙总是淤积在主槽及其两侧,经过一定时段的积累,“二级悬河”就会形成。由此可见,由于含沙量超出水流挟沙能力而造成的河道淤积是“二级悬河”产生的根本原因(或内因),由于河流边界条件的影响而造成的主槽摆动受限是“二级悬河”产生的重要条件(或外因)。

二、河南段“二级悬河”的成因分析

分析河南段“二级悬河”的成因,首先要看泥沙冲淤的状况。表1列出了1950~1997年黄河下游泥沙冲淤的时空分布情况。从表1中数据可以看出,黄河下游总体上处于淤积抬升的状态。大体上可分为5个时段:第一时段1950~1960年属于天然状态下丰水多沙时段,下游河道普遍淤积;第二时段1960~1964年三门峡水库蓄水拦沙阶段,水库基本泄放清水,下游河道全线冲刷;第三时段1964~1980年三门峡水库改变运用方式实行滞洪排沙和蓄清排浑运用,河道发生淤积,特别是1964~1973年滞洪排沙期,水库集中排沙,河道淤积严重;第四时段1980~1985年黄河下游出现了较为罕见的丰水少沙系列,河道整体上发生微冲;第五时段1985~1997年,受龙羊峡水库建成并与刘家峡水库联合调节、黄河水资源开发利用、上中游综合治理、降水偏小等因素的综合影响,下游来水来沙情况发生了巨大变化,汛期来水减少、非汛期来水比例增加、洪峰流量削减、枯水历时加长、水流输沙能力下降,下游河道普遍淤积抬升。以上5个时段冲淤交互出现,但不论从时间和数量上看都是淤多冲少,48年间累积淤积91.24亿t,下游河道抬高2~3 m。

表 1　1950～1997 年黄河下游泥沙冲淤的时空分布情况

（单位：亿 t）

时段（年·月）	部位	铁谢—花园口	花园口—夹河滩	夹河滩—高村	高村—孙口	孙口—艾山	艾山—泺口	泺口—利津	铁谢—利津
1950.07～1960.06	主槽	3.2	1.6	1.4	1.5	0.4	0.1	0	8.2
	滩地	3.0	4.1	6.6	7.8	2.0	1.9	2.5	27.9
	全断面	6.2	5.7	8.0	9.3	2.4	2.0	2.5	36.1
1960.07～08	全断面	0.19	-0.32	0.60	0.11	0.60	0.10	0.25	1.53
1960.09～1964.10	全断面	-7.60	-5.88	-3.36	-4.12	-0.88	-0.76	-0.52	-23.12
1964.11～1973.10	主槽	4.23	6.66	4.59	3.15	2.07	1.98	3.78	26.46
	滩地	4.32	3.06	3.87	0.81	0.63	0.09	0.27	13.05
	全断面	8.55	9.72	8.46	3.96	2.70	2.07	4.05	39.51
1973.11～1980.10	主槽	-1.26	0.07	0.21	0.70	0.21	0.21	0	0.14
	滩地	-0.28	2.31	3.50	3.43	0.56	0.91	2.10	12.53
	全断面	-1.54	2.38	3.71	4.13	0.77	1.12	2.10	12.67
1980.11～1985.10	主槽	-1.50	-1.75	-1.45	-0.65	-0.05	-0.35	-0.60	-6.35
	滩地	-0.30	-0.50	-0.45	2.60	0.35	-0.20	0	1.50
	全断面	-1.80	-2.25	-1.90	1.95	0.30	-0.55	-0.60	-4.85
1985.11～1997.10	主槽	3.60	6.24	4.32	1.92	1.20	2.04	1.44	20.76
	滩地	2.16	2.76	2.16	1.20	0.24	0	0.12	8.64
	全断面	5.76	9.00	6.48	3.12	1.44	2.04	1.56	29.40
1950.07～1997.10	全断面	9.76	18.35	21.99	18.45	7.33	6.02	9.34	91.24

注：表中“-”为冲，其余为淤。

从淤积的沿程分布看,花园口至孙口的270 km是淤积量最大的河段,这一段河道长度约占下游河道的1/3,累积淤积量58.79亿t,为下游淤积总量的64.4%。这一段也因此成为"二级悬河"出现的主要河段。

从淤积的横向分布看,不同时期具有不同的淤积特点。表2列出了三个主要的淤积时段泥沙淤积量滩槽分配情况:1950~1960年天然来水来沙状态时,主槽年均淤积0.82亿t,占全断面淤积量的22.7%,滩地占77.3%;1964~1973年由于非汛期小水排沙,主槽淤积量明显增大,年均淤积2.94亿t,占全断面淤积量的67%;1985~1997年除"96·8"洪水外,几乎没有大面积漫滩洪水,主槽淤积比例进一步加大,年均淤积1.73亿t,占全断面淤积量的70.6%。

表2 黄河下游不同时段年平均淤积量滩槽分配情况

(单位:亿t)

时段(年·月)	部位	铁谢—花园口	花园口—夹河滩	夹河滩—高村	高村—孙口	孙口—艾山	艾山—泺口	泺口—利津	铁谢—利津
1950.07~1960.06	主槽	0.32	0.16	0.14	0.15	0.04	0.01	0	0.82
	滩地	0.30	0.41	0.66	0.78	0.20	0.19	0.25	2.79
	全断面	0.62	0.57	0.80	0.93	0.24	0.20	0.25	3.61
1964.10~1973.10	主槽	0.47	0.74	0.51	0.35	0.23	0.22	0.42	2.94
	滩地	0.48	0.34	0.43	0.09	0.07	0.01	0.03	1.45
	全断面	0.95	1.08	0.94	0.44	0.30	0.23	0.45	4.39
1985.10~1997.10	主槽	0.30	0.52	0.36	0.16	0.10	0.17	0.12	1.73
	滩地	0.18	0.23	0.18	0.10	0.02	0	0.01	0.72
	全断面	0.48	0.75	0.54	0.26	0.12	0.17	0.13	2.45

20世纪60年代在天然状态下，主槽淤积比例不足全断面的1/4，和滩槽面积的比例大体相应，加之主槽摆动的范围和幅度较大，大体上可实现主槽、滩地均衡抬升，不致出现“二级悬河”状况。1964~1973年、1985~1997年主槽摆动受到约束，而且淤积比例又在全断面的2/3或以上，加之主槽面积大大小于滩地面积，势必造成主槽高度的迅速抬升。

花园口至东坝头河段是1855年以前的明清故道。铜瓦厢决口以后发生强烈的溯源冲刷，使之形成高滩深槽的断面形态。新中国成立后虽不断淤积抬升，但到20世纪90年代以前一直没有出现槽高滩低的情况。1985~2000年主槽淤积加剧，滩槽高差（主槽平均高程减滩地平均高程）由1985年的-1.52 m变为-0.38 m，主槽相对升高了1.14 m，部分河段形成“二级悬河”（见表3）。

表3　花园口至东坝头河段1985年和2000年滩槽高差比较

（单位：m）

序号	断面	1985年滩槽高差（1）	2000年滩槽高差（2）	主槽相对升高值（2）-（1）
1	花园口	-0.63	0.02	0.65
2	八堡	-0.93	0.24	1.17
3	来童寨	-0.76	0.30	1.06
4	辛寨	-2.70	-1.08	1.62
5	黑石	-0.96	-0.21	0.75
6	韦城	-1.08	0.05	1.13
7	黑岗口	-2.45	-1.26	1.19
8	柳园口	-0.52	0.57	1.09
9	古城	-2.53	-1.31	1.22
10	曹岗	-3.54	-2.30	1.24
11	夹河滩	-0.58	0.76	1.34
12	东坝头			0
平均		-1.52	-0.38	1.14

注：滩槽高差=主槽平均高程-滩地平均高程。

禅房至陶城铺河段,是铜瓦厢口门下的冲积扇。决口后经过20年的淤积游荡,1875年前后修建了堤防。该段比较接近游荡性河道的自然状态。20世纪60年代以后,由于生产堤和河道工程的兴建,游荡范围大大缩小,具备了形成“二级悬河”的必要条件。20世纪70年代初,三门峡水库滞洪排沙,下游河道淤积较重,“二级悬河”开始在少数断面上形成。1986年以后,主槽淤积比例进一步加大,“二级悬河”也有了较快发展,滩槽平均高差由1985年的-0.56 m,变为2000年的0.60 m,主槽相对淤高了1.16 m,最大滩槽高差达1.75 m,除个别断面外,全线处于“二级悬河”状态(见表4)。

三、“二级悬河”的危害

“二级悬河”的危害有三:一是槽高滩低堤根洼,易发生横河、斜河、滚河等重大险情,危及堤防安全,关系国家经济和社会发展的大局;二是洪水期容易出现小流量、高水位、大漫滩的现象,使滩区生产、安全环境日趋恶化,不利于滩区经济发展和群众脱贫致富,生命财产安全也受到威胁;三是大水时主槽过流比例减小,河道工程控导主流的能力下降,如果任其发展,有些控导工程将难以控制主流,出现脱河的可能。

四、“二级悬河”的治理措施

鉴于“二级悬河”的严峻形势,目前应采取应急的治理措施。其主要包括:加快实施堤防加固工程,防止溃决、冲决;在重点河段加快河道整治和防滚河工程建设,防止滚河发生;在重点堤段实施淤填堤根河工程,防止顺堤行洪,等等。从长远考虑,应针对“二级悬河”产生的原因,采取相应的治理措施。“二级悬河”是泥沙淤积局限于主槽及其两侧的滩唇部位造成的,治理“二级悬河”就有两条可供选择的途径:一是消除淤积,二是改善淤积部位。据此提出两种主要的治理措施。

表 4　禅房至陶城铺河段 1985 年和 2000 年滩槽高差比较

（单位：m）

序号	断面	1985 年滩槽高差 （1）	2000 年滩槽高差 （2）	主槽相对升高值 （2）-（1）
1	禅房	0.62	1.16	0.54
2	油房寨	0.42	1.49	1.07
3	马寨	-0.13	1.37	1.50
4	杨小寨	0.54	1.75	1.21
5	河道	-0.22	0.82	1.04
6	高村	-0.19	-0.86	-0.67
7	南小堤	-0.38	0.74	1.12
8	双河岭	-0.02	1.19	1.21
9	苏泗庄	-2.20	-0.13	2.07
10	营房	-0.09	0.80	0.89
11	彭楼	-1.26	-0.07	1.19
12	大王庄	-0.06	1.13	1.19
13	史楼	-0.68	0.36	1.04
14	徐码头	-0.05	0.40	0.45
15	于庄	-0.34	0.69	1.03
16	杨集	-0.71	0.40	1.11
17	伟那里	0.15	1.51	1.36
18	龙湾	-0.25	0.21	0.46
19	孙口	-0.56	0.30	0.86
20	梁集	-1.76	0.10	1.86
21	大田楼	-0.26	0.75	1.01
22	雷口	-1.07	0.31	1.38
23	路那里	-0.85	0.29	1.14
24	十里堡			
25	白铺	-1.33	0.51	1.84
26	邵庄	-0.81	0.73	1.54
27	李坝	-1.40	0.19	1.59
28	陶城铺	-2.17	0.11	2.28
平均		-0.56	0.60	1.16

注：滩槽高差 = 主槽平均高程 - 滩地平均高程。

(一)调水调沙,淤滩刷槽

小浪底水库的建成使用,为治理"二级悬河"提供了前所未有的良好条件。利用水库防洪运用和异重流出现的时机,相机调水调沙施放较大流量(5 000~8 000 m^3/s)和较大含沙量(100 kg/m^3左右)的洪水,将会收到淤滩刷槽、缓解"二级悬河"的效果。以"96·8"洪水为例,这场洪水的种种"异常"表现既是多年来"二级悬河"不断发展的必然结果,也是改变断面形态、缓解"二级悬河"的有效措施。洪水期间,花园口洪峰流量为7 860 m^3/s,水位达94.71 m,为历史最高值。下游河道发生大面积漫滩,滩槽发生水沙交换,主槽刷深,滩地淤高,主槽冲刷1.78亿t,滩地淤积5.33亿t,全断面淤积3.55亿t,总体上缓解了"二级悬河"的不利形势。但是由于滩区过水不畅等原因,淤滩刷槽的效果受到一定影响。为使淤滩刷槽更有成效,建议采取以下措施:其一,滩区生产堤影响滩槽水沙交换是造成"二级悬河"的原因之一,在治理"二级悬河"时我们可以因势利导,加以利用。在实施淤滩刷槽措施前,要规划好滩区分流线路,在生产堤的适当部位打开入口,口门两侧进行裹护防止扩宽,口门底部采取铺设土工布等措施防止下切。达到一定水位时口门漫溢进水,洪水回落时自动断流,这样既可防止夺流改河,又可防止滩唇附近的粗沙大量流入滩区。其二,清除滩区行水障碍,使漫滩洪水过流畅通。其三,对归槽口门适当控制,不使过分冲刷,以利于漫滩洪水充分落淤。为了使调水调沙、淤滩刷槽能够顺利进行并收到良好效果,还必须采取相应的保障措施:一是要加强防护,确保堤防安全;二是要搞好安置工作,确保滩区群众生命安全,尽量减少财产损失;三是对于因调水调沙淤滩刷槽而淹没损毁的土地、房屋等,参照滞洪区的政策给予合理的补偿。事实上,能够调水调沙淤滩刷槽的机遇不多,补偿数额不会太大,故其比起机械淤填等是一个成本低、见效快的好办法。

(二)清浑分流,根除淤积

这项治理措施是利用高含沙水流的输移特性另辟输沙通道,

将泥沙直接输送入海或作为资源加以利用。它的要点是：

第一，充分发挥小浪底水库的调节作用。小浪底水库运用初期采用大洪水淤滩刷槽，中常流量清水冲刷，配合河道整治工程形成平滩流量 5 000 ~ 6 000 m^3/s 的窄深稳定的河槽。投入正常运用后，实行蓄水拦沙运用方式。水库只泻放低含沙水流，以保持下游河道冲淤平衡为度，将多余的泥沙暂时拦蓄在水库里。

第二，使用功能强大的清淤设备，如荷兰、日本建造的 4 500 m^3 的耙吸式挖泥船，疏浚能力可达每小时 7 200 m^3，折合约 1 万 t；意大利生产的 1 500/200 型劲马泵，疏浚能力每小时 2 000 m^3（约 2 800 t），清出物可远距离排放，工作时置于泵船上，移动方便灵活，适宜于水库、海区清淤。如用这种劲马泵按每年工作 300 天计算，每台每年可清淤 1 500 万 t 以上，15 ~ 20 台即可每年清淤 2 亿 ~ 3 亿 t（相当于下游河道的年淤积量）。这些泵如布置在近坝段 20 ~ 30 km 范围内，每年清淤量可形成宽 1 km、深 10 m 左右的凹槽，随着来沙淤积不断清挖。

第三，在清淤段库区边缘修建渠道，清出物经过稀释以 500 kg/m^3 左右的浓度排入该渠，合理安排泵群的作业位置，使粒径小于 0.01 mm 的极细颗粒泥沙保持在 20% 以上。沿程集流后通过隧洞进入大坝下游，与坝下的输沙渠道相连接。根据高含沙水流的输沙特性，这样的水流可长距离输送而不会发生分选淤积。如果把排沙渠首端高程设定为 250 m 左右，到海岸距离 800 ~ 850 km，平均比降可达 0.25‰ ~ 0.3‰，总体上具备用渠道自流输送的条件。考虑到地形变化，有些地段也可用管道输送，个别比降不足的河段可用泵站适当加压。渠（管）道按 30 m^3/s 设计可满足排放需要，输沙用水约为 5 亿 m^3。

第四，输沙渠系可根据需要设置汊道，用于淤填堤河、串沟，放淤改土，放淤固堤，放淤造田，等等。入海口的选择不限于现行河口，可在渤海、黄海较大范围内选择几个海洋动力条件好、水下地形梯度大的地方作为入海处。在渠道的近海段分为若干汊道，分别通向选定的入海海域，各汊道轮番使用，淤积一定数量后有足够的间歇时间，以实现淤积和退蚀的平衡，使入海口长期使用，不至于因河口淤积延伸影响渠道排沙。

这个方案利用库区清淤实现水库泥沙进出平衡，利用高含沙水流的输沙特性实现输沙渠道的进出平衡，利用淤泥质海岸的退蚀规律实现入海口淤积和退蚀的平衡。这样，我们即可在动态平衡之下，实现黄河的长治久安。

如果这个方案能够实施，小浪底水库的调节库容可永久保持并可适当扩大；下游河道不再淤积抬高，可从根本上消除产生“二级悬河”的根源，强化现有防洪工程可永保安澜；滩区不再承担堆沙功能，可改为滞洪区，在必要时分滞洪水；河道可像其他河流一样整治成窄深稳定的河槽并可开发航运之利；河口可发展口岸城市，滨海区盐碱沙荒地可改造为良田。

关于黄河河口演变和治理问题的几点认识*

二〇〇三年三月

经过多年的观测研究和治理实践，我们对黄河河口的基本情况和基本规律有了一定的了解。但是河口观测开展的时间还不太长，观测范围也较小，不少项目时断时续，有些规律还不能确切掌握。个人在实际工作中有以下几点体会和看法。

一、黄河的来水来沙条件是河口演变的主导因素

河口的淤积演变受来水来沙条件、河口滨海区边界条件以及口外海洋动力条件等多方面的影响，但来水来沙条件，特别是来沙量的多少，是影响黄河河口演变的主导因素。黄河的巨量泥沙由河口进入海区，由于海水的顶托，在河口附近沉积，使河口沙嘴不断延伸。堆积在河口的泥沙在海洋动力的作用下发生运动，滨海区虽有强度不等的潮流存在，但其方向呈现周期性的循环往复变化。一般情况下其合成的矢量接近于零。河口堆积的泥沙在潮流的作用下主要表现为逐渐“坦化”扩展，而不能产生定向的输移。在季风的作用下，虽有季节性的余流存在，但余流矢量不大，一般在0.2 m/s左右，其方向随季节而变化，对泥沙运动的影响不是太大。这种坦化作用使堆积体前沿坡度变缓，在上部表现为岸线退蚀，在下部则使淤积体延展，为后续的淤积延伸奠定基础。滨海区水下地形观测的资料表明，绝大部分泥沙都淤积在15 m以内的滨

---

* 本文收入黄河水利出版社《黄河河口问题及治理对策研讨会专家论坛文集》一书。

海区,越远离河口淤积数量越小,没有任何资料表明,淤积朝某一方向定向输移。虽然有的泥沙会移向更深的海域,但和滨海区的淤积量相比是微不足道的。由此可见,海洋动力的强弱只能影响河口延伸的过程,在一定程度上影响河口推进的速度,但不能改变淤积延伸的总体趋向,影响河口延伸的主导因素则是进入海区的泥沙数量。

根据近期对黄河来沙变化的研究,进入黄河下游的天然来沙量(龙门、华县、河津、洑头四站)每年仍将维持在16亿t左右。当前水土保持的减沙效果约为每年3亿t,2020年可望达到6亿t,今后20年间年平均减沙量为4.5亿t,扣除减沙数量之后,四站年平均来沙量将为11.5亿t。20年来沙总量将为230亿t。三门峡库区维持冲淤平衡,小浪底拦沙100亿t,进入下游的泥沙总量为130亿t,年平均来沙量6.5亿t。按照小浪底水库设计的运用方式,保持下游河道基本不淤,考虑豫、鲁两省引水引沙的数量,进入河口地区的泥沙年均应在5亿t左右。这样的沙量使河口仍将保持淤积延伸的状态。近期的研究成果还表明,水保措施的减沙效果在小水时比较明显,来水越大,减沙效果越差,我们对暴雨洪水还无法控制,不能排除超大量级来沙的可能性。在这个问题上我们要以史为鉴,宁可把不利因素考虑得多一些,对来沙的估计不能过于乐观。

二、关于河道延伸对河床淤积的影响范围问题

黄河下游的河床抬高是水流含沙量超出其挟沙能力而造成的沿程淤积和侵蚀基准面相对抬高造成的溯源淤积共同作用的结果。河床冲淤的过程十分复杂,我们也很难把两种淤积的份额确切分开。由于来水来沙和边界条件的影响,局部河段发生强烈冲淤的可能性是存在的,它对其他河段的影响又有一个较长的调整过程,在研究河道延伸对河床冲淤的影响时,如果只研究局部和短时间的资料,往往不能得出正确的结论。例如,1855年铜瓦厢决

口后,口门以上发生强烈冲刷,口门以下则产生淤积,而这种纵比降的调整经历30多年才影响到河口地区,因此只有从长时段和总体上观察,才能较好地把握河道延长和河床淤积的内在关联。譬如1128年和1855年的改道影响,从总体上看就比较清楚。开封黄河从1128年改行徐淮河道开始,到1855年行河700多年。随着河道的加长,河床不断抬高,根据文物发掘确定的北宋时期地面(即1128年前地面)计算,1855年的滩面比北宋时期的地面淤高了15 m左右。1855年铜瓦厢决口以后,由于河道大大缩短,河床发生强烈冲刷,形成高滩深槽之势,经过100多年的河道延伸,目前新淤的河床才接近老滩的高程。由此可见,河道延伸的影响不限于近口河段,而是通过河流纵比降的调整影响整个下游。

三、稳定清水沟流路要从全局出发进行多方案比选

黄河的治理,常常对沿岸的经济社会发展产生重大影响,治理措施本身也是一个复杂的系统工程。目前,河口地区有着丰富的石油资源和其他自然资源,对我国的经济社会发展具有重要的战略意义。黄河治理应当为河口地区的发展创造有利的条件,为油田和东营市的发展服务。以目前的工程技术手段,基本稳定清水沟流路是完全可以办到的。其基本方法是通过强化堤防和工程约束使三角洲顶点适当下移,从而获取更大的容沙空间。但是这一措施是以西河口的水位抬高为代价的,西河口水位抬高又会影响下游河道的淤积,这样我们必须支付由此发生的工程成本和管理成本。清水沟流路究竟延长多少为宜?有控制的摆动对河口开发有何不良影响?过分的延长是不是最佳选择?我认为应当进行多方案的对比和优选。我们有多次人工改道的经验,有长期积累的观测资料,又有不断建立和完善的数学、物理模型,进行方案比选并不困难。通过比选之后,我们将对治理决策更有信心,能够以较低的成本,获取最大的经济、社会效益和生态效益。

关于黄河下游滩区治理和开发的设想*

二〇〇三年四月

黄河是一条独特的河流。黄河下游也有独特的滩区,它的范围通常是指河南孟津至山东垦利河段(不含河口三角洲)主河槽以外至两岸大堤或洪水淹没线之间的区域(以下简称滩区)。滩区地域广阔,涉及豫鲁两省 15 个地市 43 个县区,总面积 4 047 km^2,耕地 375 万多亩;滩区人口众多,聚居着 2 118 个村庄,190 多万人;滩区洪水漫溢频繁,滩面不断淤积抬高。根据新中国成立以后的不完全统计,较大范围的漫滩 20 多次,累计受灾村庄 13 275 个次,受害人口 887.16 万人次,受淹耕地 2 560 万亩次。以 1996 年 8 月洪水为例,受淹村庄 1 374 个,受灾人口 118.8 万人,淹没耕地 247.6 万亩,倒塌房屋 26.54 万间,损坏房屋 40.96 万间,直接经济损失 64.6 亿元(含山东省)。新中国成立以来滩面大多淤高 2 ~ 3 m。滩区之所以灾害频繁,是其特殊的地位和功能决定的。

一、滩区在下游防洪治理中的功能和作用

滩区在下游防洪中具有行洪、滞洪、容纳泥沙等三个主要功能:

功能之一——行洪。进入下游的洪水在两岸堤防的约束之下通过河槽和滩区向下游宣泄。但仅就行洪而言,两岸大堤间距 1 ~ 2 km已足。随着上中游枢纽的兴建,大洪水机遇减少,甚至还

---

* 本文获河南省政协优秀提案奖,曾在省委、省政府、省政协的多个内部刊物登载,后公开发表于《黄河报》。

可更少一些。但目前济南以上的两堤间距大多在5~10 km,最宽的地方达20 km以上。

功能之二——滞洪。下游宽阔的滩区承担着滞洪的功能。下游河道上宽下窄,排洪能力上大下小。山东艾山以下河道安全下泄流量为10 000 m^3/s,而花园口设防流量为22 000 m^3/s,历史上曾发生过30 000 m^3/s以上的洪水。超出艾山安全泄量的洪水,首先在上游的河槽和滩区滞蓄,以保证艾山以下堤防安全。下游滩区总面积4 000多km^2,每增加1 m水深可蓄洪40亿m^3,相当于北金堤滞洪区有效滞洪量的两倍。在抗御新中国成立以来的历次大洪水中,滩区的有效滞蓄发挥了重大作用。单就滞洪而言,主槽也可和滩区隔开,当洪水达到一定量级时再实施分洪,黄河下游之所以滩槽相通是为了更利于沉沙。图1为1982年黄河滩区进水漫溢情况。

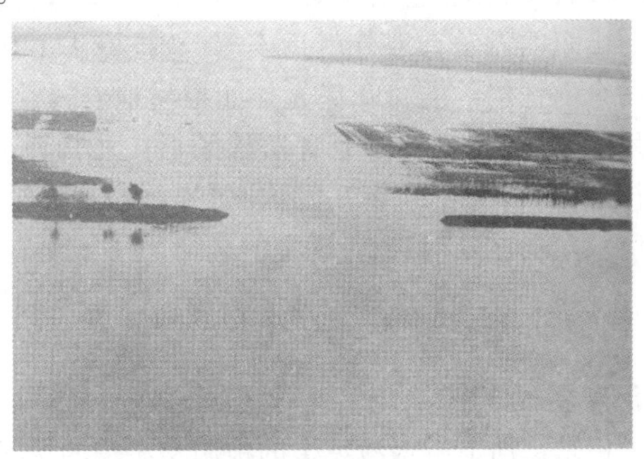

图1　1982年黄河滩区进水漫溢情况

功能之三——容沙。黄河从河南孟津出峡谷,入平原,比降逐渐变缓,挟沙能力沿程降低,因而上下输沙能力不平衡,进入下游的泥沙多而输送入海的泥沙少,造成下游河道不断淤积抬高。这是下游治理的最大难点,也是历史上灾害频繁的根本原因。从新中国成立以来到20世纪末,约有100亿t泥沙淤积在河道里,全断面平均抬高 2 ~ 3 m。宽阔的滩区可以扩大容沙空间,减缓淤积抬高的速度,缓解防洪压力,对保证防洪安全是必要的。

有人提出,既然滩区承担着以上功能,群众为什么要住在滩区呢? 这是一个历史遗留的问题,目前的大多数滩区是在明清以后,由于黄河改道,堤防改线而沦为滩区的。不是群众"侵入"了滩区,而是黄河不期而至。数百年来,他们不得不在滩区耕耘收割、繁衍生息。那么能否把滩区的群众迁到滩区以外呢? 就防洪而言这当然是一个好办法,但也存在以下两个问题:第一,豫鲁两省人口稠密,地少人多,滩区土地仍需利用。山东省曾进行过滩区移民试点,在滩外修建新村,实行滩外居住,滩内种植。但由于滩区宽广,搬迁后耕作距离遥远,生产生活十分不便,群众返滩居住的情况相当普遍。第二,投资巨大,2003 年河南省曾提出一个滩区移民建镇的规划,从滩区迁出 77.5 万人,占河南省滩区人口的 62%。仿照山东的做法在滩外就近安置,总投资为 140 亿元。若把滩区居民全部迁出约需 400 亿元。如果易地安置,则需更多的投资。从目前情况看,把一部分有条件的村庄迁出滩外(如跨堤村、落河村等),大部分群众留在滩内,依靠滩区安全建设和产业结构调整谋求发展,可能是比较现实的选择。

二、当前滩区治理开发存在的突出问题

(一)泥沙淤积问题

泥沙淤积是黄河下游水沙灾害的根源。淤积的状况又主要受来水来沙和河流边界条件的影响。1986 年龙羊峡水库建成并和刘家峡水库联合运用,使上游来水过程发生较大改变。加之沿黄生产、生活用水不断增加,中游暴雨洪水较少及水土保持的开展,下游河道的治理和开发等诸多因素的影响,下游的来水来沙和河流边界条件都发生了显著的变化。来水来沙的改变加重了河道淤积,边界条件的改变加快了二级悬河的发展。

第一,河道淤积加重。根据实测水、沙资料计算,1950 ~ 1997

年的48年间下游年平均径流量为416.3亿 m^3，年均输沙量为10.87亿t。其中1986～1997年的12年间，年均径流量为289亿 m^3，比平均值减少31%；年均输沙量7.13亿t，比平均值减少了34.4%。虽然来水来沙都有明显减少，但因来水量级的减小，特别是4 000 m^3/s 以上洪水出现的概率大大降低，水流输沙能力下降，河道淤积明显加重。1950～1997年下游河道年均淤积量为1.9亿t，占来沙量的17.5%。而1986～1997年平均淤积量为2.45亿t，占来沙量的34.4%，淤积比例增加近一倍。淤积的绝对量也增加了0.55亿t/a，增长了28.9%。

虽然小浪底水库已经投入运用，按设计下游河道目前正处在冲刷期，但如果来水持续偏枯，输沙能力下降，入海水量大幅度减少，小浪底水库的减淤目标也将面临严重的挑战。

第二，二级悬河发展。黄河下游河道有主槽不断淤高，形成槽高于滩的自身趋势。但在自然情况下由于主槽可以自由摆动，这种趋势不会持续发展。淤高到一定程度，一遇漫滩洪水，主槽就会发生摆动或出现支汊、串沟，造成滩槽易位或使相对低洼的滩地淤积抬高。河槽频繁摆动的结果，使两堤之间的河道得以均衡抬升。但是，随着河道整治工程的日臻完善和生产堤的修筑，主槽的摆动受到限制，弯顶以下易出现支汊、串沟的部位也多被工程阻断。主槽及其两侧的淤积持续发展，以致出现二级悬河的不利局面。1986年以后花园口以下河段，二级悬河不同程度地有所发展，尤以东坝头—陶城铺河段为甚。该河段从1986～2000年主槽比滩地多淤高1.16 m，最大滩槽高差达1.75 m。2002年双河岭断面附近流量1 800 m^3/s 时，就开始漫滩。二级悬河的形成和发展造成排洪能力下降，滩区横比降加大。大水时滩区过流比例增大，滚河的危险相应增加。这样不但使滩区安全环境恶化，而且威胁堤防安全，影响防洪大局，应当引起高度重视。

需要指出的是，河道整治工程对于稳定流路、护滩保堤、保证取水口的稳定等方面具有重要作用，应当充分肯定。存在的上述不利影响,通过改进也是可以克服的。例如,在工程的弯顶及以下部位改传统石坝为透水桩坝或潜坝,使其既能控导主流,又减少对水沙交换的影响等。

(二)滩区政策问题

为了沿黄两岸广大地区的防洪安全,利用滩区承担行洪、滞洪、沉沙的功能是完全必要的,对在滩区居住的群众,实行适当的政策扶持和必要的经济补偿也是理所应当的。1974 年国务院〔1974〕27 号文件曾经制订过对滩区的特殊政策。其主要内容是“废除生产堤,修筑避水台,实行‘一水一麦’,一季留足全年口粮”。这一政策在全国大多数地区尚未基本解决温饱问题的计划经济时期,对于保证滩区群众的基本生活、协调各方面的利益关系曾经发挥了积极的作用。但随着经济的发展和改革的推进,这一政策早已脱离了滩区的实际情况和经济发展的需要。且不说避水台建设投资少,进度慢,不能满足安全避洪的需要,经济发展也受到严重制约。面对频繁的洪水淹没和泥沙淤积,无论是政府或者群众都难以下决心进行基础设施建设。加上产业结构没有得到及时调整,农业(主要是粮食)生产几乎成了滩区的唯一产业。大部分农田没有灌排设施,基本处于“靠天收”的状态。一旦发生洪水漫滩,不但秋季收成无望,一些排水困难的滩区种麦也没有保障。水利、交通、能源、教育、卫生等基础设施的严重滞后不仅影响了农业生产,而且成了发展第二、三产业的桎梏。随着市场经济的发展,滩区和周边地区的差距越来越大,已经成为豫鲁两省,乃至全国最贫困的地区之一。

(三)滩区安全建设问题

1974 年以后黄河滩区陆续开展了滩区安全建设。累计修筑村台、避水台 7 354.63 万 m^2,完成土方 1.41 亿 m^3,外迁 176 个村庄 9.35 万人,修建撤退道路 116.8 km,在保障滩区人民生命财产安全上发挥了重要的作用。但由于国家投资和群众经济能力有限,滩区安全建设还存在不少问题,主要是:

(1)安全建设投资少,进度缓慢。滩区安全建设开展已近30年,避水台建设完成土方仅为实际需要的35%左右,东坝头以上大部分村庄没有避水设施。交通道路也不能满足临时撤退的需要。图2为1996年8月黄河滩区洪水漫滩淹没情况。

图2　1996年8月黄河滩区洪水漫滩淹没情况

(2)避水工程缺乏长远规划,工程标准低,孤立分散。滩区避水台实行分期规划分段建设,前后标准不统一,新的工程尚未实施,老工程由于滩区淤积已经不能满足避洪需要。工程标准的确定,也是从近期避洪出发,缺乏长远考虑。例如近期避水台的建设标准确定为花园口流量12 370 m^3/s,超高1 m,相当于20年一遇的防洪标准。那么出现超出上述标准的特大洪水,避水台是否仍有安全保证?如果出现安全问题是否还要进行二次迁安?事实上一旦出现问题,数以千计的孤立土台,数以万计的避洪人口,实行二次迁安是极其困难的。

三、关于滩区治理开发的建议

滩区的治理开发应当为沿黄两岸广大地区经济、社会的可持续发展服务,以确保黄河下游堤防安全为基本前提。同时也应利用滩区的水土资源,促进经济发展,尽可能地为滩区群众脱贫致富，全面建设小康社会创造条件。为此提出以下建议，这个建议可以归纳为16个字，即淤滩刷槽、筑台建镇、退耕还草、政策扶持。

（一）淤滩刷槽

淤滩刷槽，消除目前存在的二级悬河状态，不但是保证堤防安全的重要措施，也是保证滩区安全、减少淹没损失的重要举措。我们应利用大洪水漫滩，或中等洪水引洪入滩，淤高滩面，消除堤根河。清水归槽后冲刷主槽，加大主槽排洪能力。

第一，要充分发挥小浪底水库调水调沙的作用。根据上中游来水来沙情况，调节水沙配比，在下游形成有利于输沙入海、淤滩刷槽的有利水沙过程。

第二，对下游滩区进行引洪入滩的流路规划，可以利用目前的生产堤，形成若干个相对封闭的滞洪沉沙区。其入口纳入黄河防洪工程管理范围，由河务部门统一管理。口门两侧及底部采取工程措施予以裹护。超过一定水位使洪水漫溢，水位回落时自动断流。这样既可引洪入滩，淤滩刷槽，又可防止夺溜改道和粗颗粒泥沙大量进入滩区。

第三，以堤根洼地为基本路线，清除阻水障碍，使引洪线路上下贯通。出口处做工程控制，促使滩区充分落淤并保证清水顺利回黄。

第四，在上中游（含伊洛沁河）来水较丰，预计水量达40亿 m^3 以上时，可利用小浪底水库调节，使花园口形成流量5 000～8 000 m^3/s、含沙量100 kg/m^3 左右的洪峰。各滩区将普遍进水，产生显著的淤滩刷槽效果。这样的洪水只要有2～3次，下游二级悬河就可大大缓解或基本消除。在上中游来水较枯，难以形成较大洪峰时，可利用小浪底水库调节，泄放流量3 000 m^3/s、含沙量60 kg/m^3 左右的洪水。有选择地将洪水引入部分滩区，淤高堤根河，也可取得一定的淤滩刷槽效果。这样就可以增加堤防安全，缓解二级悬河的不利局势。

(二)筑台建镇

目前的避水台工程过于孤立分散,造成土地资源和土方工程量的大量浪费。有些孤立的房台占压土地面积常常是使用面积的数倍,而且安全性能很差。近期的安全建设规划,也是在现有村台周围填填补补,没有太大的改变。我认为应结合小城镇建设在滩区建立几十个台顶面积 1 km^2 以上,安置人口万人以上的大型避水台。即使现在滩区的群众全部安置在避水台上,每人按 80 m^2 计算,面积也仅有 150 km^2,不到滩区总面积的4%。只要规划得当,对滩区的行洪滞洪都不会造成大的影响。和分散建台相比,大型避水台具有占地少、有效土方比例大、安全性能好等显著优点。建台后耕作半径可控制在3 km以内,也是群众可以接受的。避水台建设可与河道疏浚相结合,既可缓解主槽淤积,又可解决避水台的土源。对现有村台要尽量连片利用,并实行集中修建、分期搬迁的办法,以减轻群众负担,防止劳民伤财。避水台顶部高程可按2000 年设防水位超高1.5 m 修建,高出当地平均滩面3~4 m。随着滩面的淤积,可在台的四周加修围堤,最终变成围村堰。滩区如淤至台顶高程约有200 亿t的容沙空间。即使按照新中国成立以后的平均淤积速度,也可做到100 年不搬迁。有了这样安全稳定的居住场所,就可以加大基础设施建设的力度,不但有利于发展农牧业,也可发展农牧产品加工、社会服务等第二、三产业,给滩区发展带来希望之光。

(三)退耕还草

避水台可提供给滩区群众稳定的居住场所,但大面积的土地仍存在洪水和淤积问题。农业基础设施建设困难多、风险大,和其他地区相比,没有竞争优势,单纯发展农业是没有前景的。目前有的地方利用黄河淤土搞砖、瓦等建筑材料,河南省在滩区还建立了多处绿色奶业示范基地。这些都是适合滩区情况的发展项目,既有利于经济发展,又不影响防洪安全,值得大力倡导,并在政策上予以扶持。我们完全可以把下游滩区变成豫鲁两省的绿色草原和畜牧产业基地,既有利于经济发展,也有利于环境生态建设,实现人和自然的和谐共处。也有些地市,想在滩区发展林业。对此应持谨慎态度。如果一哄而起,可能造成严重的行洪障碍,影响防洪保安的大局。应当进行全面规划,科学论证,经河道主管部门批准后实施。

(四)政策扶持

黄河滩区身负行洪、滞洪、沉沙等多种防洪功能,经济发展面临的困难是显而易见的,如不在政策上给予扶持,要赶上全国人民小康建设的步伐是极其困难的。建议对滩区的功能作进一步的划分:主槽和嫩滩划为行洪区,仍按行洪区管理;二滩及其以上滩区划为滞洪沉沙区,在洪水淹没后按现有滞洪区的政策由国家给予补偿。因漫滩而沙化的土地,国家应给予适当补助,用于改造复耕。要加大滩区产业结构调整的力度,大力发展畜牧业、建材业和畜牧产品加工业。鼓励农民向畜牧、加工等非农产业转移,国家应在资金、技术、服务体系建设上予以扶持。同时鼓励有条件的人到滩区以外发展,以控制滩区人口的增长。

黄河下游治理方略之我见*

二〇〇四年一月

新中国成立以来,黄河的治理开发取得了巨大成就,但是实现黄河的长治久安依然是一项长期而艰巨的任务。今后一个时期黄河下游河道的治理方略为沿黄各级政府和广大人民群众所关心,也引起了社会各界的广泛关注。为此特提出以下粗浅之见。

一、下游河道淤积抬高的主要原因和治理途径

黄河下游复杂难治的症结在泥沙,黄河的问题也主要集中于下游。由于泥沙的大量淤积造成地上悬河和河道摆动,形成了“善淤、善决、善徙”的显著特点。

黄河下游泥沙淤积的原因有二:一是水少沙多。所谓水少沙多是一个相对的概念,它的含义主要不在于水沙的绝对数量,而在于水沙的相对关系。过去我们曾经把减沙的远期目标定在每年来沙8亿t,近年来这个来沙量不期而遇。1986~1999年进入下游的年平均沙量只有6.84亿t,比1950~1999年50年的年平均来沙量10.64亿t减少了35.7%,比多年平均来沙量减少一半以上。同期的年均径流量也相应减少至276.4亿m^3,比1950~1999年50年均值减少了32.3%。随着水沙的同比减少,下游河道的淤积量非但没有减少,反而明显增加,达到年均2.23亿t,比50年均值1.96亿t增加了14%,这说明下游河道的淤积不单取决于来沙的

---

* 本文是作者在黄河下游治理方略研讨会上的发言,刊登在2004年3月6日《黄河报》。

绝对量,更取决于水沙的配比关系。二是输沙能力不均衡。黄河进入下游之后失去沟谷的约束,河道变宽,比降渐缓,挟沙能力渐次降低,加之漫滩后洪峰削减,造成输沙量上大下小,泥沙沿程淤积。

针对上述两个原因,下游治理可遵循以下三条途径采取多种治理措施。

(一)减沙

第一条最直接有效的途径是减少进入下游的泥沙,其措施有:

(1)开展水土保持。在中上游水土流失区采取生物措施和工程措施减少进入黄河的泥沙。

(2)兴建干支流拦泥水库。在中游选择适当位置兴建淤地坝或干支流拦泥水库,将泥沙拦截在中游。

(3)放淤。在中游选择适当位置放淤,例如小北干流滩区及其他有条件的沟谷洼地。

(4)把有条件的多沙粗沙支流改造为内流区。

河口镇至三门峡区间为黄河泥沙的主要来源区,来水量占全河的33.4%,来沙量却占90%以上,其中北干流的几个多沙粗沙支流尤为突出。这一地区又属干旱缺水地区,如能将这些支流整体或分段拦截,使之变为内流区,不但可以缓解当地的缺水状况,改善生态环境,而且可以有效地解决黄河水少沙多的矛盾。

(5)开拓泥沙资源化的新途径。除现有放淤固堤、放淤改土等利用泥沙的措施外,积极开拓利用泥沙的新途径。例如,20世纪90年代以来,我国砖的生产量为6 000亿~8 000亿块,折合10亿~14亿m^3,黄河中下游及其附近的晋、陕、豫、鲁、冀、苏、皖七省约占全国人口的36%,用砖量若按20%计,也有2亿~3亿m^3,相当于黄河下游淤积量的1.5~2倍。在黄河中下游适当部位发展制砖生产,也是利用泥沙的一个途径,泥沙资源化应作为下游减沙的主攻方向之一。

(二)增水

第二条途径是增水,通过增加水量或优化水量配置缓解水少沙多的矛盾。

(1)节约用水。借鉴国外水资源管理的先进经验,运用法律的、行政的、经济的和技术的手段,促进水资源的节约使用,逐步建立节水型工业、节水型农业和节水型社会。

(2)保证必需的环境用水,实行水资源的统一管理、调度,实现水资源的科学、合理配置,防止以牺牲环境为代价满足工农业生产的需求,使有限的水资源获得最好的经济、社会效益和生态效益。

(3)跨流域调水,弥补黄河水资源的不足,改善黄河流域的生态环境。

(三)增加下游的输沙能力

第三条途径是增加下游河道的输沙能力,改善下游输沙能力上大下小的不均衡状况。

(1)调水调沙。利用干支流水库,特别是小浪底水库调水调沙,造成有利的水沙过程,提高水流的输沙效率。

(2)拦粗排细。在拦沙、放淤的各项工程中,突出重点,优化措施,拦粗排细,改善进入下游的泥沙颗粒级配,使相同的水量输送更多的泥沙,减少河道淤积。

(3)束水攻沙。整治下游河道,塑造窄深河槽,束水攻沙,增加河道输沙能力。

(4)清浑分流,利用高含沙水流的输沙特性,实现输沙平衡。在小浪底水库利用挖泥抽淤的方法造成稳定的高含沙水流,用渠道或管道直接输送入海(或作为资源加以利用),用较少的水量输送较多的泥沙。河道内则泄放低含沙水流,维持河道冲淤平衡。

二、关于下游河道近期的治理方略

(一)对黄河下游来水来沙及河道淤积的基本估计

1."水少沙多"的状况短期内难以改变

尽管我们可以采取多种途径对黄河进行综合治理,但不论是减沙、增水、增加下游输沙能力都需要一个较长的过程。水少沙多的状况短期内难以改变。在这一点上应吸取历史的经验教训,宁可把困难估计得更多一些。

2. 对来水来沙的过程难以作出准确预测

根据以往积累的气象、水文资料和经济社会发展的情势,我们可以预测来水来沙的变化趋势。但是由于气象、水文的复杂性,我们很难对来水来沙的过程作出准确的预测,各种不利的水沙过程都有可能出现。含沙量超出挟沙能力的现象仍会经常发生,在某些时段、某些部位的淤积是难以避免的。

3. 如无长期有效的减沙措施下游河道仍将继续抬升

黄河的治本之策是减沙。如果没有新的长期有效的减沙举措,下游河道淤积抬高的趋势难以改变。如果仅用调水调沙、束水攻沙之策,把大量泥沙输送入海,河口的淤积延伸势必加快,反过来又会促使河床抬高。渤海湾毕竟是内海,容沙空间也是有限的。现在渤海湾的面积约8万km^2,容沙空间约1.6万亿m^3,即使按照近年的来沙量计算,每年7亿t(约5亿m^3),3 000多年即可淤满,届时河口要延伸200多km,按0.1‰的比降推算,河道要抬高20多m,平均每年要抬高0.5~1 cm,整体淤高的趋势不可逆转。

(二)下游河道近期治理方略

基于对客观条件的以上认识,我认为黄河下游河道近期治理应采取“宽河、定槽、淤滩”的策略。

(1)宽河。宽河即维持现有的宽河格局,为泥沙淤积留出广阔的空间,延缓河道抬升的速度,为进一步的根治措施争取较长的时间。

(2)定槽。宽河如不定槽就会产生诸多问题,一是易产生横河、斜河,危及堤防安全;二是河道游荡摆动,宽浅散乱,影响河道的输沙能力;三是威胁滩区群众的生命财产安全,不利于经济发展和社会稳定;四是闸门引水困难,不利于供水和灌溉。因此,要继续加快河道整治步伐,使下游形成窄深稳定的中水河槽,增加主槽的排洪输沙能力。

(3)淤滩。宽河、定槽有可能加快二级悬河的发展,为缓解和消除二级悬河的不利局面,应采取淤滩刷槽、引洪放淤等措施,对河道、滩区进行综合治理。

(三)河道和滩区治理的基本构想

1.调水调沙缓解二级悬河的不利局面

充分利用小浪底和其他干支流水库的调节作用,造成有利于排沙入海或淤滩刷槽的水沙过程。在上、中游来水较丰预计水量达40亿 m^3 以上时,可利用水库调节使花园口形成流量5 000~8 000 m^3/s、含沙量100 kg/m^3 左右的洪峰,下游将普遍漫水,淤滩刷槽,有效缓解二级悬河的不利局面。在上、中游来水较枯难以形成较大洪峰时,可利用小浪底水库调节,泄放流量3 000 m^3/s、含沙量60 kg/m^3 左右的洪水,有选择地将洪水引入部分滩区,淤高堤根河,也可取得一定的淤滩刷槽效果。

2.对黄河滩区实行分区管理

新中国成立以来,黄河下游一直采取“宽河固堤”的治理方针。除行洪外,还把滩区作为滞蓄洪水和处理泥沙的场所。滩区面积约4 047 km^2,居住人口180多万人。经过50多年的治理,下游的防洪形势已发生重大变化。在保证防洪安全的前提下,有必要也有可能对滩区政策作出必要调整。滩区可以实行分区管理,首先,根据河道治理的需要在不同河段分别划出1~2.5 km的行洪区,加强河道整治,形成窄深稳定的河槽,并留出必要的行洪滩地,此区应严格管理确保行洪畅通。其次,行洪区以外的滩地划为若干滞洪沉沙区。该区内按规划修建避水台,以保证群众的生命财产安全。允许群众在滞洪沉沙区边界修筑生产堤,自修自守,小水时减少生产损失,大水时有计划地预留口门引洪入滩滞洪沉沙,对因此给群众造成的生产损失给予适当的补偿。分区管理可以使防洪治理和滩区开发利用之间的矛盾得到较好的解决。

3. 修建引洪放淤工程

为了保证有计划有控制地引洪淤滩，需要采取相应的工程措施。首先应对滞洪沉沙区进行引洪放淤的流路规划，做到引得进、排得出，保证引洪放淤的流路畅通。其次对引洪的入口和出口应修建必要的控制工程。长垣、东明、濮阳、原阳等七个大滩占下游滩区面积的一半以上，可参照原阳幸福渠的引水模式修建涵闸、渠道，先期引洪放淤缓解二级悬河，后期淤、灌结合改善生产条件。其他滩区可修建控制工程（如进水口门、溢流堰等），防止引洪时夺溜改道及大量床沙进入滩区。

4. 调整产业结构

在滩区发展畜牧养殖业、旅游业及其他适宜的第二、三产业，促进滩区群众脱贫致富；鉴于滩区目前的贫困状况，应实行相应的扶持政策，如加强滩区水利建设、率先免除农业税等；同时制订相应的户籍管理政策鼓励群众外迁，严格控制滩区人口增长，以实现滩区的可持续发展。

关于河南省黄河滩区近期治理与开发问题的研究报告*

二〇〇四年八月

黄河的治理与开发一直受到党中央、国务院以及沿黄各级党委、政府的高度重视。新中国成立以来投入了大量的人力、财力，取得了举世公认的治理成就。小浪底水库的建成，使黄河下游的防洪标准进一步提高。但是由于近年来黄河水沙情况发生了较大变化，主河槽淤积萎缩严重，也出现了一些新的情况和问题。2002年、2003年两年，在流量不大的情况下，接连出现小水漫滩、滩区行洪、大堤偎水、堤基渗水等险情，引起河南、山东两省领导和沿黄群众的严重关切。2003年胡锦涛总书记等党和国家领导人亲赴滩区视察并慰问受灾群众，体现了对滩区群众的极大关怀和对黄河治理的高度关注。根据省政府领导的有关批示，河南省老科技工作者协会组织有关专家对黄河河南段近期治理开发问题开展了专项研究，现将研究情况和建议报告如下。

一、河南黄河的基本情况和特点

黄河横贯河南省北部，西起灵宝，东至台前，河道长711 km。孟津县白鹤以下为设防河段，长度为444 km。共有堤防810 km，其中临黄干堤539 km。两堤间距一般为5～10 km。花园口水文站多年平均实测径流量为470亿 m^3，输沙量为16亿 t，平均含沙

* 本项目（含附件）获中国科协优秀调研成果奖。参与项目研究的有庄景林、马德全、叶宗笠、史孝孔、舒嘉明、罗启民等。

量为35 kg/m^3。黄河是世界上著名的多泥沙河流和强烈堆积型河道,河南黄河处于中、下游交替河段,地理位置特殊,具有许多不同于其他江河也不同于黄河其他河段的显著特点。

(一)河道淤积,河床高悬

黄河流经世界上著名的黄土高原,土质疏松,沟深坡陡,暴雨集中,水土流失面积达45.4万km^2。一遇暴雨洪水,大量泥沙进入黄河河道,干流实测最大含沙量达941 kg/m^3,有的支流高达1 000 kg/m^{3}以上,黄河中游比降较大,输沙能力较强。进入下游平原之后,河面变宽,比降趋缓,大量泥沙淤积在河道内。根据1950~1999年实测资料计算,下游河道共淤积泥沙93.07亿t。其中淤积在河南孟津—孙口河段的泥沙为68.57亿t,占下游河道淤积量的74%,是泥沙淤积的主要部位。由于堤防的约束,两堤之间的河床不断抬高,新中国成立以来河床普遍抬高2~4 m。目前河床平均高程一般高于背河地面3~5 m,最大的达10 m以上。开封黑岗口河床高出开封市地面13 m,花园口河床高出新乡市地面达23 m之多。因此,黄河成为世界上著名的“地上悬河”。

(二)河势游荡,易决易迁

河南河段两堤之间皆系黄河的淤积物,土质疏松,抗冲能力差。泥沙淤积引起河槽不断抬高,达到一定程度就会向低洼的地方摆动,因而形成了典型的游荡性河道。新中国成立初期河道摆动幅度可达5~7 km。开封柳园口河段一天之内曾摆动6 km之多。游荡性河道易产生“横河”、“斜河”,一旦顶冲堤防就有冲决危险。历史上黄河决口泛滥共1 500多次,其中在河南决口达1 000次以上,占决口次数的2/3。较大的迁徙改道26次,其中20次是由河南决口造成的。

(三)堤防薄弱,防守困难

河南东坝头以上的河道系明清故道,已有数百年的历史。堤防在历代民埝的基础上加修而成,内在质量差,松土、裂缝、空洞较多。不少地方堤基是历代决口的口门、潭坑,往往存在地下渗水通道，或者抢险秸料腐朽形成较大隐患，给防守带来困难；河南段河道整治工程还不完善，河势游荡摆动难以有效控制；河南地处下游上段，距三花间暴雨区较近，洪水突发性强，预见期短，防汛调度缺乏周旋余地。因此，有"万里长江险在荆江，万里黄河险在河南"之说。

（四）滩区广阔，漫溢频繁

由于黄河洪水集中，洪量较大，泥沙堆积严重，历史上多采取"宽河固堤"之策，即在河南规划出大片滩区作为滞洪沉沙的场所，以缓解对堤防和下游的压力，牺牲局部，保存全局。河南段两岸大堤间距一般为 5 ~ 10 km，最宽处达 24 km。滩区面积 2 665 km^2，耕地 241 万亩，聚居着 1 294 个村庄和 120. 64 万人口（含封丘倒灌区），均占下游滩区的 2/3 左右。下游滩区由于为滞洪沉沙之地，因而漫溢和灾害频繁。根据有关资料统计，1950 ~ 1999 年间下游滩区较大的漫滩（淹没滩地 10 万亩以上，受灾人口 10 万人以上者）20 多次，平均两年一次。局部漫滩几乎年年都有。以 1996 年 8 月洪水为例（洪峰流量 7 600 m^3/s），受淹村庄 1 374 个，受灾人口 118. 8 万人，淹没耕地 247. 6 万亩，倒塌房屋 26. 54 万间，损坏房屋 40. 96 万间，直接经济损失 64. 6 亿元（含山东省）。

二、当前治理开发中存在的突出问题

（一）泥沙淤积问题

泥沙淤积是河南黄河水沙灾害的根源。淤积状况主要受来水来沙和河流边界条件的影响。1986 年龙羊峡水库建成并和刘家峡水库联合运用之后，使上游来水过程发生了较大改变。加之沿黄生产、生活用水不断增加，中游暴雨洪水较少，水土保持和下游河道治理开发等诸多因素的影响，下游的来水来沙和河流边界条件都发生了显著变化。这些变化主要表现是：来水来沙的总量减少和水沙过程改变。非汛期来水比例增加，含沙量降低；汛期来水比例减小，含沙量增大，高含沙洪水出现机遇增多；大洪水出现机遇明显减少，输沙能力降低；河道整治工程不断增加，生产堤修建加固河床摆动受限等。上述来水来沙情况的改变加重了河道的淤积，边界条件的改变加速了二级悬河的发展。

第一，河道淤积加重。根据实测水沙资料计算，1950～1999年的50年间，花园口站年平均径流量为408.2亿 m^3，年均输沙量为10.64亿t。其中1986～1999年的14年间年均径流量为276.4亿 m^3，比平均值减少了32.3%；年均输沙量6.84亿t，比平均值减少了35.7%。虽然来水来沙都有明显减少，但因来水量级的减小，特别是4 000 m^3/s 以上洪水出现的机遇大大降低，水流输沙能力下降，河道淤积明显加重。1950～1999年下游河道年均淤积量为1.86亿t，占来沙量的17.5%。而1986～1999年的年均淤积量达2.23亿t，占来沙量的32.6%，淤积的绝对量和淤积比都有明显的增加（见附件一）。

小浪底水库投入运用以后，目前下游河道正处在冲刷期。由于清水下泄、调水调沙等措施的影响，河道有所冲刷，但因水量较小，来水过程趋平，冲刷的数量不大。2000～2003年4年中共冲刷5.71亿 m^3，年均冲刷1.43亿 m^3（约2亿t），远低于三门峡水库运用初期年均冲刷5.78亿t的水平。河南省夹河滩到孙口河道冲刷量仅占总冲刷量的12.6%，河道没有明显的改善。目前小浪底水库初期运用阶段即将结束，水库排沙比将明显加大，下游河道的冲淤状况不容乐观。

第二，二级悬河发展。黄河下游河道有主槽不断淤高，形成槽高于滩的自身趋势。但在自然条件下由于主槽可以自由摆动，这种趋势不会持续发展。淤高到一定程度，一遇漫滩洪水，主槽就会摆动或出现支汊、串沟，造成滩槽易位或使相对低洼的滩地淤积抬高。河槽频繁摆动的结果，使两堤之间的河道得以均衡抬升。但是，随着河道整治工程的日臻完善和生产堤的修筑，主槽摆动受到限制，弯顶以下易出现支汊、串沟的部位也多被工程阻断。主槽及其两侧的淤积持续发展，以致出现二级悬河的不利局面。1986年以后，花园口以下河段二级悬河不同程度地有所发展，尤以东坝头—陶城铺河段为甚。该河段从 1986 ~ 2000 年主槽比滩地多淤高 1.16 m，最大滩槽高差达 1.75 m。2002 年双河岭断面附近流量 1 800 m^3/s 时就开始漫滩，不但使滩区安全环境恶化，而且对堤防安全造成严重威胁（见附件一）。

（二）堤防及滩区安全问题

二级悬河的发展使防洪形势发生了不利变化。根据 1996 年 8 月洪水的实际情况，这些变化的主要表现：一是洪水时水位偏高。1996 年花园口的洪峰流量是 7 600 m^3/s，但相应水位高达 94.73 m，比 1958 年 22 300 m^3/s 的相应水位高 0.91 m，比 1982 年 15 300 m^3/s 的水位高 0.74 m。河南河段的水位几乎全线达到历史最高水平。100 多年没有上过水的原阳高滩漫滩进水。下游滩区淹没耕地 247.6 万亩，受灾人口 118.8 万人，淹没面积和水深均超过新中国成立以来的最高纪录。二是洪水演进过程发生改变。洪峰传递大大减缓，洪水边行进、边漫滩，洪峰传递速度每小时约 1 km。大量洪水滞留滩区不利于河槽冲刷。三是洪水时滩区过流比例增加，河道工程控导作用下降，加之滩地低洼，横比降大，易产生横河、斜河，危及堤防安全。除“96 · 8”洪水外，2002 年双河岭断面 1 800 m^3/s 洪水就开始漫滩，造成顺堤行洪；2003 年 2 500 m^3/s 洪水造成蔡集工程失控，淹没滩地 34.9 万亩，其中耕地 25.14 万亩，受灾 11.4 万人，兰考、东明 35 km 堤防偎水，偎堤水深 1 ~ 5 m，背河发生严重渗水，甚至出现管涌的迹象。这些情况都给我们敲响了警钟（见附件一）。

由于二级悬河发展，主槽淤积萎缩，造成漫滩机遇增加，水位偏高，退水困难，使滩区的安全环境恶化。1974 年以后，黄河滩区陆续开展了安全建设。累计修筑村台、避水台 7 354.63 万 m^2，完成土方 1.41 亿 m^3，外迁 176 个村庄 9.35 万人，修建撤退道路 116.8 km，在保障滩区人民生命财产安全上发挥了重要作用。但由于国家投资较少，群众负担能力有限，滩区安全建设还不能满足防洪需要。其一,安全建设投资少,进度缓慢。滩区安全建设开展近30年,避水台完成土方仅为实际需要的35%左右,东坝头以上大部分村庄没有避水设施。交通道路也不能满足临时撤退的需要。其二,避水工程缺乏长远规划,工程标准低,孤立分散。滩区避水台实行分期规划、分段建设,前后标准不统一,新的工程尚未实施,有的老工程由于滩区淤积已经不能满足防洪要求。工程标准的确定也是从近期避洪出发,缺乏长远考虑。例如近期避水台的建设标准确定为花园口站12 370 m^3/s的相应水位超高1 m,相当于20年一遇的防洪标准。那么出现超出上述标准的特大洪水,避水台是否仍有安全保证?如果出现安全问题是否还要进行二次迁安?事实上一旦出现问题,数以千计的孤立土台,数以万计的避洪人口,实行二次迁安是极其困难的。

(三)滩区的发展问题

黄河下游滩区的地理位置特殊,在黄河发生较大洪水时,滩区必须为全局利益做出牺牲,从而保证广大地区的防洪安全。为了解决滩区群众受灾后的生活问题,1974年国务院以国发〔1974〕27号文件确定,比照蓄滞洪区对黄河滩区实行特殊的扶持政策。其主要内容是"废除生产堤,修筑避水台,实行'一水一麦',一季留足全年口粮"。这一政策在全国大多数地区尚未解决温饱问题的计划经济时期,对于保证滩区群众的基本生活、协调各方面的利益关系曾经发挥了积极的作用。但随着经济的发展和改革的推进,这一政策早已脱离了滩区的实际情况和经济发展的需要。且不说避水台建设投资少,进度慢,不能满足安全避洪的需要,经济发展也受到严重制约。面对频繁的洪水淹没和泥沙淤积,无论是政府或者群众都难以下决心进行基础设施建设。加上产业结构没有得到及时调整,农业(主要是粮食)生产几乎成了滩区的唯一产业。大部分农田没有灌排设施,基本处于"靠天收"的状态。一旦发生洪水漫滩,不但秋季收成无望,一些排水困难的滩地种麦也没有保障。水利、交通、能源、教育、卫生等基础设施的严重滞后,不仅影响了农业生产，而且成了发展第二、三产业的桎梏。随着市场经济的发展，滩区和周边地区的差距越来越大，已经成为豫鲁两省乃至全国最贫困的地区之一。

三、近期治理开发的建议

黄河的治理开发应当为沿黄两岸广大地区经济、社会的可持续发展服务，以确保黄河下游堤防安全为基本前提，同时也应利用黄河的水土资源，促进滩区的经济发展，尽可能为滩区群众脱贫致富，全面建设小康社会创造条件。

为了有针对性地提出治理建议，首先应对今后一个较长的时期内黄河水沙变化趋势有一个基本的认识。根据长期的水文观测资料和有关研究成果，我们认为：第一，黄河水少沙多的状况不会有根本的改变。新中国成立以来进入黄河下游的实测径流量呈逐步减少的趋势。减少的原因除降雨量丰枯变化的影响外，主要是流域内用水大量增加造成的（见附件一）。随着区内人口的增加，西部大开发的推进和经济的发展，这种趋势不会有根本的改变。而各种减沙措施的作用则是一个长期而艰巨的过程。当前和今后的较长时期"水少沙多"仍将是黄河水沙的主要特点。第二，处理泥沙淤积是黄河治理的一项长期任务。进入黄河下游的水沙总量虽呈逐步减少之势，但由于来水的减小，特别是大洪水发生频率的减小，使水流的输沙动力明显减弱，输送入海的泥沙将会大量减少，库区和河道内的淤积比例将大幅度增加。处理泥沙淤积任重而道远。第三，黄河下游仍有发生大洪水的可能。黄河下游的实测径流量总体上虽呈减少趋势，但由于黄河流域降雨量时空分布的严重不均，加之小浪底水库以下的洪水尚未得到有效控制，黄河下游仍有发生大洪水的可能，对下游防洪决不能掉以轻心（见附件一）。基于上述基本认识，我们对黄河下游的滩区治理提出以下建议。

(一)实行"宽河、定槽、淤滩"的治理方略

为了保证下游防洪安全,妥善处理泥沙淤积,防止二级悬河的发展,应实行"宽河、定槽、淤滩"的治理方略。宽河,即维持现有的宽河格局,为泥沙淤积留出广阔的空间,延缓河道抬升的速度,为实施进一步的根治措施争取较长的时间。定槽,即稳定中水河槽,宽河如不定槽将会产生诸多问题:一是易产生横河、斜河,危及堤防安全。二是河道游荡摆动,宽浅散乱,影响河道的排洪输沙能力。三是威胁滩区群众的生命财产安全,不利于经济发展和社会稳定。四是闸门引水困难,不利于供水和灌溉。因此,应加强河道整治,稳定中水河槽,增加主槽的排洪输沙能力。淤滩,是近期治理的关键措施。由于黄河自然淤积特性,实行宽河、定槽将会加快二级悬河的发展,为此必须引洪淤滩,实现主槽和滩地均衡抬升。淤滩可采取两种方式:一种是在大洪水时通过在控导工程上预设分洪闸门、破除生产堤、清除滩区行洪障碍等措施,使滩区漫水行洪,实现滩槽水沙交换,辅之以适当的水沙调节措施,将可收到淤滩刷槽的效果;另一种是在中小洪水时通过预设的分洪闸门和引洪渠系,配合小浪底调水调沙运用,有计划地将洪水引入滩区,淤填堤根河及近堤洼地,亦可达到缓解二级悬河,防止顺堤行洪,增强堤防抗洪能力的目的。

(二)分区管理,实现人与自然和谐共处

黄河是一条独特的河流,下游河道除和其他江河一样排泄洪水外,还承担着滞洪沉沙的功能。如果仅从排洪考虑,两堤间距2~2.5 km已足,目前两堤间距宽达5~24 km,这主要是考虑滞洪沉沙的需要。新中国成立初期我们对洪水的控制能力十分薄弱,大洪水、特大洪水频繁发生。在当时的情况下只能全力以赴,确保大堤安全,很难考虑滩区的得失。经过新中国成立以来50多年的治理开发,黄河的情况发生了重大变化。随着上、中游用水的增加和干、支流水库的陆续兴建,进入下游的水量不断减少,大洪水出现的概率大大降低。1950~1985年花园口水文站8 000 m^3/s以

上的洪水平均每年出现1次,1986年以后没有发生过8 000 m^3/s以上的洪水。1950年以来4 000 m^3/s以上的洪水共出现181次,其中50年代出现63次,年均6次以上,而90年代只出现9次,年均不到1次,小浪底水库建成后的5年来一次也没有发生。在新的情况下,完全有可能在保证防洪安全的前提下,兼顾滩区的土地利用和经济发展,为此我们建议改变把两堤之间的河道统统作为行洪区管理的办法,分别不同情况实行分区管理。

分区管理的基本构想是:以现行河道的治导线为基础,根据不同河段的实际情况,在主槽两侧分别划出1~2.5 km的河道作为主行洪区。严格按照行洪区的有关规定管理。清除一切行洪障碍,确保行洪畅通。主行洪区以外的滩区则以自然滩为单元,划分为若干滞洪沉沙区。原则上按照分滞洪区的有关规定管理。两区之间以现有生产堤为基础,经过调整形成防护堤,由群众自修自守,防小水不防大水。需要指出的是,黄河下游有七八个超大滩区,它们是下游滩区的主体。以河南为例计有100 km^2以上的大滩6处,合计面积1 600多km^2,占河南滩区总面积的70%以上。这些大滩区可作为滞洪沉沙区建设的重点,分别进行引洪闸门、引洪渠道、退水口门的规划和建设,保证分洪运用的顺利进行。这些大滩的引洪放淤问题解决了,滩区的滞洪沉沙功能就有了基本保障。

分区管理后的运用模式是:在黄河发生4 000 m^3/s以下洪水时,依靠主行洪区排泄洪水,有利于集中水流束水攻沙,对河道的淤积形态也不会有大的影响;当黄河发生4 000 m^3/s以上较大洪水或河道治理需要时,可以有计划地开启部分滞洪沉沙区,既可分滞洪水、淤滩刷槽,又可避免全面上滩,缩小灾害范围;当黄河发生6 000 m^3/s以上大洪水时,开启所有的滞洪沉沙区,破除生产堤,清除行洪障碍,实行全断面行洪。这样做既满足了行洪、滞洪、落淤的需要,也兼顾了滩区的经济发展,实现长远利益和当前利益、整体利益和局部利益、生态效益和经济效益的和谐统一。

（三）集中建镇，确保滩区群众的生命财产安全

实行分区管理之后，滩区的安全建设仍然是一项重要而迫切的任务。滞洪沉沙区的安全建设有的可以采取外迁的方式，如跨堤村、落河村以及其他群众希望外迁的村庄。外迁的群众应按照国家移民建镇的有关政策给予安置补偿。实践证明，修筑避水台是滩区安全建设的好办法，应作为滞洪沉沙区安全建设的主要方式。但是，目前的避水台工程过于孤立分散，不但造成土地资源和土方工程量的浪费，而且安全性能很差。我们认为应结合小城镇建设在滩区修建几十个台顶面积 1 km^2 以上，安置人口万人以上的高大避水联台。即使现在滩区群众全部安置在避水台上，每人按 80 m^2 计算，面积也仅有 150 km^2，不到滩区总面积的 4%。只要规划得当，对滩区行洪滞洪都不会造成大的影响。和分散建台相比，大型避水台具有占地少、有效土方比例大、安全性能好等显著优点。避水台建设可与河道疏浚相结合，既缓解了主槽淤积，又解决了避水台的土源。对现有村台要尽量联片利用，并实行集中建台、分期搬迁的办法，以减轻群众负担，防止劳民伤财。避水台顶部高程可按 2000 年设防水位超高 1.5 m 修建，高出当地平均滩面 3 ~4 m。随着滩地淤积，可在台的四周加修围堤，最终变成围村堰。滩面如淤至台顶高程约有 200 亿 t 的容沙空间。即使按照新中国成立后的平均淤积速度，也可做到 100 年不搬迁。有了这样安全稳定的居住场所，就可以加大基础设施的建设力度，不但有利于发展农牧业，也可发展农牧产品加工、社会服务等第二、三产业，给滩区发展带来希望之光。

（四）政策扶持，促进滩区经济社会的可持续发展

河南黄河的滩区大部分是在明清时期，由于黄河改道、堤防改线而沦为滩区的。滩区群众世代繁衍生息的家园同时成为洪水漫溢、泥沙淤积的场所。新中国成立以来，长期实行宽河固堤的防洪策略，滩区群众为广大地区防洪安全做出了巨大的贡献和牺牲。如何善待河南滩区的百万民众，已经成为摆在我们面前迫在眉睫

的问题。党的十六大提出了全面建设小康社会的宏伟目标。这是一项惠及13亿人口的伟大工程。我们应当采取措施让滩区的广大群众也能进入小康建设的行列。事实上，黄河滩区除和其他蓄滞洪区一样承担分滞洪水的功能外，还要承受泥沙淤积、土地沙化、基础设施淤埋破坏的严重后果，比其他蓄滞洪区更具牺牲局部保存全局的性质。理应对滩区群众进行合理的经济补偿和必要的政策扶持。为此我们建议对滩区实行如下政策。

1. 补偿政策

1988年国务院国发〔1988〕74号文件批转的《蓄滞洪区安全建设指导纲要》指出："河道内行洪区、泛区、滩区除行政法规另有规定者外，可参照本纲要的有关规定执行。"据此黄河滩区避水台、撤迁道路等建设项目已按纲要的规定执行。但滩区的补偿政策却没有按相应的规定办理。在国家的蓄滞洪区名录里淮河有26个，其中黄敦湖、南润段等18个和黄河滩区的情况基本相同。按照"社会公正、风险公平"的原则，建议黄河滩区（即分区管理后的滞洪沉沙区）按照《蓄滞洪区运用补偿暂行办法》执行。

2. 扶持政策

鉴于黄河滩区滞洪沉沙运用的机遇较多，水沙灾害频繁，必须采取特殊的扶持政策，否则脱贫致富是很难实现的。建议根据滩区的特殊情况，制定、落实相关的政策措施。在扶贫开发政策上，应向滩区大力倾斜，优先安排扶贫开发项目和资金；在农业生产上，把绿色奶业基地、特色农产品基地建设，中低产田改造，农田水利建设等列入国家专项投资计划分期分批地加以实施。以农田水利建设为例，1988～1996年国家曾连续9年投资进行滩区水利建设，改造农田103万亩，取得了显著效益。但至今仍有140万亩需要改造，应争取国家继续投入，分期完成；在经济扶持上，应实行减免税收、减免配套资金、发放低息贷款等优惠政策。当地政府可根据本地的具体情况出台一些鼓励社会力量向滩区投资开发的优惠政策，以加快滩区治理开发的步伐（见附件二）。

3. 产业政策

在滩区开发利用中,要充分发挥黄河滩区特殊的生态环境和优越的区位优势,以市场为导向,以科技为支撑,以土地后备资源开发、生态农业建设为重点,以调整、优化农业结构为突破口,以农业增效、农村致富、农民增收为目的,大力发展绿色奶业、特色农业及绿色无公害食品,不断提高农产品质量、附加值和市场竞争力。

在具体开发中,要统一领导,统筹规划,分类指导;综合开发,规模经营,逐步推进;突出重点,突出特色,突出效益;立足当前,着眼长远,开发、治理与保护相结合;处理好开发与防治、局部与整体、生产与生态建设的关系。在此基础上,大力搞好农业基础建设,改善农业生产条件和生态环境。发展有优势、有市场竞争力的名、优、特、新农产品及绿色食品。不断推进农业产业化经营,大力发展以农产品加工和流通为主的龙头企业及第二、三产业,建立健全各类社会化服务组织和体系,解决滩区人民产前、产中、产后的突出问题。

在安排重点开发项目时,注重发展以绿色奶业带为主,优质肉牛、肉羊为辅的畜牧业;注重发展生态旅游业和观光农业;注重发展以优质专用小麦、专用玉米、绿色无公害蔬菜、优质杂果、优质特色中药材为主的特色农业和生态农业项目。要积极论证、申报、立项新的项目,争取国家和各级财政的投入。支持和鼓励农民、个体、社会团体、大型企业投资。以优惠的政策吸引外商投资开发。实行"谁投资、谁受益"的政策,兴建有辐射能力、有地方特色、有知名度的专业农副产品批发交易市场。建立动态信息数据库和信息服务中心,促进滩区的开发和利用。在滞洪沉沙区内的避水台上,还应适当发展第二、三产业,建设农副产品加工企业,通过开发利用,使滩区成为全省重要的绿色食品基地、创汇农产品基地、生态农业示范基地和现代农业园区(见附件三)。

4. 滩区人口控制政策

目前滩区的人口过于密集,不但增加了防洪负担,也严重制约着滩区的经济发展。应参照“移民建镇”的有关规定,鼓励有条件的村庄或农户向滩外迁移。禁止滩外人口移居滩区。对外迁农户要做好补偿和安置工作,使他们不因搬迁而降低生活水平。滩区内要实行严格的人口控制政策,规定滩区人口增长率必须低于当地滩外的增长水平,并提出具体的控制指标和措施。同时要加大宣传力度,加强计划生育工作。把计划生育与扶贫开发项目、资金的安排结合起来。实行少生多扶、多生少扶的奖惩办法。在控制人口数量的同时,还要重视人口素质的提高,加大义务教育和专业技术培训的投入,对滩区劳力进行免费培训,提高他们的文化和技术水平,为滩区社会和经济发展提供技术人才(见附件二)。

附件一、二、三:(略)

参 考 文 献

[1] 中华人民共和国水利部. 黄河的重大问题及对策[R]. 2000.

[2] 黄河勘测规划设计研究院. 近期黄河下游滩区安全建设可行性研究报告[R]. 2003.

[3] 王渭泾. 黄河下游河南段“二级悬河”的形成和治理问题[C]//黄河水利委员会. 黄河下游“二级悬河”成因及治理对策. 郑州:黄河水利出版社,2003.

[4] 黄河水利委员会. 黄河下游治理方略研究背景材料[R]. 2004.

铜瓦厢改道一百五十年祭*

二〇〇五年三月

1855年(清咸丰五年)黄河在铜瓦厢决口改道是近代黄河历史上的一个重大事件,也是距今最近的一次大改道。它改变了长达700多年黄河南流夺淮入海的局面,开始了现行河道的发育过程。这次大改道曾给当时泛区人民造成了巨大的灾难,也给我们一些重要的启示。

一、铜瓦厢改道的经过

清代道光、咸丰年间,黄河河道淤积、河床抬高,悬河形势十分突出。兰阳县铜瓦厢位于黄河由东流改向东南的转折处,是当时的险要堤段之一。每当大汛之时,洪水肆虐,险象环生,常常是"下游固守则溃于上,上游固守则溃于下"(魏源《筹河篇》)。明万历十五年这里就曾发生决溢,附近的清河集、板场也曾发生过决口。

1855年7月初,黄河发生了大水。7月1~3日,下游水位接连上涨。当时河南境内下北厅(今开封—兰考区间)水位骤涨4 m左右,3日夜又降大雨,水势更加汹涌,以致"两岸普律漫滩,一望无际,间多堤水相平之处"。4日,北岸兰阳县铜瓦厢三堡以下平工堤段"登时塌三、四丈,仅存堤顶丈余,签桩厢埽,抛护砖石,均难措手"(《再续行水金鉴》)。晚上,南风大作,风卷狂澜,波浪掀天。5日,这段堤防终于溃决。至6日全河夺溜。

---

* 本文获河南省地方史志研究二等奖,刊登在《黄河史志资料》2005年第3期。

铜瓦厢决口之后，主流先向西北又折转东北淹及封丘、祥符、兰阳、仪封、考城、长垣等县，后流入山东，淹及曹州、东明、濮城等地，在张秋横穿运河，夺大清河河道至利津县注入渤海。据《山东河工成案》等有关资料记载，河水泛滥给河南、直隶、山东三省部分州县带来了巨大灾难。“菏泽首当其冲”，“平地陡涨水四五尺，势甚汹涌，郡城四面一片汪洋，庐舍田禾，尽被淹没”，“下游之濮州、范县、寿张等州县已据报被淹”。决口两个月后的一次调查说，山东省受灾最重，“水由曹、濮归大清河入海，历经五府二十余州县。漫口一日不堵，则民田庐舍一日不能涸复”。由于各种原因，当时的清政府既未堵口挽河，也未修筑新堤，黄河泛滥横流 20 多年。每当汛期涨水，洪水四溢，灾害严重。据《再续行水金鉴》记载，同治二年（1863 年）六月的一次涨水，“河南考城县数年涸出之村庄，复行被水。山东菏泽县黄水已至护城堤下。直隶开（州）、东（明）、长（垣）等邑，每遇洪水出槽，必多漫溢，而东明、濮州、范县、齐河、利津等处水皆靠城行走，尤为可虑”。

铜瓦厢决口不仅毁城邑、漂庐舍，使泛区之内哀鸿遍地、民不聊生，而且江浙富庶之地通向京城的主要交通命脉——漕运也为之中断。河决之初清政府也曾打算兴工堵复。但当时正值太平天国和捻军农民革命方兴未艾之际，清政府尽力扩充军队进行镇压，府库空虚，军费尚且不足，堵口之事无力旁顾，只好暂时搁置。此后 30 多年中，朝廷之内对堵口一直存在两种不同主张。一种主张是，为了消除山东等地水患，恢复漕运，应当堵复决口，将黄河挽回故道；另一种主张则认为原河道淤积高仰，挽回故道工程艰巨，更兼府库空虚，经费难筹，应当因势利导，就河筑堤，改行新河。持两种主张的人各执己见，争论不休。最高统治者举棋不定，犹豫不决。除意见分歧、财力不足外，也有借黄河泛滥阻止捻军北进的用意。因此，在河决后的 20 多年中，除劝民筑埝自保外，在防治水灾方面很少有作为。直到光绪八年（1882 年）才在两岸民埝的基础上普遍修筑堤防，光绪十三年之后两种治理主张的争论才告止息，大改道的格局也就此形成。

二、改道的原因

铜瓦厢改道有其社会历史原因，也有黄河自身特点形成的自然原因。

(一)社会历史原因

清王朝后期，政治腐败，国力衰微，西方资本主义国家乘虚而入。鸦片战争以后西方国家更加紧了对中国的侵略。清政府昏庸无能，步步退让，至19世纪50年代前后已签订了《天津条约》、《瑷珲条约》、《北京条约》等一系列不平等条约，割地赔款，丧权辱国。对内清政府则将战争、赔款等费用转嫁给人民群众，横征暴敛、竭泽而渔。人民群众不堪忍受，农民起义此起彼伏。1851年爆发了太平天国农民革命。起义军从广西先后攻入湖南、湖北、江西、安徽，1853年攻克南京，定为都城，改称天京，直接威胁清王朝的统治。清政府则尽其所能扩充军队，全力绞杀。铜瓦厢决口后究竟如何治理，朝廷之中意见纷纭，莫衷一是，更兼内忧外患，即使有好的治理方案也难以付诸实施。由此可见，黄河的治理是经济发展和社会安定的需要，反过来国家富强、社会安定又是治理黄河的必要前提。

(二)自然原因

黄河决口改道的自然原因主要是泥沙淤积，若淤积不能消除，仅靠堤防约束则难以长期维持河道稳定。1855年改道之前河道淤积已达相当严重的地步，据有关考察资料，当时的河道纵比降已经十分平缓。兰阳以下河道纵比降只有0.07‰～0.11‰。河道滩面一般高出背河地面7～8 m，维持原河道已十分困难。对于黄河历史上的大改道，研究者认识比较一致的有五次。其中除公元前602年记载较少，公元1128年系人为决堤所致外，其余三次(公元11年、1048年、1855年)改道前的河道状况十分相似。它们一般都具有以下特点：一是河道延伸，入海流路不畅；二是河床抬高，悬河形势加剧;三是河患增多,决溢频繁,此堵彼决,危机四伏。每当此时维持原河和改行新河的主张总是争论不休,但最后都以改行新河而告终。公元 11 年改道前,贾让提出了“治河三策”(公元前 7 年),把改道推为上策。虽然由于社会政治原因未被采纳,但 18 年后河决魏郡形成了大改道。铜瓦厢改道前,魏源在 1842 年所著的《筹河篇》中指出,向北改道已成必然趋势。他说:“由今之河,无变今之道,虽神禹复生不能治,断非改道不为功。人力预改之者,上也。否则待天意自改之,虽非下士所敢议,而亦乌忍不议。”果然不出其所料,13 年后黄河于铜瓦厢决口改道,由大清河入海。北宋庆历八年(公元 1048 年)河决商胡,河水沿低洼地带形成“北流”入海。由于当时社会政治原因,朝廷内挽河“东流”(回归故道)的呼声甚高。宋王朝下决心堵复决口,将黄河挽回故道。结果历经数十年三堵三决,终难维持“东流”局面。元符二年(公元 1099 年)河决内黄,“东流”断绝,又回“北流”重新冲出一条河道。“北流”、“东流”之争也就此消匿。坚筑堤防虽然可以延长行洪年限,但不能改变河道摆动迁徙的总体趋势。在当时的社会历史条件下,黄河改道迁徙具有它的必然性。但究竟在何时、何处改道,则受到来水情况、河道形势、治理决策等多方面的影响,又具有偶然性和随遇性。

三、改道的启示

铜瓦厢改道距今已经 150 年了,期间中国发生了翻天覆地的变化。一个半封建半殖民地的旧中国,已成为初步繁荣昌盛的社会主义国家。黄河的情况也发生了重大的变化。特别是新中国成立以来,党和国家对黄河治理高度重视,开发黄河水利、治理黄河水害,建立了上拦下排、两岸分滞的防洪工程体系,取得了 50 多年伏秋大汛岁岁安澜的伟大成就,彻底改变了历史上三年两决口的险恶局面。但是,黄河下游河道淤积尚未得到有效解决,发生大洪水的可能仍然存在,下游仍存在决口改道的威胁。随着经济社会的发展黄河又出现了一些新的问题,如水资源短缺,供需矛盾加剧;水环境恶化,水污染严重,等等。最近黄河水利委员会提出了维持黄河健康生命的新理念,黄河的治理和保护依然任重而道远。

黄河下游决口改道的威胁源自河道淤积,淤积不解决,改道的威胁就不能彻底消除。而造成下游河道淤积的根源,又在于水沙关系的不平衡。黄河下游水沙关系不平衡表现在三个层面:第一是总量不平衡。多年的观测资料显示,维持下游河道冲淤平衡的年平均含沙量约为20 kg/m^3,而实测多年平均含沙量达35 kg/m^3。黄河的沙量总体上超出了径流的挟带能力,因而决定了下游河道总体淤积的趋势。第二是水沙过程不平衡。黄河的径流泥沙在年际、年内分配上都呈现不平衡状态,以泥沙为例,1933 年进入下游的沙量达 39.1 亿 t,而 1987 年只有 2.48 亿 t,丰枯相差 10 倍以上。年内分配集中于汛期,自然状态下汛期来沙约占年沙量的85%。汛期来沙往往又集中于几场洪水。若在多沙、粗沙区出现暴雨,常常形成高含沙洪水。1977 年 8 月 7 日小浪底站最大含沙量高达941 kg/m^3。高含沙洪水进入下游后,其含沙量大大超出水流的挟沙能力,往往造成严重淤积。根据 1969 ~ 1973 年 5 年的资料统计,其中 6 次高含沙洪水的淤积量占淤积总量的 62%。第三是上、下断面的输沙能力不平衡,上、中游比降大,断面形态一般也较为窄深,因而输沙能力大。进入下游比降变缓,河道展宽,输沙能力降低。即使在下游,输沙能力也呈上大下小之势。由于输沙能力渐次降低,造成泥沙的沿程淤积。

如何解决上述水沙不平衡的问题呢?经过多年的探索和实践,形成了"增水、减沙、调水调沙"的治理思路。用增水、减沙,消除或缓解总量的不平衡;用调水调沙消除或缓解水沙过程以及上、下断面输沙能力的不平衡。这是我们解决下游河道淤积最基本的方法。但是也必须看到,这些措施是一个长期的、渐进的过程,而且调节幅度也有一定限度。我们有必要拓宽思路,探索更多的治理方法。我认为有两种治理途径是值得探讨的。其一是利用高含沙水流的输沙特性提高输沙效率。高含沙水流在渠道中长距离输送而不发生淤积，在泾、渭河的灌区内已有实例，其可能性和现实性是毋庸置疑的。1976 年方宗岱曾提出利用小浪底水库和专门的输送渠道排泄高含沙水流处理泥沙的设想。但是如何形成和维持均匀稳定的高含沙水流成了这一方案的最大障碍。随着科学技术的进步，利用功能强大的清淤设备（挖泥船、泵），这个障碍是可以突破的。经粗略估算，利用小浪底水库排放高含沙水流，每年只需 10 亿 m^3 左右的水量，就可维持库区冲淤平衡，使小浪底水库的库容得以永续利用。其二是泥沙资源化。我们应大力拓宽泥沙利用的渠道，变泥沙灾害为泥沙资源。如果我们利用小浪底水库产生具有一定比例细颗粒含量的高含沙水流，就可以淤填堤根洼地，改善防洪形势。也可在背河一定范围内轮流放淤，既能改良土壤，又能使背河逐步淤高，使下游河道逐渐形成相对地下河。祸兮福之所倚，过去的黄河因泥沙而千年为害，今后的黄河也会以泥沙造福人民。

改善黄河下游治理模式 支持滩区可持续发展*

二〇〇六年三月

黄河是我国的第二大河，以其水少、沙多、水沙关系不平衡而成为世界上最为复杂难治的河流之一。而下游的治理方略尤其受到人们的关注。近期黄河水利委员会总结借鉴历史上的治河经验，结合黄河的现实情况，提出了“稳定主流、调水调沙、宽河固堤、政策补偿”的下游治理方略。这是现阶段下游治理的基本方针。但在具体的治理模式上仍有一些不同认识和意见。其中有两种主要的治理模式。

一、两种治理模式

一种治理模式是把两堤之间的河道都作为行洪区管理。通过河道整治、调水调沙稳定主槽，塑造并维持中水河槽；实行宽河固堤，滞蓄和排泄洪水并提供容沙空间；破除生产堤，实现滩槽水沙交换，向滩区输送泥沙。该模式认为，黄河下游两岸大堤之间的河道，无论河槽及滩区都是输送洪水泥沙的通道，主张全面或逐步废除生产堤，让河槽及滩区自然行洪、滞洪、沉沙，对河槽及滩区实行一体化管理。

我们主张另一种治理模式，即对两堤之间的河道实行分区管理。黄河下游的主槽和滩区分别具有不同的功能，在排泄洪水、沉

---

* 本项目（含附件）获河南省人民政府发展研究奖二等奖，曾刊登在《人民黄河》2006 年第 6 期。参与项目研究的有黄自强、庄景林、马德全、耿明全、齐海龙等。

积泥沙、开发利用方面都存在明显的差异,河槽和滩区应当区别对待,分区管理。我们的初步构想是:

以河道整治的治导线为基础,根据不同河段的实际情况,在治导线及其两侧规划出 1 ~2.5 km 的河槽作为主行洪区;在主行洪区以外的宽大滩区规划出 20 个行洪滞洪沉沙区(以下简称滞洪沉沙区,见图 1、图 2),面积 2 613.85 km^2,占滩区总面积的 64.59%,人口 152.23 万人,占滩区总人口的 84.13%。表 1 为黄河下游宽河段典型滩区统计。

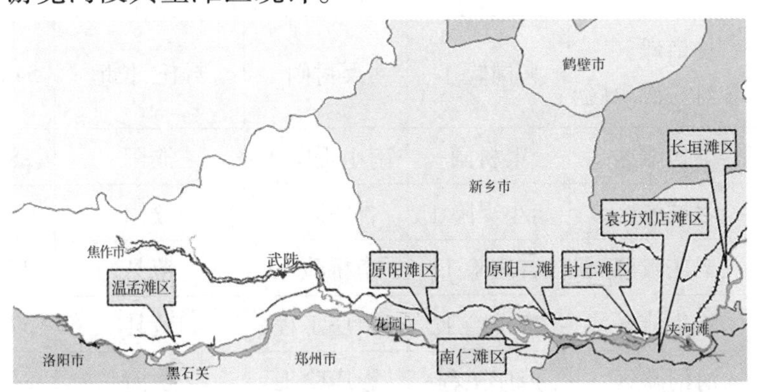

图 1　黄河下游滞洪沉沙区布置图(东坝头以上)

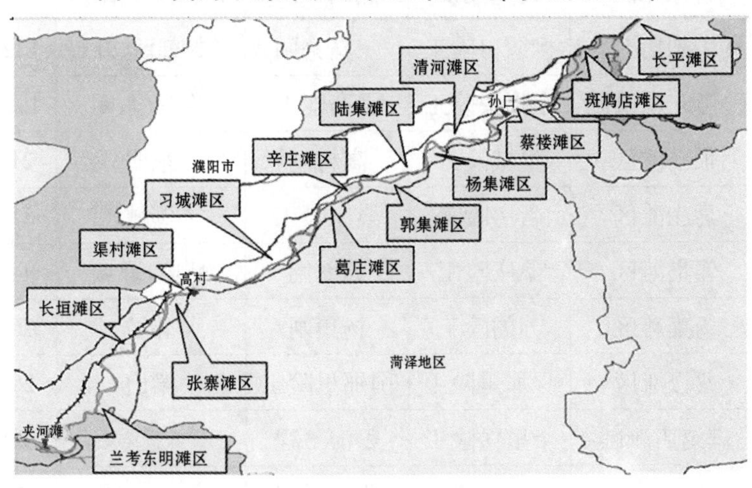

图 2　黄河下游滞洪沉沙区布置图(东坝头以下)

表1 黄河下游宽河段典型滩区统计

序号	滩区名称	起点	终点	所在县区	面积（km^2）
1	温孟滩区	逯村工程	沁河口	孟州、温县、武陟	461.50
2	原阳滩区	北裹头工程	越石险工	原阳	218.60
3	原阳二滩	越石险工	红旗闸	原阳、封丘	113.48
4	封丘滩区	红旗闸	曹岗险工	封丘	21.80
5	长垣滩区（含封丘倒灌区）	曹岗险工	渠村闸	封丘、长垣	548.33
6	渠村滩区	渠村闸	南小堤险工	濮阳	28.88
7	习城滩区	南小堤险工	吉庄险工	濮阳	126.45
8	辛庄滩区	吉庄险工	李桥险工	范县	35.88
9	陆集滩区	李桥险工	芦庄工程	范县	57.70
10	清河滩区	芦庄工程	影唐险工	台前	84.28
11	南仁滩区	九堡险工	黑岗口闸	中牟、开封郊区	77.90
12	袁坊刘店滩区	柳园口险工	三义寨闸	开封郊区、开封	132.93
13	兰考东明滩区	东坝头险工	霍寨险工	兰考、东明	197.73
14	张寨滩区	堡城险工	高村闸	东明	21.35
15	葛庄滩区	营房险工	桑庄险工	鄄城	31.75
16	郭集滩区	桑庄险工	苏阁闸	鄄城、郓城	44.58
17	杨集滩区	苏阁险工	杨集闸	郓城	20.45
18	蔡楼滩区	程那里险工	国那里险工	梁山	29.73
19	斑鸠店滩区	十里堡险工	姜沟工程		102.75
20	长平滩区	石庄工程	北店子闸		257.78

主行洪区和滞洪沉沙区分别实行不同的管理方式：主行洪区清除一切行洪障碍，确保行洪畅通，区内村庄和居民通过移民建镇有计划地迁到区外；滞洪沉沙区则以现有的生产堤为基础，通过调整、改造，建成6 000～8 000 m^3/s（东坝头以上为8 000 m^3/s，东坝头以下为6 000 m^3/s）标准的防护堤。在适当部位建设进、出水工程（涵闸、溢流堰或预留口门）。区内进行流路规划，特别要规划好堤根（河）放淤通道，保证引得进、淤得下、排得出；进行滞洪区安全建设，确保群众生命安全，减少财产损失。滞洪运用后，按蓄滞洪区的有关政策进行补偿。

各区的运用方式是：当花园口站出现8 000 m^3/s以上洪水时，打开所有滞洪沉沙区实行全断面行洪，确保大堤安全；在出现4 000～8 000 m^3/s洪水或小水大沙时，有计划地开放部分滞洪沉沙区，引洪淤滩、滞蓄洪水；在出现4 000 m^3/s以下的低含沙洪水时，关闭所有滞洪沉沙区，集中水流，束水攻沙，塑造尽可能大的主槽断面，在出现8 000 m^3/s以下的高含沙洪水时可视情况尽可能利用放淤通道开闸放淤。因黄河的水沙搭配十分复杂，实际操作中，应根据不同情况制定实时调度方案，以求得到最佳的防洪、减淤效果。

以上两种治理模式有着广泛的共同之处，也存在一些不同点。

（一）两种治理模式的共同点

（1）稳定主槽。下游的宽河段是典型的游荡性河段，在自然状态下，河势游荡多变。如不加以整治易产生横河、斜河，危及堤防安全，河势的游荡摆动给滩区群众的生命财产安全造成严重威胁，也对两岸的引黄供水带来不利的影响。两种治理模式都主张通过河道整治，使主槽保持稳定。

（2）调水调沙。黄河下游的基本水沙特性是水少沙多、水沙过程不平衡。每遇高含沙洪水常常造成严重淤积。而有时含沙量较低，水流挟沙能力不能充分发挥。两种治理模式都主张通过调水调沙，塑造有利的水沙过程，充分发挥水流的输沙作用，努力塑造并维持稳定的中水河槽。

(3)宽河固堤。两种治理模式都主张维持现有的宽河格局,大洪水时全断面行洪,给洪水以出路,同时给泥沙处理留出广阔的空间。

(4)大水引洪淤滩。在超过8 000 m^3/s洪水时实行全断面行洪,引洪淤滩。

(5)政策补偿。两种治理模式都主张在滩区(后者为滞洪沉沙区)遭遇洪水灾害时由政府给以政策补偿,使滩区群众不致因水返贫,支持滩区的可持续发展。

(6)安全建设。两种治理模式都主张在滩区(后者为滞洪沉沙区)进行以修筑避水台为主要内容的安全建设。在出现大洪水时保证滩区群众的生命安全,尽量减少财产损失。

(二)两种治理模式的不同点

1. 生产堤废留不同

一体管理模式:全面或逐步废除生产堤。

分区管理模式:在拟建滞洪沉沙区的滩区,对生产堤进行调整、改造,建成一定标准的防护堤(见图3、图4)。

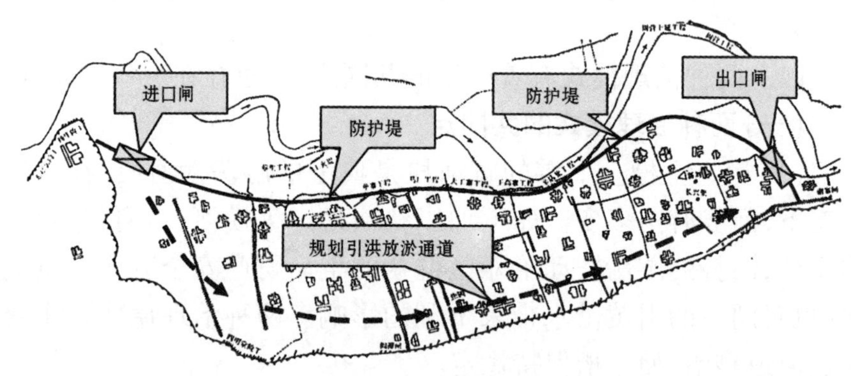

图3　兰考东明南滩滞洪沉沙区平面布置图

2. 水沙处理方式不同

一体管理模式:通过洪水的自然漫溢调蓄洪水、处理泥沙。

分区管理模式:通过规划和配套工程建设,有计划地滞蓄洪

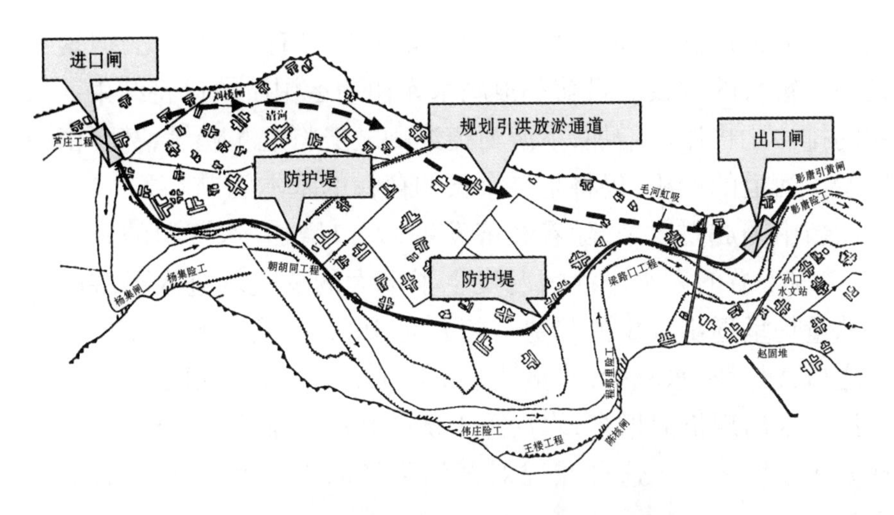

图4　台前清河滩滞洪沉沙区平面布置图

水,引洪淤滩。在高含沙小洪水时利用堤根放淤通道分流放淤或人工放淤,主动治理“二级悬河”。

3. 调水调沙的目标不同

一体管理模式:主要是塑造和维持中水河槽,增加主槽的排洪输沙能力。

分区管理模式:除塑造和维持中水河槽,增加主槽排洪输沙能力外,还可调放高含沙洪水,利用滞洪沉沙区有计划地引洪淤滩。尽可能实现低含沙洪水走主槽,高含沙洪水走滞洪沉沙区。

4. 政策补偿的不同

一体管理模式:争取适用于黄河滩区的新的补偿政策。

分区管理模式:在滞洪沉沙区运用时,执行现有的蓄滞洪区补偿政策。

二、实行分区管理治理模式的必要性

我们之所以主张采取分区管理的治理模式,主要是基于以下几方面的考虑。

(一)河道淤积是黄河下游必须长期面对的基本问题

近年来由于小浪底水库投入运用,对下游基本上泄放清水,从而引起河道冲刷、主槽下切、平滩流量增加等有利的变化，但这只是一个短暂的时段。目前小浪底水库初期运用阶段已将结束。水库的排沙比将逐步增加，下游河道冲刷之势将逐步趋缓，甚至由冲转淤。河道的淤积，仍将是一个长期存在的基本问题。

新中国成立以来，随着经济发展、人口增加、水资源的开发利用，黄河下游的来水来沙情况发生了重大的变化。进入下游的水沙总量均呈逐步减少的趋势。特别是1986年龙羊峡水库投入运用之后，汛期来水减少，非汛期来水增加，大洪水出现机遇减少，高含沙洪水出现机遇增多，水沙不平衡的状况更加突出，下游河道呈现淤积萎缩之势。这种状况对黄河下游将会产生长时期的不利影响。

（二）稳定主槽势必促进“二级悬河”的生成和发展

悬河的形成是黄河下游河道演变的自然规律。它是水流和泥沙相互作用的结果。水流在河槽内流速大，挟沙能力强。一旦发生漫溢，流速减小，挟沙能力锐减。大量泥沙在主槽两侧沉积，越靠近主流部位沉积量越大，越远离河槽沉积量越小，在主槽两侧形成高仰的滩唇。在主槽基本固定的情况下，这种状况将会持续发展。20世纪50年代以前，两堤之间的河槽之所以能够均衡抬升，主要是通过河势游荡实现的。主槽淤积抬高到一定程度，遇到大洪水时主槽将会摆动到滩地的低洼部位，再开始新的淤积过程。通过这种不断地淤积—抬高—摆动，两堤之间的河槽达到均衡抬升。随着河道整治工程的逐步完善，主槽基本固定下来，“二级悬河”必然逐步发展。为治理“二级悬河”，必须采取相应的补救措施。

（三）调水调沙不能根本解决河道淤积和“二级悬河”问题

调水调沙是充分发挥水流的挟沙能力，减少河道淤积的重要措施和有效手段。但仅靠调水调沙不能根本解决河道淤积和“二级悬河”问题。黄河下游的水沙特点是水少、沙多、水沙不平衡。下游水沙的不平衡性体现在三个层面。其一是总量不平衡。根据观测资料统计，在自然状态下，黄河下游达到冲淤平衡的年平均含沙量是 20～25 kg/m^3，但实际进入下游的多年平均含沙量达 35 kg/m^3。泥沙总量超出了水流的挟带能力，这就决定了下游河道总体上呈现淤积状态。其二是过程不平衡。由于暴雨强度和洪水来源区的不同有时会出现高含沙洪水，干流最大含沙量高达 941 kg/m^3 之多，而最小的含沙量可以为零。其三是上、下断面输沙能力不平衡。从总体上看，河道比降上陡下缓，同流量情况下输沙能力上大下小，从而造成河道的沿程淤积。调水调沙可以部分解决水沙过程不平衡的问题，而对总量不平衡，以及上、下断面输沙能力不平衡问题则作用不大。

另外，黄河水资源总量有限，但却面对多目标的需求，如输沙、供水、灌溉，等等。20 世纪 50 年代进入下游的实测径流量年均为 480 亿 m^3，90 年代减少到 256.8 亿 m^3，今后还有继续减少的趋势。以 90 年代计，下游的年平均流量仅有 814 m^3/s，这样有限的水量保持河道不断流、满足供水和灌溉已感匮乏，能够用于调水调沙的水量更加有限。综上所述，仅靠调水调沙是不能根本解决河道淤积和“二级悬河”问题的。

（四）引洪淤滩是处理黄河泥沙、缓解“二级悬河”的必要措施和重要途径

1. 引洪淤滩是缓解“二级悬河”的必要措施

随着河道整治工程的不断完善，主槽摆动的范围日渐减小。即使全部破除生产堤，大部分泥沙也只能淤积在主槽两侧的滩唇部位，促使“二级悬河”的生成和加剧。这种影响在宽河段表现得尤为突出。因此，对滞洪沉沙区进行流路规划，配合调水调沙有计划地引洪放淤，是改善断面淤积形态，缓解“二级悬河”的必要措施。也只有这样才能消除“稳定主槽”带来的负面影响。

2. 引洪淤滩是处理黄河泥沙的有效途径

黄河是世界上著名的多泥沙河流。历来的治河方略都可以理解为处理泥沙的方式和途径。处理黄河泥沙无非有三种途径：一

是把泥沙拦截在上、中游;二是输送入海;三是堆放在下游河道及其两侧。

通过水土保持减少入黄泥沙被认为是“正本清源”之策。但是由于重力侵蚀造成的水土流失难以完全消除。以往的研究认为,经过长期的水土保持工作每年还将有 8 亿 t 泥沙进入下游。把泥沙拦截在上、中游的另一种办法是在中游修建高坝大库。这也是处理泥沙的重要措施。但有条件修建这种库坝的位置并不很多,而且这种库坝对整个河流生态环境的影响有待深入探讨。例如龙羊峡水库的建成和使用,对黄河下游造成划时期的不良影响,使下游河道渐呈淤积萎缩之势。

输沙入海曾经是许多治河专家梦寐以求的治河良策。从潘季驯的“束水攻沙”到今天的“调水调沙”、“河道扰沙”都取得一定的治理效果。但随着水资源供需矛盾日渐突出,入海水量和沙量总体上都呈减少趋势。入海水量的不足成为输沙入海的最大制约因素。

作为处理泥沙的第三种途径,就是把泥沙堆放在下游河道及其两侧。目前下游滩区面积达 4 047 km^2,加上河道及部分河口三角洲约 6 000 km^2,如果在堤防背河划出 2 km 淤筑相对地下河,淤沙面积近 1 万 km^2,以平均淤高 3 m 计,将有 300 亿 m^3 的容沙空间,相当于 4 个小浪底水库。如果仅在临河堤根划出 1 km 宽的“堤河”放淤区,则可有 1 300 km^2 的放淤面积,平均淤高 3 m 即可取得 36 亿 m^3 的容沙空间。因此,引洪淤滩、引洪放淤是处理黄河泥沙不可忽视的重要途径之一。

三、实行分区管理治理模式的可行性

20 世纪 80 年代以前,黄河下游来水和来沙量都比较大,需要留出足够的排洪河道和宽广的淤沙空间。同时河道内控制性工程较少,河势游荡不羁,主槽摆动频繁。在河道内划出相对稳定的滞洪沉沙区是不可能的,也是不经济的。所以,通常都采用宽河固堤的策略,任主槽在两堤之间自由摆动,以满足在宽河段滞洪沉沙的需求。但目前的情况已有很大不同,具体分析如下。

(一)目前黄河下游已具备分区管理的基本条件

经过新中国成立以来50多年的开发治理,黄河的来水来沙和河流边界条件都发生了巨大的变化。50多年来在黄河上、中游兴建大型水库22座,总库容616.8亿m^3,已超出黄河的年平均径流量,对洪水的调控能力大大增强。随着人口的增加和经济发展,引黄用水与日俱增,进入下游的实测径流量逐步减少。20世纪90年代花园口站年平均径流量仅有257亿m^3。相应的大洪水出现机遇也大大减少。4 000 m^3/s以上的洪水20世纪50年代年平均达6.3次,60~80年代年平均3.6次,90年代年平均0.9次,进入21世纪还没有一次超过4 000 m^3/s的洪水。下游河道的状况也发生了巨大的变化。经过大规模的河道整治,河道中已初步建成控导工程体系。共新建改建险工、控导工程212处,近1万道坝垛护岸。主槽游荡范围大大缩小,大多数滩区基本稳定下来。大量控导工程的兴建也不能容忍主槽冲破治导线改行其他流路。因此,把主行洪区和滞洪沉沙区分离开来已经具备了基本的条件。

(二)目前滩区的状况已具备分区治理的雏形

20世纪60年代以来,生产堤数经废兴,1974年以后实行"废堤筑台"政策,要求彻底破除生产堤。虽然三令五申并采取多次大规模破除行动,但至今收效甚微。如果因势利导,对生产堤进行调整改造,对滞洪沉沙区进行规划建设,可以很快形成分区管理的格局。

(三)在长期的治黄实践中积累了河道及滩区治理的丰富经验

在长期治黄实践中积累的丰富经验为我们实行新的治理模式奠定了坚实的基础。许多治理措施可以从过去的实践中找到实证,一些新的治理方法也可从以往的经验中得到启迪。例如在滞洪沉沙区引洪放淤能否引得进,能否淤得好,能否保证堤防和滩区群众的安全,清水能否退得出等问题,都可借鉴以往的经验,找到妥善解决的办法。

（四）沿黄人民群众有大水保安全、小水保生产的强烈愿望

广大的黄河滩区既是大洪水时行洪、滞洪、沉沙的场所，又是滩区人民繁衍生息的家园。滩区内居住着 181 万人口，有 375 万亩耕地。长期以来，为了保障沿黄广大地区的防洪安全，滩区人民做出了必要的牺牲。但是滩区的发展问题没有得到应有的关注。由于生产条件恶劣，基础设施落后，滩区和其他地区经济发展的差距越来越大，成为豫、鲁两省突出的贫困地带。滩区群众和山东、河南两省人民政府多次提出在滩区实行“大水保安全、小水保生产”的治理要求。对下游河道实行分区治理可以避免小水易漫滩、小水淹多滩的不利状况，符合滩区人民群众的利益和愿望，必将得到沿黄群众和各级政府的大力支持及积极参与。这是搞好滩区乃至整个黄河治理最重要的保障。

（五）有其他河流的实践经验可供借鉴

淮河的行洪区（见图 5）和黄河滩区有许多相同与相似之处，近年来参照蓄滞洪区的政策给群众适当补偿，有效保护了淮河防

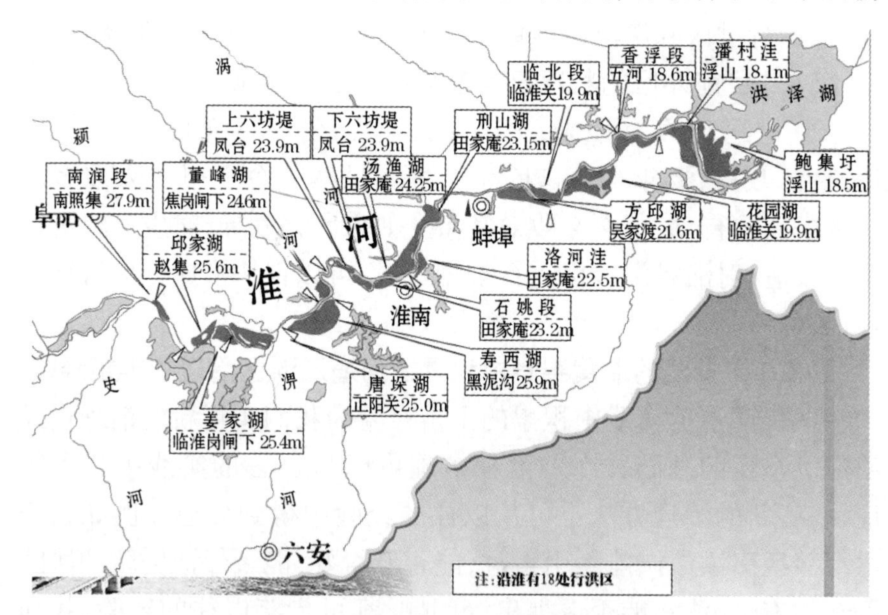

图 5　淮河中游行洪区平面布置图

洪安全,取得了很大的经济效益和社会效益,被誉为科学调度洪水、减轻自然灾害的典范,得到地方政府和人民群众的支持与拥护,河道管理部门也比较满意。

四、实行分区管理治理模式的优越性

(一)有利于资源的充分利用,支持滩区可持续发展

我国是一个人口众多、资源相对贫乏的发展中国家。人多地少、人多水少、人多能源少是我们的基本国情。中共中央最近提出坚持科学发展观,即以人为本,实现经济社会的全面、协调、可持续发展。不以浪费资源、破坏环境为代价谋求一时的经济增长。建设资源节约型和环境友好型社会。滩区的大片土地是一种可以永续利用的宝贵资源。分区管理有利于土地资源充分利用。主行洪区属"水用空间",要清除行洪障碍确保流路畅通,不与水争地;大堤以外是"人用空间",要实行宽河固堤保证堤防不决口;滞洪沉沙区则是"人水共用空间",是人水和谐共处的焦点和重点。在必须使用滞洪沉沙区时,水进人退,在大多数情况下则采取有效措施给滩区经济发展创造良好的环境。实现全局利益和局部利益、长远利益和当前利益的和谐统一,支持滩区经济社会的可持续发展。

(二)有利于减少滩区的淹没损失

分区管理模式在4 000 m^3/s以下洪水时依靠防护堤的保护,可避免不必要的漫滩损失。在出现4 000～8 000 m^3/s洪水时,有计划地开启滞洪沉沙区可以更有效地削减洪峰、减少灾害损失。我们以"92·8"和"96·8"洪水为例进行了模拟与分析:"96·8"洪水实际淹没耕地196.2万亩,受灾人口115万人,直接经济损失53.65亿元(按滞洪区补偿标准计算,下同),是新中国成立以来淹没损失最大的一次。如果按分区管理计算,只需开启袁坊刘店、封丘、兰考东明、长垣、习城等5个滞洪沉沙区,淹没耕地91.22万亩,受灾人口57.17万人,直接经济损失25.60亿元,减少灾害损失52.28%。"92·8"洪水如自然漫溢淹没耕地95.09万亩,受灾

人口47.36万人，直接经济损失23.24亿元。如分区运用，只需开启兰考东明、习城2个滞洪沉沙区，淹没耕地43.62万亩，受灾人口21.22万人，直接经济损失10.41亿元，减少灾害损失55.21%。

（三）有利于洪水和泥沙处理

实行分区管理的治理模式在洪峰起涨阶段4 000 m^3/s以下时可关闭所有滞洪沉沙区，加快水流传递速度。在洪峰回落至3 000 m^3/s以下时，由滞洪沉沙区相机补水，延长主行洪区3 000 m^3/s以上的洪水历时，有利于束水攻沙，减少主槽淤积。在洪峰和沙峰前后有计划地开启滞洪沉沙区，有利于分水分沙、引洪淤滩，改善断面淤积形态，缓解“二级悬河”的不利局面。

（四）有利于政策补偿的顺利实施

实行分区管理治理模式，滞洪沉沙区以外的河道按现有行洪滩区的政策执行。滞洪沉沙区按现有蓄滞洪区的政策办理。无须专门制订针对黄河滩区的特殊补偿政策，可以避免由此引起的诸多矛盾，促进补偿政策尽快实施。

综上所述，我们认为实行分区管理的治理模式有它的必要性、合理性和可操作性。建议进行深入的研究和探讨。

利用高含沙水流的输移特性处理小浪底水库的泥沙淤积*

——在小浪底水库泥沙处理关键技术及装备研讨会上的发言

二〇〇六年十二月

在小浪底水库泥沙淤积处理问题的研讨中，我赞成利用高含沙水流的输沙特性处理黄河泥沙的意见。黄河的水流泥沙是一个相互关联的整体，必须全面考虑。关于解决优化配置问题，我想谈两点看法。

一、提高水流的输沙效率是解决黄河泥沙淤积的根本途径之一

黄河的最大特点就是水少沙多，黄河出现的一系列问题也是由水少沙多引起的。所谓水少沙多是相对的，也就是说，黄河的水相对于泥沙来说太少了。在自然状态下黄河水流的挟沙能力是比较低的。根据实测资料统计，在2 500～3 000 m^3/s 流量时保持河床不淤积的挟沙能力是20～40 kg/m^3，3 000～4 000 m^3/s 流量可以挟带40～60 kg/m^3 的泥沙。保持河床不淤积的年平均含沙量是20 kg/m^3。也就是说，如果有1 t泥沙，要把它输送到海里需要50 m^3 的水。而黄河多年平均泥沙量是16亿t，按照这个比例来

* 本文收入黄河水利出版社《黄河小浪底水库泥沙处理关键技术及装备研讨会文集》一书。

计算需要800亿 m^3 的径流量,但是黄河多年平均径流量只有500多亿 m^3。所以,从总体来看水量少,运载能力不足,泥沙送不下去,河道总体上必然处于淤积状态。

要解决这个问题有三个途径:第一是减沙,第二是增水,这两条已经引起了充分的重视,并且做了大量的工作。第三是提高输沙效率,利用高含沙水流的输沙特性可以提高输沙的效率。如果我们能够实现的话,按照含沙量500 kg/m^3 计算,现在小浪底库区每年平均的淤积量是2亿t,有4亿 m^3 水就可以解决了。这样黄河的输沙就可以不受水量不足的限制了。如何利用高含沙水流的输沙特性提高输沙效率,泥沙专家们进行了很多的研究,取得了丰硕的成果。清华大学的报告题目是"重提高含沙水流远距离输送泥沙",为什么"重提"?因为20世纪70年代曾经进行过研究,并提出过在黄河上实际运用的设想和方案,但由于当时的经济技术条件限制还不能够实现。但是现在我觉得已经具备了基本的条件,可以重提这个问题了。

二、如何实现泥沙的高效输送

要实现高含沙水流远距离输送泥沙,必须解决三个问题:

第一是起动问题。这个问题大家讲了很多,泥沙在水库淤积很容易,但是起动起来很难,除在冲刷漏斗区和深槽外,起动需要借助机械的力量或其他外力,大家谈了很多方案,例如用挖泥船、气力泵、爆破,等等。不管用什么方法,要形成适宜输送的高含沙水流,需要满足三个条件:

(1)作业的深度能够满足小浪底水库的要求,作业水深要在50 m以上。

(2)清淤量要能够满足输送泥沙的要求,我认为每小时至少要在2 000 m^3 以上(单台设备)。

(3)含沙量应在500 kg/m^3 左右。同时为了满足颗粒级配的要求,还应能够灵活方便地选择作业区。

我查阅了一些资料，很多机械都可以满足这个要求，可以进行优化比选。从性能上看，意大利生产的劲马泵就可以满足需要。该泵生产的时间比较长，技术比较成熟，最大作业水深达到200 m，抽出泥浆的固体物质含量达80%～90%，水面以上的扬程可以达到40 m，最大排距可达10 km，这些都能满足我们的基本需要。有些设备我们可以自己研制，也可以引进，如果有现成的成熟的设备或技术，引进比开发快得多。

黄河水利科学研究院提出的用自吸式的方法也是可以的，但是起动以后还要满足一个条件，就是保证泥沙的颗粒级配符合远距离输送的要求。泥沙专家们对非牛顿体水流的重要参数建立了数学模型，黄河水利科学研究院的研究提出了更简便的判定指标：含沙量大于400 kg/m^3，粒径小于0.01 mm的细颗粒泥沙超过20%，就可以长距离输送而不发生淤积。

第二是输移问题。首先是过坝，有些专家提出了利用明流洞的方案。如果用渠道输送也可以利用灌溉洞或3号明流洞，高水位作业时也可利用溢洪道，过坝以后再做一些连接工程，连接到渠道上。管道输送在国外有成熟的技术，比如说管道输煤最大的输送距离达到1 600多km。黄河的泥沙输送到黄海、渤海都不超过1 000 km，因此在技术上应该没有问题，主要是进行经济论证。

用渠道输送的方法，清华大学的论证也表明是可行的，但有些专家担心如此高的含沙量用渠道输送是否会淤积。高含沙水流输移的理论首先是在解释已经发生的自然现象中发展起来的。20世纪70年代陕西省洛惠渠发生过一次意外事件，洛惠渠为了防止渠道淤积，曾规定最大含沙量不得超过15%（折合166 kg/m^3）。但是有一次发生了测报错误，把700 kg/m^{3}的含沙量测报成70 kg/m^3，就把水放了。发现这一错误以后担心渠道发生淤积，但结果出乎意料，不但没有淤积，有些地方还发生了冲刷。此后又在其他灌区进行试验，都得到大体相同的结果，试验最大含沙量均超过500 kg/m^3。这件事引起了许多泥沙专家的关注。经过研究发现，在高含沙状态下,细颗粒泥沙达到一定比例,黏滞力就会增加,当黏滞力和浮力与粗颗粒泥沙重力平衡时,粗泥沙不再沉降,水流也因此不再分选淤积,只需克服边壁阻力就可以远距离输送。只要有一定的比降,远距离输送是不会淤积的。

第三是排放问题。黄河的泥沙数量非常巨大,如果没有适当的空间容纳它,再好的方案也不能实施。我认为用管道输送到海里是可以的,用渠道输送至少在河南也是可行的。小浪底水库到河南黄河的两岸有 100 多 m 落差,比降大都在 0.33‰以上,输送完全没有问题。首先可考虑用渠道输送到温孟滩,温孟滩有 500 多 km^2,如果淤 2 m 的话可以处理 5 亿 m^3 泥沙,考虑到有些地方不能淤也可处理 4 亿~5 亿 t 泥沙。远距离输送的泥沙有 20% 以上是细颗粒,在农业上来说是最适合耕种的土地。其次是在现有大堤的背河,划出 2 km 宽的淤区,平均淤高 5 m,这就是 50 亿 m^3,约 70 亿 t,容量是很大的。小浪底库区每年也就是淤积 2 亿 t 的泥沙。另外,延津县一带黄河故道有大片的沙荒地,如果把土输送过去可以改造这些沙荒地。只要放淤后的土地仍还给农民耕种,当地群众是乐于接受的。现在我认为,从起动、输移到排放这三个环节上,都没有不可逾越的障碍,因此建议国家有关部门或黄河水利委员会立项研究,提出具体的方案。这是解决黄河泥沙问题的战略措施,希望得到领导和专家的关注。

黄河的历史灾害及其治理*

二〇〇八年七月

黄河流域是中华民族的摇篮，中国古代文明的发祥地，在当代经济社会发展中也占有十分重要的地位。了解黄河的历史状况，总结以往的经验教训，对黄河的治理开发和我国的建设事业具有重要的现实意义。

一、黄河流域概况

黄河经历了漫长的演化过程。进入历史时期以后，在自然地理、水文泥沙以及社会经济的各个方面也在不断地变化着。现仅就流域现状作以下简要叙述[1,2]。

（一）自然地理概况

1. 自然地理

黄河是我国的第二大河，发源于青藏高原巴颜喀拉山北麓的约古宗列盆地，流经青海、四川、甘肃、宁夏、内蒙古、陕西、山西、河南、山东等九省（区），在山东垦利县注入渤海。干流河道全长5 464 km，流域面积79.5万km^2（含内流区4.2万km^2）。黄河流域上中游地区面积占流域总面积的97%。流域西部地区属青藏高原，海拔在3 000 m以上；中部地区绝大部分属黄土高原，海拔在1 000～2 000 m；东部属华北平原，河道为地上河，高出两岸地面3～10 m，洪水威胁十分严重。

---

* 本文是应约为河南大学黄河文明与可持续发展研究中心撰写的文稿。参与本文写作的有耿明全、王晓梅、万鹏。

黄河流域东部濒临渤海，西部深入内陆，气候差异比较明显。流域内的气候大致可分为干旱、半干旱和半湿润地带，西部、北部干旱，东部、南部相对湿润。全流域多年平均降水量452 mm，总的趋势是由东南向西北递减，降水量最多的是流域东南部，如秦岭、伏牛山及泰山一带年降水量达800～1 000 mm；降水量最少的是流域西北部，如宁蒙平原年降水量只有200 mm左右。

2. 河段概况

1）上游河段

内蒙古托克托县河口镇以上为黄河上游，干流河道长3 472 km，流域面积42.8万km^2，汇入的较大支流（指流域面积1 000 km^2以上，下同）有43条。青海省玛多以上属河源段，河段内的扎陵湖、鄂陵湖，海拔在4 260 m以上，蓄水量分别为47亿m^3和108亿m^3，是我国最大的高原淡水湖。玛多至玛曲区间，黄河流经巴颜喀拉山与阿尼玛卿山之间的古盆地和低山丘陵，大部分河段河谷宽阔，间有几段峡谷。玛曲至宁夏境内的下河沿，黄河流经高山峡谷，其间川、峡相间，水流湍急，落差集中，水力资源十分丰富。下河沿至河口镇，黄河进入宁蒙平原，河道展宽，比降平缓，两岸分布着大面积的引黄灌区，沿河平原不同程度地存在洪水和冰凌灾害，特别是内蒙古三盛公以下河段，地处黄河由向东改向南流的转折处，凌汛期间常因冰塞壅水造成堤防决溢。本河段流经干旱地区，降水少，蒸发大，加之灌溉引水和河道侧渗，黄河水量沿程减少。

2）中游河段

河口镇至河南郑州桃花峪为黄河中游，干流河道长1 206 km，流域面积34.4万km^2，汇入的较大支流有30条。河段内绝大部分支流地处黄土高原，暴雨集中，水土流失十分严重，是黄河洪水和泥沙的主要来源区。河口镇至禹门口区间是黄河干流上最长的一段连续峡谷，水力资源较丰富，并且距东部经济区较近，将成为黄河上第二个水电基地，峡谷下段有著名的壶口瀑布，深槽宽仅30～50 m，枯水水面落差约18 m，气势磅礴、宏伟壮观。禹门口至潼关区间(俗称小北干流)为汾渭地堑,河谷展宽、比降趋缓,河长约 130 km,河道宽浅散乱,冲淤变化剧烈,河段内有汾河、渭河两大支流相继汇入。潼关至小浪底区间,河长约 240 km,是黄河干流的最后一段峡谷。小浪底至桃花峪区间,河谷逐渐展宽,是黄河由山区进入华北平原的过渡河段。

3)下游河段

桃花峪以下为黄河下游,干流河道长 786 km,流域面积 2.3 万 km^2,汇入的较大支流只有 3 条。现状河床一般高出背河地面 4~6 m,比两岸平原高出更多,成为淮河和海河的分水岭,是举世闻名的"地上悬河"。从桃花峪至入海口,除南岸东平湖至济南区间为低山丘陵外,其余皆为平原,完全依靠堤防挡水,历史上决口频繁,目前依然对黄淮海大平原构成安全威胁,被称为中华民族的心腹之患。

黄河下游河道具有上宽下窄的特点。桃花峪至高村河段,河长 207 km,堤距一般 10 km 左右,最宽处有 24 km,河道冲淤变化剧烈,水流宽、浅、散、乱,河势游荡多变,洪水灾害非常严重,历史上重大改道都发生在这一河段。此段两岸堤防保护面积广大,是黄河下游防洪的重要河段。高村至陶城铺河段,河道长 165 km,堤距一般在 5 km 以上,河槽宽 1~2 km。陶城铺至宁海河段,河道长 322 km,堤距一般 1~3 km,河槽宽 0.4~1.2 km。宁海以下为黄河河口段,河道长 92 km。随着黄河入海口的淤积—延伸—摆动,入海流路多有变迁。现状入海流路是 1976 年人工改道后形成的新河道,位于渤海湾与莱州湾交汇处,是一个弱潮陆相河口。近 50 年间,由于河口的淤积延伸,年平均造陆面积约 24 km^2。

黄河干流各河段特征值见表 1。

3. 水文泥沙

1)水资源

根据 1919~1975 年系列资料统计,黄河花园口站多年平均实测径流量为 470 亿 m^3,考虑人类活动的影响,将逐年的灌溉耗水

表 1　黄河干流各河段特征值

河段	起讫地点	流域面积（km^2）	河长（km）	落差（m）	比降（‰）	汇入支流（条）
全河	河源至河口	794 712	5 463.6	4 480.0	8.2	76
上游	河源至河口镇	428 235	3 471.6	3 496.0	10.1	43
	1. 河源至玛多	20 930	269.7	265.0	9.8	3
	2. 玛多至龙羊峡	110 490	1 417.5	1 765.0	12.5	22
	3. 龙羊峡至下河沿	122 722	793.9	1 220.0	15.4	8
	4. 下河沿至河口镇	174 093	990.5	246.0	2.5	10
中游	河口镇至桃花峪	343 751	1 206.4	890.4	7.4	30
	1. 河口镇至禹门口	111 591	725.1	607.3	8.4	21
	2. 禹门口至小浪底	196 598	368.0	253.1	6.9	7
	3. 小浪底至桃花峪	35 562	113.3	30.0	2.6	2
下游	桃花峪至河口	22 726	785.6	93.6	1.2	3
	1. 桃花峪至高村	4 429	206.5	37.3	1.8	1
	2. 高村至陶城铺	6 099	165.4	19.8	1.2	1
	3. 陶城铺至宁海	11 694	321.7	29.0	0.9	1
	4. 宁海至河口	504	92.0	7.5	0.7	0

注:1. 汇入支流是指流域面积在 1 000 km^2 以上的一级支流。

2. 落差从约古宗列盆地上口计算。

3. 流域面积包括内流区。

量及大型水库调蓄量还原后，花园口站多年平均天然径流量为 559 亿 m^3。计入花园口以下支流金堤河、天然文岩渠、大汶河的天然年径流量 21 亿 m^3，黄河流域多年平均天然径流总量为 580 亿 m^3。黄河流域地下水可开采量约为 110 亿 m^3。1986 年以来，因龙羊峡、刘家峡水库的调节，沿程工农业用水增加以及降水偏少等因素的影响，黄河下游来水来沙条件发生了明显的变化，进入下游的实测径流量呈减少趋势，汛期水量所占比例减少，非汛期比例增加，枯水历时增长。

黄河水资源有以下主要特点：

一是水资源贫乏。黄河流域面积占国土面积的8.3%，而年径流量只占全国的2%。流域内人均水量527 m^3，为全国人均水量的22%；耕地亩均水量294 m^3，仅为全国耕地亩均水量的16%。再加上流域外的供水需求，人均占有水资源量更少。

二是地区分布不均。黄河河川径流大部分来自兰州以上地区，年径流量占全河的55.6%，而流域面积仅占全河的29.6%；龙门至三门峡区间的流域面积占全河的25.4%，年径流量占全河的19.5%。兰州至河口镇区间产流很少，河道蒸发渗漏强烈，河口镇年径流量比兰州还少10亿 m^3（见表2）。

三是年内、年际变化大。黄河干流及主要支流河川径流主要集中在汛期的7~10月，占全年的60%以上；而非汛期11月至次年6月来水不足40%。据长系列资料统计，黄河干流各站最大年径流量为最小年径流量的3.1~3.5倍，支流一般达5~12倍。年际径流变化往往丰、平、枯交替出现，历史上还出现过连续丰水年和连续枯水年的情况，如黄河1922~1932年11年连续枯水段，年平均天然径流量仅占多年平均的70%，1990年以来黄河又出现持续性枯水，年平均天然径流量仅占多年平均的79%。

近期黄河水资源量有所减少，其主要原因是：①降水偏少，与1956~1985年均值相比，1986~2000年全流域降水偏少8.3%；②水资源开发利用增加，截至20世纪末的20多年与以往平均情况相比，耗水量增加90.6亿 m^3，增幅达44%；③水土保持生态环境建设用水影响，实测资料反映，截至20世纪末的20多年水土保持生态环境建设年平均减水12亿 m^3 左右；④局部地下水超采对地表径流影响，地下水的过量开采造成黄河沿岸地区地下水位严重下降,不少地区出现巨大的地下漏斗,加大了黄河地表水的下渗,河道内由此减少的径流量约为30亿 m^3。随着社会的发展,人类活动耗水量的增加对黄河下游来水量的影响明显,以致近期黄河水资源量呈现减少的趋势。

表2 黄河天然年径流地区分布(1919~1975年系列)

区间	控制面积		平均年径流量		年径流深(mm)
	量值(km^2)	占全河(%)	量值(亿 m^3)	占全河(%)	
兰州以上	222 551	29.6	322.6	55.6	145.0
兰州至河口镇	163 415	21.7	-10.0	-1.7	—
河口镇至龙门	111 586	14.8	72.5	12.5	65.0
龙门至三门峡	190 869	25.4	113.3	19.5	59.4
三门峡至花园口	41 616	5.5	60.8	10.5	146.1
花园口以上	730 036	97.0	559.2	96.4	76.7
花园口至黄河口	22 407	3.0	21.0	3.6	93.7
黄河流域	752 443	100.0	580.2	100.0	77.1

2)泥沙

黄河是世界大江大河中输沙量巨大、含沙量最高的河流。据1919~1969年实测资料统计,多年平均输沙量16亿t。20世纪70年代以来,大规模的水利水保措施逐步发挥作用,多年平均减少入黄泥沙约3亿t;20世纪90年代以来,由于降水尤其是暴雨偏少,来沙量偏少。

黄河泥沙有以下主要特点:

一是输沙量大,水流含沙量高。黄河三门峡站多年平均输沙量约16亿t,多年平均含沙量35 kg/m^3,实测最大含沙量911 kg/m^3(1977年),均为大江大河之最。

二是地区分布不均,水沙异源。泥沙主要来自中游的河口镇至三门峡区间,来沙量占全河的91%,来水量仅占全河的32%;河口镇以上来水量占全河的54%,来沙量仅占全河的9%。

三是年内分配集中,年际变化大。黄河泥沙年内分配极不均匀,汛期7~10月沙量占全年的90%,其中7、8月两个月来沙更为集中,占全年的71%。黄河沙量的年际变幅也很大,泥沙往往集中在几个大沙年份,三门峡站最大年输沙量39.1亿t(1933年),是最小年输沙量3.75亿t(2000年)的10.4倍。

由于水保措施的减沙作用,今后的来沙量会有所减少,但是,目前水利水保措施标准还不高,在降水强度不大的条件下,有较好的减水减沙作用,但遇大暴雨时,减水减沙作用将显著降低,甚至出现冲毁库坝泥沙集中下排的情况,因此未来也有出现大沙年份的可能。

3)洪水

黄河洪水主要来自上游兰州以上地区和中游地区。

上游兰州以上地区降水历时长、面积大、强度小,加之森林、草地、沼泽的调蓄作用,形成的洪水涨落平缓,形不成黄河中、下游干流的大洪水,一般组成中、下游洪水的基流;黄河中游地区暴雨频繁、强度大、历时短,形成的洪水具有洪峰高、历时短、陡涨陡落的特点,是黄河下游的主要成灾洪水。中游洪水有三个来源区,一是河口镇至龙门区间,二是龙门至三门峡区间,三是三门峡至花园口区间。不同来源区的洪水以不同的组合,形成花园口站的大洪水和特大洪水。以三门峡以上的河口镇至龙门区间和龙门至三门峡区间来水为主形成的大洪水(简称“上大型”洪水),洪峰高、洪量大、含沙量大。以三门峡至花园口区间来水为主形成的大洪水(简称“下大型”洪水),涨势猛、洪峰高,含沙量相对较小,预见期短。中游地区较大洪水组成见表3。

4.水土流失

黄土高原地区土壤结构疏松,抗冲、抗蚀能力差,气候干旱,植被稀少,坡陡沟深,暴雨集中,加上人类不合理的开发利用,水土流

表3　中游地区较大洪水峰量组成

（单位：流量，m^3/s；洪量，亿 m^3；比例，%）

洪水组成	洪水发生年份	花园口		三门峡			三门峡至花园口区间			三门峡占花园口的比例	
		洪峰流量	12天洪量	洪峰流量	相应洪水流量	12天洪量	洪峰流量	相应洪水流量	12天洪量	洪峰流量	12天洪量
三门峡以上来水为主，三门峡至花园口区间为相应洪水	1843	3 3000	136.0	36 000		119.00		2 200	17.00	93.30	87.50
	1933	20 400	100.5	22 000		91.90		1 900	8.60	90.70	91.40
三门峡至花园口区间来水为主，三门峡以上为相应洪水	1761	32 000	120.0		6 000	50.00	26 000		70.00	18.80	41.70
	1954	15 000	76.98		4 460	36.12	10 540		40.86	29.73	46.92
	1958	22 300	88.85		6 520	50.79	15 780		38.06	29.24	57.16
	1982	15 300	65.25		4 710	28.01	10 590		37.24	30.78	42.93

注：相应洪水流量系指组成花园口洪峰流量的相应来水流量，1761年和1843年洪水流量、洪量系通过洪水调查及清代所设水尺推算。

失极为严重，是我国乃至世界上水土流失面积最广、侵蚀强度最大的地区。据1990年卫星遥感调查资料，黄土高原地区水土流失面积达45.4万 km^2，占总土地面积64万 km^2 的70.9%。水土流失面积中，侵蚀模数大于8 000 t/(km^2·a)的极强水蚀面积8.5万 km^2，占全国同类面积的64%；侵蚀模数大于15 000 t/(km^2·a)的剧烈水蚀面积3.67万 km^2，占全国同类面积的89%。河口镇至龙门区间的18条支流、泾河的马莲河上游和蒲河、北洛河刘家河以上的多沙粗沙区，面积7.86万 km^2，仅占黄土高原水土流失面积的17%，输沙量却占全河的63%，粗沙量占全河粗沙总量的73%，对下游河道淤积影响最大。

黄土高原水土流失类型多样，成因复杂。丘陵沟壑区、高塬沟壑区、土石山区、风沙区等主要类型区的水土流失特点各不相同。水蚀、风蚀等相互交加，特别是由于深厚的黄土土层及其明显的垂直节理性，沟道崩塌、滑塌、泻溜等重力侵蚀异常活跃。据调查量算，黄河中游河口镇至龙门区间，长度在0.5～30 km的沟道有8

万多条，丘陵沟壑区沟壑面积占总面积的40% ~50%，而产沙量占小流域总沙量的50% ~70%；高塬沟壑区沟壑面积占总面积的30% ~40%，而产沙量占小流域总沙量的80% ~90%。

黄土高原地区严重的水土流失不仅制约了当地的生产及社会发展，造成了该地区的贫困，而且加剧了荒漠化和其他灾害的发生，特别是大量泥沙淤积在下游河道，使河床不断抬高，成为“地上悬河”，加剧了洪水威胁。同时，为减轻下游河道淤积，还必须保证一定的水量输沙入海，又加剧了水资源供需矛盾。

（二）土地及矿产资源

黄河流域总土地面积11.9亿亩，占全国国土面积的8.3%，其中大部分为山区和丘陵，分别占流域面积的40%和35%，平原区仅占17%。由于地貌、气候和土壤的差异，土地利用情况差异很大（见表4）。流域内共有耕地1.97亿亩，人均1.79亩，约为全国人均耕地的1.5倍。大部分地区光热资源充足，但有些地区水资源贫乏。流域内有林地1.53亿亩，主要分布在中下游；牧草地4.19亿亩，主要分布在上中游。

黄河流域矿产资源丰富，在全国已探明的45种主要矿产中，黄河流域有37种。具有全国性优势的有稀土、石膏、玻璃用石英岩、铌、煤、铝土矿、钼、耐火黏土等8种；具有地区性优势的有石油、天然气和芒硝3种；具有相对优势的有天然碱、硫铁矿、水泥用灰岩、钨、铜、岩金等。

黄河流域上中游地区的水能资源、中游地区的煤炭资源、中下游地区的石油和天然气资源，都十分丰富，在全国占有极其重要的地位。黄河流域可开发的水能资源总装机容量3 344万kW，年发电量约1 136亿kW·h，在我国七大江河中居第二位。已探明煤产地（或井田）685处，保有储量4 492亿t，占全国煤炭储量的46.5%，预测煤炭资源总储量1.5万亿t左右。黄河流域的煤炭资源主要分布在内蒙古、山西、陕西、宁夏4省（区），具有资源雄厚、分布集中、品种齐全、煤质优良、埋藏浅、易开发等特点。在全国已探明超过 100 亿 t 储量的 26 个煤田中，黄河流域有 10 个。流域内已探明的石油、天然气主要分布在胜利、中原、长庆和延长 4 个油区，其中胜利油田是我国的第二大油田。

表 4　黄河流域土地利用分布

河段	土地面积（万亩）	耕地		林地		牧草地	
		面积（万亩）	比例（%）	面积（万亩）	比例（%）	面积（万亩）	比例（%）
全流域	119 207	19 895	16.7	15 302	12.8	41 914	35.2
河源—龙羊峡	19 713	107	0.6	974	4.9	15 963	80.9
龙羊峡—兰州	13 670	1 398	10.0	2 030	14.9	7 744	56.6
兰州—河口镇	24 512	4 657	14.7	420	1.7	6 712	27.3
河口镇—龙门	16 739	2 686	16.0	3 232	19.3	3 517	21.0
龙门—三门峡	28 626	7 867	27.8	6 174	21.6	5 359	18.7
三门峡—花园口	6 246	1 430	21.5	1 957	31.3	643	10.3
花园口—黄河口	3 361	1 573	48.3	274	8.2	15	0.4
内流区	6 340	177	2.8	241	2.8	1 961	30.9

（三）社会经济概况

据 2000 年资料统计，黄河流域人口 11 008 万人，占全国总人口的 8.7%；城市化率 26.4%，低于全国平均水平；国民生产总值 6 365 亿元，占全国的 6.8%，经济发展水平较低。

黄河流域很早就是我国农业经济开发的地区，流域内的小麦、棉花、油料、烟叶等主要农产品在全国占有重要地位。主要农业基地集中在平原及河谷盆地，广大山丘区的坡耕地单产很低，林业基础薄弱，牧业生产也比较落后，人均占有粮食和畜产品都低于全国平均水平。2000 年，人均占有粮食仅 328 kg，比全国平均水平低 72 kg；平均粮食亩产 218 kg，较全国低 103 kg。同时，黄河上中游又是我国少数民族聚居区，也是革命时期的根据地和比较贫困的地区,生态环境脆弱。因此,进一步加强农业经济建设,发挥土地和光热资源的优势,提高农业生产水平,尽快脱贫致富,改善生态环境,对经济和社会的可持续发展以及加强民族团结具有重大意义。

黄河流域已经建立了一批工业基地和新兴城市,为进一步发展流域经济奠定了基础。煤炭、电力、石油和天然气等能源工业,具有显著的优势,其中原煤产量占全国的半数以上,石油产量约占全国的1/4,已成为区内最大的工业部门。铅、锌、铝、铜、钼、钨、金等有色金属冶炼工业,以及稀土工业有较大优势。全国8个规模巨大的炼铝厂,黄河流域就占4个。流域内主要矿产资源与能源资源在空间分布上具有较好的匹配关系,为流域经济发展创造了良好的条件。纺织工业在全国也占有重要地位。黄河流域工业与全国相比,仍然比较落后,人均工业产值低于全国平均水平,产业结构不合理,经济效益较低。

黄河治理开发还关系到下游防洪保护区的经济和社会发展。据2000年资料统计,黄河下游防洪保护区面积12万 km^2,共有人口8 755万人,耕地面积1.1亿亩,是我国重要的粮棉基地之一。区内还有石油、化工、煤炭等工业基地,在我国经济发展中占有重要的地位。

2000年黄河流域及下游防洪保护区经济社会基本情况见表5。

黄河流域大部分位于我国中西部地带,土地资源丰富,矿产资源尤其是能源和有色金属资源优势明显,具有巨大的发展潜力。按照21世纪初我国经济发展战略布局,黄河流域重点建设的地区,一是以兰州为中心的黄河上游水电能源和有色金属基地,包括龙羊峡至青铜峡的沿黄地带,加快开发水力资源和有色金属矿产资源,适当发展相关加工工业;二是以西安为中心的综合经济高科技开发区,集中力量将该地区建成以加工工业为主,具有较高科技水平的综合经济开发区,成为西北地区实现工业化的技术装备基地;三是黄河中游能源基地,是我国西部十大矿产资源集中区之一,包括山西南部、陕西北部、内蒙古西部、河南西部等,加快煤炭

表5　2000 年黄河流域及下游防洪保护区经济社会基本情况

地区	总人口（万人）	耕地面积（万亩）	农作物面积（万亩）	农作物产量			国民生产总值（亿元）
				粮食（万 t）	棉花（万 t）	油料（万 t）	
黄河流域	11 008	19 719	21 622	3 616	13	243	6 365
下游防洪保护区	8 755	11 193	19 875	4 455	129	398	5 065
合计	18 925	29 968	39 746	7 615	137	588	10 848
占全国比例（%）	14.9	20.1	17.1	16.2	24.8	19.8	11.8
黄河流域占全国比例(%)	8.7	13.3	9.6	7.8	3.1	8.2	6.8

注:合计中扣除了黄河流域与下游防洪保护区的重复部分。

资源开发和电力建设,建成以煤、电、铝、化工等工业为重点的综合性工业开发区;四是以黄河下游干流为主轴的黄淮海平原经济区,今后将建成全国重要的石油化工基地,以及以外向型产业为特色的经济开发区。

二、黄河的历史变迁

(一)下游河道的变迁

下游河道大幅度摆动迁徙,是黄河不同于其他江河的显著特点之一。在华北平原上北自津沽南达江淮到处都有黄河故道的踪迹。关于黄河河道最早的记载可见于《尚书·禹贡》和《山海经·山经》。谭其骧经过考证后认为,《山海经·山经》记载的河道早于《尚书·禹贡》记载的另一条河道。这条河道是自三门峡东行,纳洛水,东至大伾山,沿太行山东麓纳漳水入大陆泽,又东北流至天津北,东入于渤海,被称为“山经河道”。稍晚的河道是“禹贡河道”,即《尚书·禹贡》中记载的河道:“东过洛汭,至于大伾,北过降水,至于大陆,又北播为九河,同为逆河,入于海。”这条河道,在大陆泽以上与山经河道相同。过大陆泽以后,约在今河北深县以南分成多股,至天津以南流入渤海。也有人认为,山经河和禹河是同一时期黄河下游的两个分支。至于“九河”的具体位置以及山经河和禹河的演变情况，由于禹河下游的遗迹早已堙灭，又无史籍可考，已经无从知晓了。

山经河道、禹贡河道沿太行山东麓，从夏、商至春秋至少有1 500多年的历史，河道及其两侧的地面逐渐淤积抬高，加之太行山东麓诸河三角洲的发育，迫使黄河逐步向东、向南迁徙。直到清咸丰五年(1855 年)经历数千年的时间完成了由北向南的迁徙演变。1855 年铜瓦厢决口后黄河夺大清河河道入于渤海，又开始了由南向北的轮回。黄河自周定王五年(公元前 602 年)有决溢记载以来，决口泛滥十分频繁。其中有些决口造成局部改道，有数次造成大的改道迁徙。对于黄河究竟有多少次大的改道和局部改道，相关学者有不同的看法[3~6]，认识分歧的原因主要有两个：其一，历史记载缺失或记载不详，难以确切认定；其二，划分大改道和局部改道的标准难以掌握。事实上黄河下游是一个游荡性河道，常常呈现散乱分流的状态。每次洪水甚至每日每时河道都会发生游移变化。这些变化的时间长短、幅度大小各不相同。其中主河道较长时间和较长河段脱离原河道改行新道的是局部改道，更长时段更大范围脱离原河另行新道则可视为大的迁徙。由于河道的边界形态十分复杂，时间和长度变化的数量界限难以划定，对某次河道变迁究竟是局部改道还是大改道，产生不同的看法也就很自然了。笔者认为，确定黄河在历史时期内究竟有多少次大改道和多少次局部改道并不重要，重要的是通过纷繁复杂的变迁过程了解其变化的必然性，以及造成这种必然性的内在规律。

清康熙年间的胡渭曾对黄河历史变迁进行过系统研究，他在《禹贡锥指》中提出，自周定王五年黄河共有 5 次大改道(也称大徙)，他的看法对后世的研究者有较大的影响。清阎若璩著的《四书释地续》提出黄河有 4 次大改道。1935 年沈怡等编制的《黄河年表》中认为黄河有 7 次大改道。1959 年黄河水利委员会编写的《人民黄河》一书提出黄河在历史上较大的改道有 26 次，并由此形成了“三年两决口,百年一改道”的说法。新中国成立后还有很多学者对黄河的历史变迁进行了大量的研究和考证,提出了对黄河历史上大改道的各种看法。这些看法虽不完全相同,但有5次大改道则为多数专家所认同。它们分别是:

1. 公元前602年河决宿胥口造成改道

当年黄河自宿胥口(今河南省延津县北)决口,迤逦东北经今河南濮阳、内黄、清丰、南乐,河北大名、馆陶东至黄骅一带入于渤海,形成西汉时期的河道,史称大河故渎或王莽河。此后该河道又发生多次决口,其中较大的有公元前168年(汉文帝十二年)酸枣决口,公元前132年(汉武帝元光三年)瓠子决口,公元前109年(汉武帝元封二年)馆陶决口分出屯氏河,公元前39年(汉元帝永光五年)鸣犊口决口分出鸣犊河,公元前17年(汉成帝鸿嘉四年)清河决口等。其中元光三年、鸿嘉四年两次决口均久决不塞,泛滥数十年之久。

2. 公元11年(王莽始建国三年)魏郡决口改道

当年“河决魏郡(今河南濮阳西北)泛清河以东数郡”(《汉书·王莽传》)。其流路大体是经濮阳、聊城、商河、惠民于利津入海。决口后因大河东去,王莽元城祖坟可不受水患威胁,故未予堵塞,以致在决口以下泛滥数十年,至东汉永平十二年王景治河时才修筑堤防形成了稳定的河道。

3. 公元1048年(宋仁宗庆历八年)河决商胡改道

宋仁宗庆历八年六月河决商胡(今濮阳东昌湖集),大河向北流经馆陶、临清、南皮、青县至乾宁军入海。公元1060年(嘉祐五年)又在魏郡第六埽决口,经平原,循汉代笃马河入海。初时呈二股并流之势,称“二股河”,北股称“北流”,东股称“东流”。北宋时曾数次决定堵塞“北流”,回河“东流”,均未成功,直至北宋灭亡。这次改道从地域上讲是一次大改道。从时间上看仅有80余年,而且其间决口频繁,“北流”、“东流”交替行河。

黄河下游河道改道流路见图1。

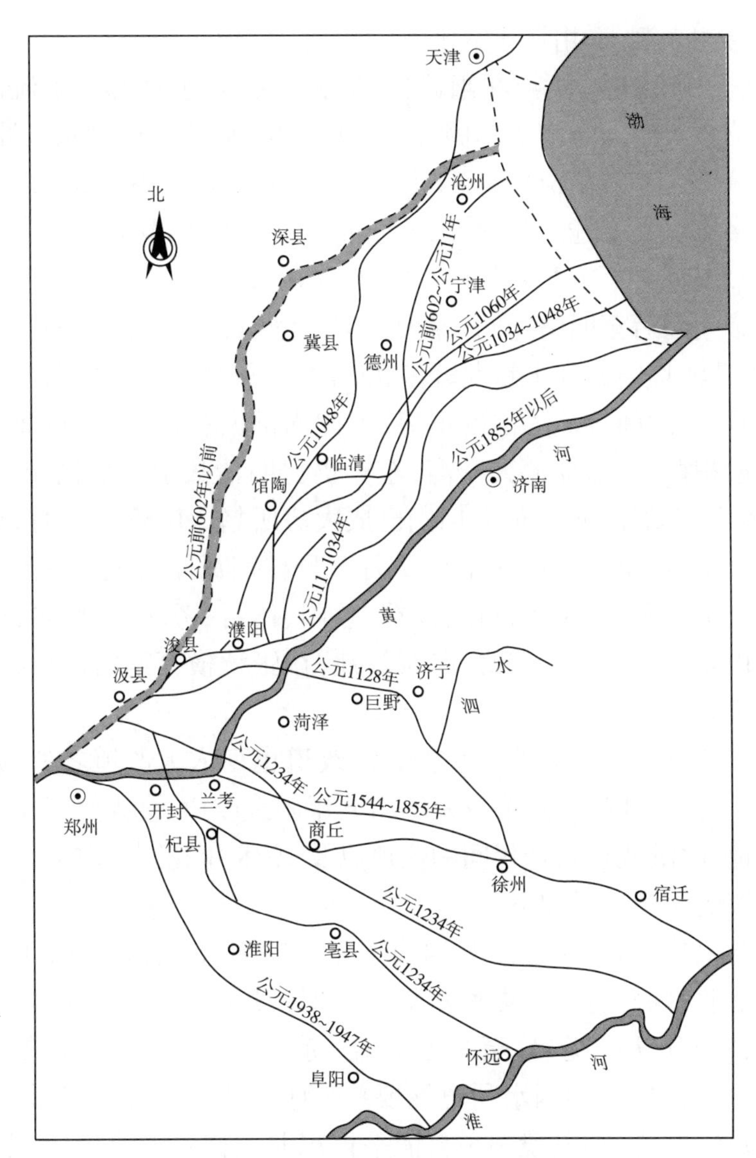

图 1　黄河下游河道改道流路

4. 公元 1128 年(南宋建炎二年)杜充决河改道

北宋末年,战争连绵,黄河堤防失修,河患严重。公元 1128 年(金天会六年、南宋建炎二年),东京(今开封)留守杜充为阻止金兵南下,在滑县以上李固渡决河东流,经豫鲁之间至山东巨野、嘉祥一带注入泗水,由泗水入淮,造成一次人为的大改道。金大定六年(公元1166年)黄河在阳武(今原武)决口,水淹郓城东流汇入梁山泊。大定八年河决李固渡,经曹州、单县、徐州合泗水入淮,呈两股分流之势。南流(新河)占3/5,北流(旧河)占2/5。以上河道虽多有决溢变迁,但徐州以下夺淮入海的形势没有变化。

5.1855年(清文宗咸丰五年)铜瓦厢决口改道

金元以后至明清期间,保护运河的漕运已成为治河的重要目标,在黄河堤防修守上重北轻南,北岸堤防强固,南岸薄弱,常常形成在颍、泗之间分流入淮的形势,因此南部淤积严重,经过200多年的淤积摆动,南部大大升高,至今仍比明清故道以北高出4~6 m。在此形势下,河势向北回归已成大势所趋。1855年7月,黄河发生大水,水位骤涨4 m左右,7月5日在铜瓦厢溃决。主流先向西北又折转东北,淹及封丘、祥符、兰阳、仪封、考城、长垣等县,后流入山东,淹及曹州、东明、濮城等地,在张秋横穿运河,夺大清河河道至利津入海。

有的学者还把另外一些较大的改道也列入大改道之列,如北宋景祐元年横陇改道、金章宗明昌五年阳武改道、金天兴三年寸金淀改道、明洪武至嘉靖年间的改道以及1938年花园口改道等。这些改道的大体情况如下:

北宋景祐元年(公元1034年)七月,河决澶州横陇埽,于汉唐旧河之北另辟一新道,史称横陇河。据《续资治通鉴长编》卷165记载,“河独从横陇出,至平原分金、赤、游三河,经棣、滨之北入海”。据姚汉元《中国水利史纲要》,“河决时弥漫而下,东北至南乐、清平(今为镇)县境……自清平再东北至德州平原分金、赤、游三河,经棣(治厌次,今惠民县)、滨(治渤海,今滨县)之北入海”。据邹逸麟《宋代黄河下游横陇北流诸道考》,此河“经今清丰、南乐,进入大名府境,大约在今馆陶、冠县一带折而东北流,经今聊城、高唐、平原一带,经京东故道之北,下游分成数股,其中赤、金、游等分支,经棣(治今惠民县)、滨(治今滨县)二州之北入海”。今清丰六塔集以东尚有遗迹，向北经莘县韩张集（故朝城）以西，下经聊城堂邑镇、陵县县城以右，高唐、平原、惠民以左。此河道形成之初，“水流就下，所以十余年间，河未为患”，但到庆历三四年，“横陇之水，又自下流海口先淤，凡一百四十余里”，“其后游、金、赤三河相次又淤”，下流既淤，必决上流，终于在庆历八年发生了商胡决口改道。

金章宗明昌五年（公元 1194 年）河大决阳武光禄寺故堤，灌封丘而东，经长垣、开封、东明、曹县等地至寿张注入梁山泊，循熙宁时的河道分为二派，南派由南清河入淮（即泗水故道），北派由北清河入海（即济水故道）。

南宋端平元年（金天兴三年，公元 1234 年），蒙古军“决黄河寸金淀之水以灌宋军”，黄河河道又一次发生较大的变化。寸金淀在今延津县胙城东偏北 15 km 的滑县境内。决河之水南流，经封丘西、开封东入陈留县（今开封县陈留镇）境，以下“分而为三，杞居其中”。杞县“城之北面为水所圮，遂为大河之道，乃于故城北二里河北岸，筑新城置县，继又修故城，号南杞县”。“大河流于二城之间，（另两支）其一流于新城北郭之濉河中，其一在故城之南东流”。中间一支为主流，由新旧杞县城之间南流入涡，经鹿邑、亳州、蒙城至怀远入淮。旧城南一支，经太康、陈州入颍，经颍州、颍上入淮，同时也分流入涡河。后因归德、太康二地要求，“相次湮塞南北二汊，遂使三河之水合而为一”，全由涡河入淮。此河行水 60 余年，到元成宗大德元年（公元 1297 年）河决杞县蒲口，沿旧河东流合泗水入淮。

明初黄河，经河南荥泽、原武、开封，“自商、虞而下，由丁家道口抵韩家道口、赵家圈、石将军庙、两河口，出小浮桥下二洪”，经宿迁南流入淮。洪武二十四年（公元 1391 年），河决原武黑羊山，“东经开封城北五里，又东南由陈州、项城、太和、颍上，东至寿州正阳镇全入于淮。曹、单间贾鲁所治的旧河遂淤，主流徙经今西华、淮阳间入颍河，由颍河经颍上入淮”。

正统十三年(公元1448年),河先决新乡八柳树,“漫曹、濮,抵东昌,冲张秋,溃寿张沙湾,坏运道,东入海”。后又决荥泽孙家渡口,“漫流于原武,抵开封、祥符、扶沟、通许、小洧川、尉氏、临颍、郾城、陈州、商水、西华、项城、太和”,沿颍水入淮。二河分流之初,北河势大,故沙湾屡塞不成;景泰四年(公元1453年)以后,南河水势渐盛,“原武、西华皆迁县治以避水”。时为便利漕运,纳河南御史张澜的建议,“自八柳树以东挑挖一河以接旧道,灌徐、吕”。

景泰六年(公元1455年)七月,塞沙湾,黄河主流复回开封以北,沿归、徐一路旧道,经宿迁、淮阴入淮。弘治二年(公元1489年)以后,白昂、刘大夏采取“北岸筑堤,南岸分流”的方案,北岸修筑了强固的堤防并一再疏浚孙家渡旧河,分杀下流水势。嘉靖二十三年(公元1544年),“南岸故道尽塞”,“全河尽出徐、邳,夺入淮泗”,至隆庆六年(公元1572年),“南岸续筑旧堤,绝南射之路”,进一步使河道得以稳定。此后,黄河归为一槽,由开封、兰阳、归德、虞城,下徐、邳入淮,一直维持了280余年。

民国二十七年(1938年)6月,南京国民政府为了阻止日本侵略军的进攻,派军队扒开黄河大堤。6月5日,先将中牟县赵口河堤掘开,因过水甚小,又另掘郑州花园口堤。9日,花园口河堤掘开过水。后三日,大河盛涨,“洪水滔滔而下,将所掘堤口冲宽至百余米”。大部河水由贾鲁河入颍河,由颍河入淮;少部分由涡河入淮。至民国三十六年(1947年)3月15日堵复花园口决口,大河复回故道。

(二)下游湖泊及河口海岸的变迁

黄河下游沿岸湖泊的变迁主要受黄河改道和淤积的影响。古代华北平原有许多巨大湖泊,大部分已先后为黄河泥沙淤平,成为陆地。有的虽未淤平,面积也显著缩小。据历史记载,在汉以前华北平原北部有黄泽、鸡泽、大陆泽等湖泊,南部有荥泽、圃田泽、萑苻泽、逢泽、孟诸泽、菏泽等湖泊。公元6世纪成书的《水经注》中记载的黄河下游湖泊陂塘有130多个,未记入的小湖泊自然还有很多。2 000 年来,这些湖泊大多已经淤废。战国时位于郑州以东的圃田泽,是黄河下游鸿沟水系的调节水库,公元 6 世纪时仍跨中牟、阳武二县,东西长 20 多 km,南北宽 10 km,是一个较大的湖泊。元、明时演变为沼泽,清中叶以后已成为平陆。大野泽原在今山东巨野县东北,古时为济、濮二水所汇。唐代时其南北长 150 km,东西宽 50 余 km。以后因水系变迁北移,形成梁山泊,宋时尚绵亘 100 多 km。金以后黄河南徙,湖周逐渐垦殖,面积缩小。明清时的东平、安山以及南旺诸湖,似即其遗迹。

除此以外,由于河道变迁的影响,下游湖泊也有扩展和缩小的。例如今天鲁南和苏北的微山湖、昭阳湖、独山湖和南阳湖,主要是金、元以后,黄河长期夺泗入淮,泗水河床日高,背河洼地接受黄河漫决及鲁中、鲁西南丘陵来水,逐渐积蓄而成,以前并没有这样大。再如江苏的洪泽湖,原来也较小,黄河南侵以后,由于利用洪泽湖"蓄清刷黄",扩大了湖区面积,明代万历年间修筑高家堰,使湖区更向西北方向扩展。但清以后,因为泥沙的逐年淤积又渐渐变小变浅。

黄河河口淤积极为迅速,现在河口的垦利县,就是近 100 多年来新淤出的陆地。今天渤海和黄海的淤泥质海岸,其形成大都与黄河有关,有的则是黄河泥沙的直接淤积。据近年实测,到达河口的泥沙,一般有 1/3 ~ 2/3 淤积在河口三角洲上,另外 1/3 多被带到外海和三角洲两侧的海湾。黄河历史上经常改道,入海河口多变。即使没有改道,行河稍久,河口摆动,海岸也相应变迁。自周定王五年(公元前 602 年)至王莽始建国三年(公元 11 年)600 多年间,黄河在今天津至山东一带入海。西汉以前,天津以南渤海原有一个小海湾,后来已不见。考古部门初步研究认为,天津商代海岸在今造甲城、张贵庄、八里台、沙井子等地一线,已远离现在的海岸。江苏黄海沿岸今范公堤以东地区的成陆,与黄河有密切关系。黄河南徙夺淮的 700 多年间,河口淤积很快。入海泥沙受海流影响逐渐堆积在长江口以北的沿海地带,因此出现了今天已垦为农田的大片陆地,海岸线有了显著扩展。

(三)上、中游河道变迁

黄河的变迁,固然主要是指下游河段的变动,但在上、中游的部分地区,河道的摆动变化也经常发生。如在宁夏的银川平原,历史时期黄河就曾经发生过西徙东侵的变化,摆动范围 10 ~ 15 km。内蒙古河套平原,黄河变迁更大,巴彦高勒以下至今仍有多条废河道,自乌加河口至西山嘴一带,由于黄河南北摆动,原有的一些湖泊已经淤废,不复存在。龙门以下的中游河段也经常东西摆动。汾河汇入黄河的河口,曾多次在旧荣河县至河津县之间变化,两河之间的丘陵汾阴脽,因受黄河摆动的影响,现已荡然无存。永济至潼关河段,因为大洪水时上宽下窄,受卡口约束,其上有北洛河和渭河汇入,黄河受华山阻挡折而向东,作约 90°的转弯,变迁尤其显著。古蒲津关在宋时改称大庆关,时而在河西,时而在河东。北洛河时而入渭,时而入黄。现在,新旧大庆关均已荡灭,从永济至黄河对岸原朝邑县城间约 15 km,村落已无,曾经一度设置的平民县,经过 1933 年大洪水以后,也被黄河吞噬。

三、黄河的洪水灾害

黄河洪水的决溢灾害主要发生在下游,早在远古时期就有洪水泛滥的传说。文献记载,尧之时"洪水横流,泛滥于天下"(《孟子·滕文公上》)。在有史料可考的 2 000 多年间,黄河决口达 1 500多次。每次决口大多毁城邑,漂庐舍,洪水横流,哀鸿遍地,给泛区人民带来巨大的灾难。一般大水决口当年难以堵复,泛流期少则一二年,多则数年十数年。如遇改道特别是大的改道常常有数十年的泛流期,为害时间更长,范围更加广阔,带来的灾难也更为沉重。长期以来,由于人口增加、社会经济发展等人类活动的影响,水土流失日趋严重,黄河含沙量不断增加,河床相应抬高,河道日益缩窄,所以越向近代决口越频繁,人员伤亡、灾难损失也越严重。黄河下游历代决溢统计见表 6。从表 6 中数字可以看出,黄河下游的洪水灾害大体上可分为两个时期。以唐代末年的五代为界，五代以前是洪水灾害较少的时期，五代以后是洪水灾害频繁发生的时期。

表 6　黄河下游历代决溢统计

年代	决溢年数（年）	平均间隔时间（年）	说明
夏至春秋（公元前 2000 年～前 602 年）			
春秋至两汉（公元前 602 年～公元 220 年）	16	51.4	历时 1 509 年决溢 46 年占总决溢年数的 11%
魏晋南北朝（公元 220～589 年）	9	41	
隋唐（公元 589～907 年）	21	15.5	
五代（公元 907～960 年）	18	2.9	历时 1 031 年决溢 368 年占总决溢年数的 89%
北宋（公元 960～1127 年）	66	2.5	
金元（公元 1127～1368 年）	55	4.4	
明代（公元 1368～1644 年）	112	2.5	
清康熙至道光（公元 1644～1850 年）	67	3.1	
近代（公元 1850～1938 年）	50	1.7	
合计	414		

注：1. 本表以决溢年份计，不论一年决溢多少次（处），均以一年计算。

2. 决口后未堵的泛滥年份不计。

3. 地方志记载的决溢年份未计。

（一）五代以前下游的洪水灾害

从春秋时期开始有了黄河决溢的文字记载，汉代以前决溢较少，汉代以后开始增多。在两汉的 400 多年间，见于史书记载的黄河决溢有 15 年、16 次。平均二十五六年出现一次，较之前虽有增加，但远低于后世决溢的平均水平。这些决溢大多出现在西汉中后期和东汉前期，重大决溢见表 7。

王莽始建国三年（公元 11 年）黄河在魏郡决口，因久不堵复，洪水泛滥 50 余年，东汉王景治河后形成了稳定的河道。这个河道地势低、流程短、容纳泥沙的空间大，黄河进入了一个较长的安流时期。此后，经过800多年的淤积，到五代时进入河道晚期，河患开始频繁起来。

表7 两汉隋唐时期黄河下游重大决溢（举例）表

年代	决溢地点	灾情
汉文帝十二年（公元前168年）	酸枣	“河决酸枣，东溃金堤，于是东郡大兴卒塞之。”（《史记·河渠书》） “十二年冬十二月，河决东郡。”（《汉书·文帝纪》）
汉武帝建元三年（公元前138年）	平原、顿丘	“三年春，河水溢于平原，大饥，人相食。”（《汉书·武帝纪》） “三年春，河水徙，从顿丘东南流入渤海。”（《汉书·武帝纪》）
汉武帝元光三年（公元前132年）	濮阳瓠子堤	“孝武元光中，河决于瓠子，东南注钜（巨）野，通于淮、泗，泛郡十六，为时二十余年。”（《汉书·武帝纪》）
汉成帝建始四年（公元前29年）	馆陶东郡金堤	“泛溢兖、豫，入平原、千乘、济南，凡灌四郡三十二县，水居地十五万余顷，深者三丈，坏败官亭室庐且四万所。”（《汉书·沟洫志》）
王莽始建国三年（公元11年）	魏郡	“河决魏郡（今大名南乐附近），泛清河以东数郡。”（《汉书·王莽传》）
汉安帝永初元年（公元107年）		“是岁郡国四十一县三百一十五雨水，四渎溢，伤秋稼，坏城郭，杀人民。”（《后汉书·天文志》）
魏明帝景初元年（公元237年）		“九月，淫雨，冀、兖、徐、豫四州水出，没溺杀人，漂失财产。”（《晋书·五行志》）
武成帝河清三年（公元564年）		“六月庚子，大雨昼夜不息。至甲辰乃止。”“是岁，山东大水。饥死者不可胜计。”（《北齐书·武成帝纪》）
唐高原永淳二年（公元683年）	河阳	“河水溢，坏河阳县城，水面高于城内五尺，北至盐坎，居人庐舍漂没皆尽，南北并坏。”（《旧唐书·高宗本纪》）

两汉时期决口次数虽然不算很多，但有的灾害却相当严重。如成帝建始四年东郡河决，“泛溢兖、豫，入平原、千乘、济南，凡灌四郡三十二县，水居地十五万余顷，深者三丈，坏败官亭室庐且四万所”（《汉书·沟洫志》）。特别是汉武帝元光三年、王莽始建国三年两次河决，没有堵复决口，洪水横流几十年，给泛区人民带来极大的灾难。汉武帝元光三年（公元前132年），黄河在濮阳瓠子决口，向东南注入巨野泽，而后经泗水进入淮河，沿程淹及十六个郡，武帝令汲黯、郑当时率人前往堵塞，但堵复后当即又被冲开。这时外戚田蚡为丞相，他的封地在黄河以北的鄃地，决口后鄃地免除了黄河威胁，因此田蚡上奏武帝说，“江河之决皆天事，未易以人力为强塞，塞之未必应天”（《史记·河渠书》），一些观象的术士也附和他的意见，于是武帝就不再安排堵口。以后20多年中任由黄河泛溢、洪水横流，受灾地区幅员达一二千里，梁、楚之地（今豫东、鲁西南、苏北、皖北一带）受灾尤其严重，很多年歉收或绝收，以致发生“人相食”的惨象。大量无家可归的百姓，漂流乞讨于江淮之间，为了安抚百姓，曾经从巴蜀调运粮食进行赈灾。直到20多年后的元封二年（公元前109年），汉武帝封禅巡祭山川，看到了泛区灾害的严重，才令汲仁、郭昌率数万士卒堵塞瓠子决口，汉武帝还亲临现场督促，并令随行官员自将军以下都搬运柴草参加堵口。这次堵口的方法是用淇园的竹子为楗（桩），在决口处插入竹桩，逐渐加密，然后在竹桩间充填柴草土石，不断加固堵塞决口，与现在的平堵法十分相似。在堵口过程中和堵复后，汉武帝颇有感慨，写了词赋《瓠子歌》。这次瓠子堵口在黄河治理的历史上有很大的影响。其一，皇帝亲临黄河堵口现场，并让将军以下的随行官员和士卒一起搬运薪柴参加堵口，引起各级官员对治水事业的重视。据《史记》记载，从此之后，各级掌权的官员“争言水利”，大兴水利工程。其二，太史公司马迁随同汉武帝巡视山川，体验到河流利害之巨大。特别是随从武帝在瓠子堵塞决口，又看到了汉武帝的《瓠子歌》，颇有感伤，因而写成《河渠书》，对后世的史学家有很大的影响。此后的史书对治河、水利大都有专门记述。其三，记述了瓠子堵口大体的经过和方法，为我们研究古代的治河技术、堵口方法提供了宝贵的资料。

王莽始建国三年(公元11年)黄河在魏郡发生决口，决口数十年没有堵复。魏郡以东，洪水泛滥，灾害不断。进入东汉以后，河、济、汴交败的局面愈演愈烈，光武帝建武十年前后，黄河以南湮没的范围已达数十县之多。明帝即位，黄河向东摆动，过去汴渠的引水口门都塌入河中。水灾也日益严重，兖、豫受灾百姓怨声不断。永平十二年(公元69年)汉明帝命王景修治汴渠。于是王景发兵卒数十万人，对黄河和汴渠进行治理，修筑了从荥阳到千乘(今山东利津一带)的千里黄河大堤，使河汴分流，各行其道；又修建了由黄河进入汴渠的节制闸门，使黄河引水入汴得到控制。他测量地势，开通险阻，对险要河段进行防护，对淤塞部位予以疏通，经过一年的治理消除了黄河、汴渠的溃漏之患，使黄河进入了一个长达数百年的安流时期。

(二)北宋、金、元时期下游的洪水灾害

北宋、金、元时期是历史上黄河决溢灾害最严重的时期之一，400年间121年有决溢记载，有时一年决口数次，一次决溢多处。甚至决口后长期不予堵复，任洪水恣意横流。

北宋初年大致还是东汉时的河道，经过800多年淤积已处于行河晚期，河道壅塞，泄流不畅。从建隆元年(公元960年)起到太平兴国九年(公元984年)的25年内，只有9年没有明确的决溢记载，其余大部分年份都是多次溃决，到处泛滥。太平兴国八年滑州(今滑县)的一次大决，黄河泛滥于澶州(今濮阳)、濮州(今范县濮城)、曹州(今菏泽)、济州(今巨野)等地，“东南流至彭城(今徐州)界入于淮”。太平兴国十年以后，河道更不稳定。从淳化四年(公元993年)到天禧三年(公元1019年)的20多年间，黄河就两次南流夺淮入黄海，两次北流会御河在天津附近入渤海，在华北平原上大幅度摆动。特别是天禧三年决口灾害十分严重，洪水漫滑州城，经曹、濮、澶、郓等州注入梁山泊，“又合清水、古汴渠，东入于淮，州邑罹难三十二”（《宋史·河渠志》）。景祐元年，河决澶州横陇埽，决口后久不复塞，黄河改行横陇河道，庆历八年（公元1048年）商胡决口改行北流河道。从此宋代的高层开始了“北流”、“东流”之争，三次回河，三次失败，历时51年，其间决口不断，仅有明确记载的就有27年之多。北宋时期黄河下游河道示意图见图2。北宋时期黄河下游重大决溢情况见表8。

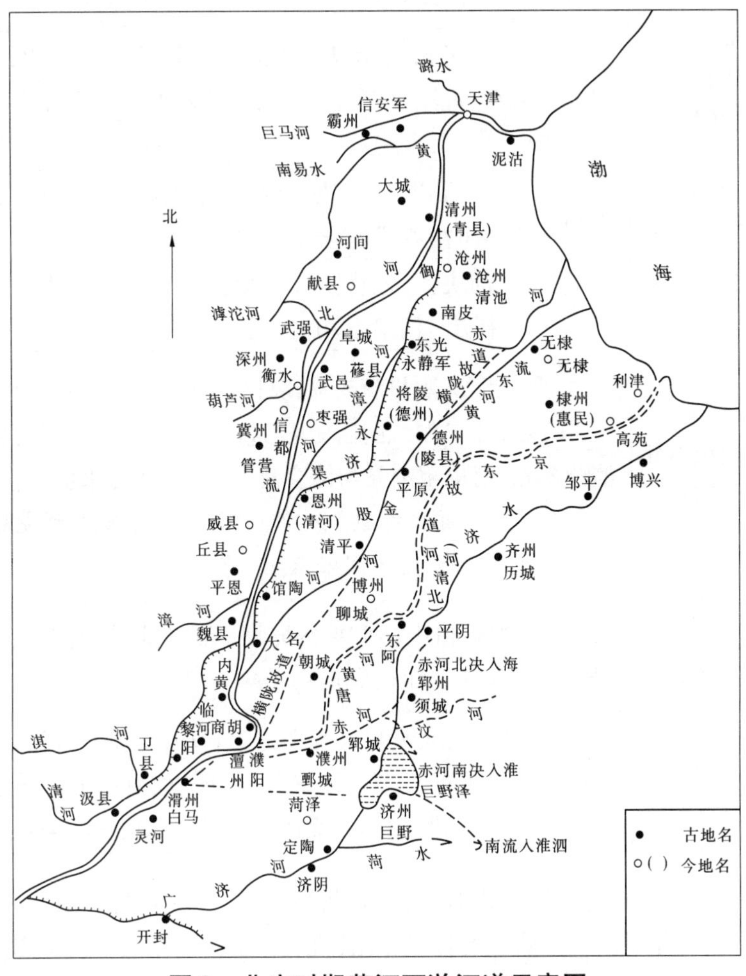

图2　北宋时期黄河下游河道示意图

表 8 北宋时期黄河下游重大决溢(举例)表

年代	决溢地点	灾情
太平兴国八年(公元 983 年)	滑州	“五月,河大决滑州韩村,泛澶、濮、曹、济诸州,毁民田,坏居人庐舍,东南流至彭城界入于淮,此为黄河由淮入海之始。”(《宋史·河渠志》)
淳化四年(公元 993 年)	澶州	“澶州河涨,冲陷北城,坏居人庐舍,官署、仓库殆尽,民溺死者甚众。”(《宋史·五行志》)
真宗天禧三年(公元 1019 年)	滑州	“漫溢州城,历曹、濮、澶、郓等,注入梁山泊,又合清水、古汴渠,东入于淮,州邑罹难者三十二。”(《宋史·河渠志》)
天禧四年(公元 1020 年)	滑州	“六月望,河复决天台下,走卫南,浮徐、济,害如三年而益甚。”(《宋史·河渠志》)
仁宗景祐元年(公元 1034 年)	澶州	“河决澶州横陇埽,流入赤河,至长清仍入大河。”(《宋史·河渠志》)
仁宗庆历八年(公元 1048 年)	澶州	“河决澶州商胡埽,决口广五百五十七步,直走大名,分二派,北流入卫河,流经馆陶、临清、景县、东光、南皮至沧县与漳会流,穿六塔河合永济渠,注乾宁军(河北青县)入海。东流合马颊河至无棣入海。”(《宋史·河渠志》)
至和二年(公元 1055 年)	澶州小吴埽	“至和中,河决小吴埽。破东堤顿丘口……”(《宋史·康德舆传》)
仁宗嘉祐五年(公元 1060 年)	魏郡	“黄河北流复决魏郡之第六埽,与原河分流,奔向东北,经南乐、朝城、馆陶,入唐故大河的北支,合笃马河,经东北经乐陵、无棣入海。”(《宋史·河渠志》)
神宗熙宁元年(公元 1068 年)	恩州、冀州、瀛洲等	“六月,河溢恩州乌栏堤,又决冀州枣强埽,北注瀛。七月,又决瀛洲乐寿埽。”(《宋史·河渠志》)

续表 8

年代	决溢地点	灾情
神宗熙宁四年(公元 1071 年)	澶州	“八月,河溢澶州曹村,十月,溢卫州王供。时新堤凡六埽,而决者二,下属恩、冀、贯御河,奔冲为一。”(《宋史·河渠志》)
神宗熙宁十年(公元 1077 年)	澶州	“河大决澶州曹村,澶州北流断绝。河道南徙,东汇于梁山张泽泺,分为二派,一合南清河入于淮,一合北清河入于海。凡灌郡县四十五,而濮、济、郓、徐尤甚,坏田逾三十万顷。”(《宋史·河渠志》)

公元 1128 年杜充决堤,黄河改行徐淮河道。南泛以后,一则处于战乱时期,二则黄河南泛正好以南宋为壑,金人未予修治,黄河处于失控状态,其灾害之重可想而知。金初几十年史书没有关于黄河的记载。《金史·河渠志》只有“数十年间或决或塞、迁徙无定”的记述。大定六年(公元 1166 年)以后才有黄河决溢的具体记述。大定八年河决李固渡,卫州、延津、原武一带成了黄河决溢的重灾区。从大定八年到金章宗明昌五年(公元 1194 年)的 27 年间,这一地区的决溢几乎占了半数,而且都造成极大的灾害,河势也不断南移。如大定十一年(公元 1171 年)河决原武王村,孟、卫州多受其害。尚书省的奏书说:“水东南行,其势甚大。可自河阴、广武山循河而东,至原武、阳武、东明等县。”明昌五年(公元 1194 年)“河决阳武故堤,灌封丘而东”,决水大致经由封丘、长垣、东明,至徐州以南会淮。

元代黄河由于长时期多股分流,河道淤积严重,黄河决溢更加频繁。从至元九年(公元 1272 年)有河患记载起,到至正二十六年(公元 1366 年)95 年中,史书记载决溢的年份达 40 年以上。有时一年就决口十几处甚至几十处,淹没数十州县,情况之严重达到前所未有的程度。金、元时期黄河下游重大决溢情况见表 9。

表 9　金、元时期黄河下游重大决溢(举例)表

年代	决溢地点	灾情
世宗大定八年(公元 1168 年)	滑县	"河决李固渡(今滑县沙店镇南),经曹、单、萧县、砀山至徐州入泗汇淮。"(《金史·河渠志》)
世宗大定二十年(公元 1180 年)	卫州、延津	"河决卫州及延津京东埽,弥漫至归德府。"(《金史·河渠志》)
章宗明昌五年(公元 1194 年)	阳武	"河决阳武故堤,灌封丘而东,经长垣、兰封、东明、曹县等地至寿张注梁山泺,循熙宁河决形势分二派,南派由南清河入淮(即泗水故道),北派由北清河入海(即济水故道)。"(《金史·河渠志》)
天兴三年(宋端平元年,公元 1234 年)	寸金淀	"八月朔旦,蒙古兵至洛阳城下……赵葵、全子才在汴。亦以史嵩之不致馈,粮用不继;蒙古兵又决黄河寸金淀之水,以灌南军,南军多溺死,遂皆引师南还。"(《续资治通鉴·宋纪》)
世祖至元二十三年(公元 1286 年)	汴梁、原武、开封	"河决汴梁路,水分两路,向东南而下,一支由陈留、通许、杞县、太康等地,注涡入淮;一支经中牟、尉氏、洧川、鄢陵、扶沟等地东南,由颍入淮。"(《元史·世祖本纪》)
世祖至元二十五年(公元 1288 年)	汴梁	"河决汴梁路,灌开封、陈、颍等州,襄邑、睢州、考城各县河溢。汴梁路阳武县河决二十二处。决口愈西,南流愈急,自是全河夺淮。"(《元史·河渠志》)
至元二十七年(公元 1290 年)	太康	"六月,河溢太康,没民田三十一万九千八百余亩。""十一月,河决祥符义唐湾。太康、通许二县,陈、颍二州,大被其患。"(《元史·五行志》)
成宗大德元年(公元 1297 年)	杞县	"河决杞县蒲口,水直趋东北,行二百多里,在归德横堤以下,和北面汴水泛道合并。"(《元史·成宗本纪》)

续表9

年代	决溢地点	灾情
泰定帝泰定元年(公元1324年)	汴梁	“河溢汴梁,由汴渠东入徐,合淮泗入海。同年曹丘、楚丘、开封河溢(金元两代利河南行,以南宋为壑)。”(《元史·泰定帝本纪》)
顺帝至正四年(公元1344年)	白茅堤、金堤	“黄河暴溢,水平地深二丈许,北决白茅堤。六月,又北决金堤。并河郡邑济宁、单州、虞城、砀山、金乡、鱼台、丰、沛、定陶、楚丘、成武以至曹州、东明、钜(巨)野、郓城、嘉祥、汶上、任城等处皆罹水患。”(《元史·河渠志》)
至正二十三年(公元1363年)	寿张	“七月,河决东平寿张县,圮城墙,漂屋庐,人溺死甚众。”(《元史·五行志》)
至正二十六年(公元1366年)	济宁	“二月,河北徙,上自东明、曹、濮,下及济宁,皆被其害……八月……黄水泛滥,漂没田禾民居百有余里,德州齐河县境七十余里亦如之。”(《元史·五行志》)

(三)明代下游的洪水灾害

明代是我国历史上黄河决溢最频繁的时代之一。从洪武元年(公元1368年)到公元1644年明代灭亡共276年,黄河发生决溢的年份有112年,平均2.5年就有一年发生决溢灾害,按年份统计和北宋大体相当。明代前期河患多发生在河南境内,尤其集中于开封上下,据《明实录》、《明史》和《明史纪事本末》的记载统计,洪武至弘治的130多年中有决溢记载的年份就有59年。其中十之八九都在兰阳、仪封以上的河南各地,仅开封(包括祥符县)就有26年之多。弘治年间河南境内北岸堤防逐渐形成,随后南岸也修了堤防。黄河由颍河入淮的河道也逐渐淤塞,明代后期的河患向下游转移,尤其集中在曹县、单县、沛县、徐州等地。明代后期的130多年中有决溢记载的年份有53年,而且不少年份都是决口多处，洪水横流，其灾害程度不亚于前期。黄河的每一次泛滥都给泛区带来严重的灾难。例如天顺五年（公元1461年）“七月，河决汴梁土城，又决砖城，城中水丈余，坏官民舍过半……军民溺死无算”。嘉靖五年（公元1526年）河决沛县等地，“是年，黄河上流骤溢，东北至沛县庙道口，截运河，注鸡鸣台口，入昭阳湖……河之出飞云桥者漫而北，淤数十里，河水没丰县，徙治避之”。隆庆三年（公元1569年）“七月壬午，河决沛县，自考城、虞县、曹、单、丰、沛抵徐，俱罹其害，漂没田庐不可胜数”。崇祯十五年（公元1642年）九月，李自成的农民起义军与明军战于开封。明河南巡抚高名衡掘开开封城北的朱家寨及马家口，“至汴堤以外，合为一流，决一大口，直冲汴城以去，而河之故道则涸为平地”。这次开封城遭到灭顶之灾，城内37万居民，只有3万多人幸免于难。明代黄河下游重大决溢情况见表10。

表10　明代黄河下游重大决溢（举例）表

年代	决溢地点	灾情
太祖洪武二十四年（公元1391年）	原武	“河决原武黑洋山，东经开封北折向东南，过淮阳、项城、太和，经颍州，东至正阳关，由颍入淮。”（《明史·河渠志》）
永乐八年（公元1410年）	开封	“坏城二百余丈，民被患者万四千余户，没田七千五百余顷。”（《明史·河渠志》）
英宗正统十三年（公元1448年）	原武、荥泽	“秋，河大决原武、荥泽孙家渡，分三股：北股由原武决口，向北直抵新乡八柳树，折向东南，经延津、封丘、濮县抵聊城张秋，穿运河合大清河入海；中间一股在荥泽孙家渡决口，漫流于原武、阳武，经开封、杞县、睢县、亳县入涡河，至怀远汇淮河；南股亦由孙家渡决口，流经洪武二十四年老河道，入淮。”（《明史·河渠志》）

续表 10

年代	决溢地点	灾情
天顺五年（公元 1461 年）	开封	“七月，河决汴梁土城，又决砖城，城中水丈余，坏官民舍过半……军民溺死无算。”（《明史 · 河渠志》）
孝宗弘治二年（公元 1489 年）	开封、封丘等地	“河大决开封，决口后水向南、北、东三面分流。南决者十之三，北决者十之七。南决者自中牟至祥符析为二，一经尉氏向东南合颍水，下涂山，入于淮；一经通许入涡河，下荆山，入于淮。又一支与贾鲁河故道平行，至归德经亳县，亦合涡河入淮。北决者自原武，经阳武、祥符、封丘、仪封、考城。其一支至山东曹县，冲入张秋运河。东决者，由开封翟家口东出归德，直下徐州，合泗水入淮。”（《明史 · 河渠志》）
孝宗弘治七年（公元 1494 年）		“春二月，河复决张秋，刘大夏筑北岸堤，自胙城历滑县、长垣、东明、曹单等县亘二百六十里名太行堤，北流遂绝。大河正流乃夺汴入泗合淮，遂以一淮受全河之水，为黄河之一大变局。”（《明史 · 河渠志》）
世宗嘉靖五年（公元 1526 年）		“黄河上流骤溢，东北至沛县庙道口，截运河，注鸡鸣台口，入昭阳湖。”（《明史 · 河渠志》）
世宗嘉靖三十七年（公元 1558 年）	单县	“大河北徙，自曹县城东北出，冲决单县之段家口，至徐沛分为六股，俱入运河至徐洪。另外又由阳山之坚城集趋郭贯楼，分为五小股，亦由小浮桥会徐洪。”（《明史 · 河渠志》）
世宗嘉靖四十四年（公元 1565 年）	萧县	“七月，河决萧县赵家圈，泛溢而北，沛县上下二百余里运道俱淤，全河逆流。浩渺无际，河变极矣。”（《明实录》）

续表 10

年代	决溢地点	灾情
穆宗隆庆三年（公元 1569 年）	沛县	“七月壬午，河决沛县，自考城、虞县、曹、单、丰、沛抵徐，俱罹其害，漂没田庐不可胜数。”（《明穆宗实录》）
万历三年（公元 1575 年）		“六月，霖雨不止，河淮并涨，河从崔镇等口北决，淮从高家堰东决，淮南北共成一湖，徐、邳至淮南，漂荡千里。”（《明史·河渠志》）
万历四年（公元 1576 年）	丰、沛等地	“河决韦家楼，又决沛县缕水堤，丰、曹二县长堤，丰、沛、徐州、睢宁、金乡、鱼台、曹、单田庐漂溺无算。”（《明史·河渠志》）
万历十五年（公元 1587 年）	祥符	“河决祥符刘兽医口，溢阳武、封丘及兰阳，又决荆隆口，挟淘北河，冲决长垣之大社集，直薄东明各县。”（《明史·河渠志》）
万历十七年（公元 1589 年）	祥符	“黄河暴涨，决兽医口月堤，漫李景高口新堤坏田庐，没人民无算。”（《明史·河渠志》）
万历四十四年（公元 1616 年）	徐州、开封	“五月，复决狼矢沟，由蛤鳗、周柳诸湖入泇河，出直口，复与黄会。六月，决开封陶家店、张家湾，由会城大堤下陈留，入亳州涡河。”（《明史·河渠志》）
崇祯十五年（公元 1642 年）		“九月，闯王李自成围开封，巡抚高名衡掘黄河朱家寨马家口灌之，河骤决，排城北门入，穿东南门出，流入涡水。”（《明史·河渠志》）

（四）清代下游的洪水灾害

明末河决开封，尚未堵复明代已亡。清顺治元年堵复决口，回归明末故道。“由开封经兰、仪（仪封）、商（商丘）、虞（虞城），迄曹（县）、单（县）、砀山、丰（县）、沛（县）、萧（县）、徐州、灵壁、睢宁、邳（县）、宿迁、桃园（今泗阳），东经清河（今淮阴）与淮合，历云梯关入海”(《清史稿·河渠志》)。直到咸丰五年(公元1855年)的200多年间,虽然频繁决口,但没有发生大的改道。咸丰五年河决兰阳铜瓦厢,北流夺大清河入渤海,改变了700多年南流夺淮入海的局面。

明末清初经历了40多年的战乱,民生凋敝,堤防失修,黄河决口十分频繁。从顺治元年(公元1644年)到康熙十五年(公元1676年)的33年间决口达22年之多,决口年份占67%。特别是康熙元年到康熙十五年的15年间几乎年年决口。例如康熙十五年因连续阴雨,河水大涨,倒灌洪泽湖,高家堰围堤决口34处,黄淮合流东下,“扬属皆被水,漂溺无算”(《清史稿·河渠志》)。康熙十六年以后加强了对黄河的治理,黄河决口的次数有所减少。从康熙十六年到乾隆末年的119年中,黄河决口的年份为28年,占23.6%,是清代河患较少的时段。这一时期,就决溢次数而言河南约占1/3,安徽、江苏一带占2/3,尤以铜山、睢宁两地最多。但大的决口多发生在河南,雍正、乾隆年间较大的决口有3次,一是雍正元年(公元1723年)六月,黄河于中牟县十里店、娄家庄决口,洪水向南入贾鲁河,“祥符、尉氏、扶沟、通许等县村庄田禾淹没甚多”。同月,黄河北岸又决“武陟梁家营、二铺营土堤及詹家店、马营月堤”(《续行水金鉴》)。二是乾隆二十六年(公元1761年)七月,黄、沁河并涨,河南武陟、荥泽、阳武、中牟、祥符、兰阳共决口15处,其中,中牟杨桥决口达数百丈,大溜直趋贾鲁河,由涡、淝入于淮。河南开封、陈州、商丘及安徽之颍、泗等州县被淹。后委派大学士刘统勋督办堵塞。三是乾隆四十六年(公元1781年)七月河决仪封,决口20余处,北岸水势全由青龙岗夺溜北注,水入南阳、昭阳、微山等湖,余波入大清河。由大学士阿桂驻工督筑,两次堵口均告失败。后来从兰阳三堡大堤外增筑南堤,开引河170余里,导水下注,由商丘七堡回归大河。两年后才将口门堵合,这是清代的一次局部改道[3]。

嘉庆以后由于河道淤积,河床抬高,悬河形势日益发展,道光时的河道总督张井在奏折中就曾指出:“城郭居民,尽在河底之下,惟仗岁请无数金钱,将黄河抬于至高之处”(《南河成案续编》卷十三)。这一时期决口日渐增多,正像魏源在《筹河篇》中所说:“塞于南难保不溃于北,塞于下难保不溃于上,塞于今岁难保不溃于来岁。”河道呈现愈淤愈决、愈决愈淤的趋势。终于在咸丰五年(公元1855年)于兰阳铜瓦厢决口,夺大清河河道,改道东北,注入渤海。铜瓦厢决口以后,究竟是挽回故道,还是改行新河,朝廷大臣意见分歧,争论不休,决策者举棋不定,犹豫不决,以致20多年间既未堵口,也未修堤,给泛区民众带来严重的灾难。直到光绪十年(公元1884年)才形成较为完整的堤防。新堤建成后也屡见决溢。从咸丰元年(公元1851年)到1911年清代灭亡的60年间,不计铜瓦厢决口未堵的年份,决口年份还有32年之多,是黄河决溢最严重的时段之一。清代黄河下游重大决溢情况见表11。

表11　清代黄河下游重大决溢(举例)表

年代	决溢地点	灾情
顺治七年(公元1650年)	封丘、祥符	“八月,决(封丘)荆隆、(祥符)朱源寨,直注沙湾,溃运堤,挟汶由大清河入海。”(《清史稿·河渠志》)
康熙元年(公元1662年)	曹县、武陟、睢宁、开封等	“河决曹县石香炉,武陟大村,睢宁孟家湾。六月,决开封黄练集,灌祥符、中牟、阳武、杞县、通许、尉氏、扶沟七县。”(《清史稿·河渠志》)
康熙十四年(公元1675年)	徐州、宿迁、睢宁	“决徐州潘家塘、宿迁蔡家楼,又决睢宁花山坝,复灌清河治,民多流亡。”(《清史稿·河渠志》)
康熙六十年(公元1721年)	武陟	“河决武陟马营口、魏家口,注滑县、东明、长垣及濮州、范县、寿张,直趋张秋,由大清河入海。有恢复千乘大河之势。”(《清史稿·河渠志》)
康熙六十一年(公元1722年)	武陟	“河决武陟马营口,灌张秋,奔注大清河。”(《清史稿·河渠志》)

续表 11

年代	决溢地点	灾情
世宗雍正元年（公元 1723 年）	武陟	“沁黄交涨，河溢中牟十里大堤。决武陟梁家营、二铺营、侯家店及荥泽各堤。”（《续行水金鉴》）
乾隆二十六年（公元 1761 年）	武陟、荥泽等	“秋汛，沁、黄并涨，北岸武陟、荥泽、阳武、祥符四汛漫决内外堤一十五处。中牟县杨桥大坝，决口三百丈，水由涡、淝入淮，汇入洪泽湖。”（《清史稿·河渠志》）
乾隆四十六年（公元 1781 年）	睢宁、仪封	“五月，决睢宁魏家庄，大溜入洪泽湖，七月，决仪封，漫口二十余处。”（《清史稿·河渠志》）
嘉庆二十四年（公元 1819 年）	祥符、陈留、中牟等	“河溢祥符、陈留、中牟，又溢考城北岸旧南堤，同时决南岸兰阳汛八堡，旋又决仪封上汛三堡，全河由涡入淮。九月，河决武陟县马营坝，大股由原武、阳武、延津、封丘等县下注张秋，穿运注大清河，分二道入海。”（《清史稿·河渠志》）
道光二十一年（公元 1841 年）	祥符	“六月，决祥符张家湾，大溜全掣，水围省城。由涡入淮，归洪泽湖。”（《清史稿·河渠志》）
道光二十三年（公元 1843 年）	中牟	“六月，决中牟，水趋朱仙镇，历通许、扶沟、太康入涡会淮。”（《清史稿·河渠志》）
咸丰五年（公元 1855 年）	兰阳	“六月，兰阳三堡无工处所漫决（即铜瓦厢决口）夺溜，下游正河断流。决河之水先向西北斜注，淹及封丘、祥符二县。复折转东北，漫淹兰阳、仪封、考城及直隶、长垣等县，至张秋镇穿运河，由大清河入海。”（《再续行水金鉴》）
同治七年（公元 1868 年）	菏泽、荥泽、郓城	“六月，上南厅溜势提至荥泽十堡，坐湾淘刷，水势抬高，漫堤过水，口宽二百余丈。决河之水经中牟、祥符、陈留、杞县、尉氏、扶沟泻注入淮，灾及安徽。” “秋，黄流盛涨，冲决赵王河之红川口、霍家桥，大溜由安山入大清河，而沈家口、田家湾、新兴屯皆漫溢。菏泽胡家堰决口。”（《清穆宗实录》）

（五）民国时期下游的洪水灾害

从民国元年到公元1949年的38年间，黄河决口的年份就有17年之多。如果再加上1938年决口后9年没有堵复，民国的大部分时间都处在黄河水患的威胁之下，是我国历史上黄河决溢最频繁的时期之一。民国期间不仅决溢次数多，而且灾害程度也十分严重。例如民国十四年（1925年）河决濮阳南岸李升屯（今东明县境）民埝，同年9月20日又决北岸黄花寺官堤。“黄水汹涌，建瓴而下，经濮、范、郓城，直冲寿张。顿时四县尽成泽国”，灾民均已奔散，住户大减。“登堤北望则飞沙茫茫，白色映空，残木枯树，渺无人影。大堤附近之水，虽已退去，而淀沙之多，实出意料。柳树干部，尽皆没入泥中，只余柳条一二，现出地面，高粱则全身陷入，间有穗头露出而已。昔日村庄，今成沙土，泽国之惨，良可悲矣”（《治河论丛·李升屯黄河决口调查记》）。民国二十二年黄河发生了22 000 m^3/s的洪水，仅黄河下游就决口56处。当时河北省长垣县决口最多，灾害也最为严重（见图3）。8月11日（农历六月二十一日）“上午黄河水量骤增，东岸几与堤平，旋溃于庞庄堤内，不及一时，冲刷二十余丈，虽经抢堵，终归无效，由徐集、程庄等村而入东明县境”。西岸大堤也同时决口30余处，北流而入滑县境。“两岸水势皆深至丈余，洪流所经，万派奔腾，庐舍倒塌，牲畜漂没，人民多半淹毙，财产悉付波臣。县城垂危，且挟沙带泥淤淀一二尺至七八尺不等。当水之初，人民竞趋高埠，或蹲屋顶，或攀树枝，馁饿露宿。器皿食粮，或被漂没，或为湮埋。人民于饥寒之后，率皆挖掘臭粮以充饥腹。情况之惨，不可言状。被灾区域，东起东岸大堤及庞庄、李集、苏集、程庄，西至县西青岗、张屯、相如等村。广大十余里，袤四十余里，约占全县十分之九，实为长垣空前之大灾”（《长垣县志》）。这次洪水淹及6省67县，总面积1.2万km^2。受灾人口339.6万多人，死亡1.83万余人。又如民国二十四年（公元1935年）七月，黄河又决于山东鄄城董庄民堰，“分正河水十之七八，破堰东流阻于民修格堰，折而南，决官堤六大口，

图3　1933年长垣县黄河决口之情景

溜分二股,小股由赵王河穿东平县运河,合汶水复归还河;大股则平漫于菏泽、郓城、嘉祥、巨野、济宁、金乡、鱼台等县,由运河入江苏。又由南阳湖、昭阳湖递注于苏、鲁交界之微山湖,淹丰、沛、铜山三县。又灌邳县、宿迁县,由中运河注入六塘河、沭河,放溢四出,泗阳、淮阴、涟水、沭阳、东海、灌云等各县皆被灾"[7]。

在民国的水患中损失最为惨重的是民国二十七年(公元1938年)花园口决堤。当时日本侵略军已占领了平、津两市和河北、山西、山东等省的大部分地区,太原、上海和南京也相继沦陷。国民政府迁往武汉。5月19日徐州失守,日军控制了津浦铁路和陇海铁路东段。数日后又调集大批兵力沿陇海路向西进犯,意欲攻取开封、郑州之后沿平汉铁路进攻武汉。此时开封危急,中原吃紧。6月1日国民政府军事委员会策令:将豫东二十万军队调往豫西山地,作战略转移,并掘黄河堤放水,以阻滞侵略。6月4日,日军逼近开封。第一战区第二十集团军五十三军一团奉命在中牟赵口掘堤,在三十九军一团的协助下,次日晚八时炸开大堤,因水流不畅加之流势北移,改在花园口掘堤。6月6日夜半,新八师参谋熊先煜等6人上堤选址,经两昼夜突击,掘堤成功。11日正值黄河涨水,赵口与花园口的泛水汇流,花园口口门夺流。由于泛水漫延,日军沿陇海路西犯计划遭到阻挠,改由山路和沿长江进攻武汉。花园口大堤掘开后泛水滔滔，一股沿贾鲁河经中牟、尉氏、开封、扶沟、西华、淮阳、周口入颍河至安徽阜阳，由正阳关入淮河；另一股自中牟顺涡河，过通许、太康，至安徽亳县，由怀远入淮。洪水所至，庐舍荡然，人畜无由逃避，尽逐波臣，财物田庐，悉付流水。当时澎湃动地，呼号震天，其悲骇惨痛之状，实有未忍溯想。间多攀树登屋，浮木乘舟，以侥幸不死，因而仅保余生，大都缺衣乏食，魄荡魂惊。其辗转外徙者，又以饥馁煎迫，疾病侵夺，往往横尸道路，亦皆九死一生。艰辛备历，不为溺鬼，尽成流民。守恋家乡而不肯外逃者，更是迫于饥馑，无暇择食，每多以含毒野菜及观音粉（土）争相充饥。草根树皮，亦被罗掘殆尽，糠秕杂食，反为上馔。食后面目浮肿，肌肤绽裂，于是寂寥泛区，荒凉惨苦，几疑非复人寰矣（《河南省黄泛区灾况纪实》）。这次决口泛水波及豫、皖、苏3省44个县市（见图4）。据国民政府行政院在抗日战争胜利后的统计，共淹地844 295 hm^2（见图5），逃离3 911 354人，死亡893 303人。抗日战争胜利后国民政府提出堵复花园口让黄河回

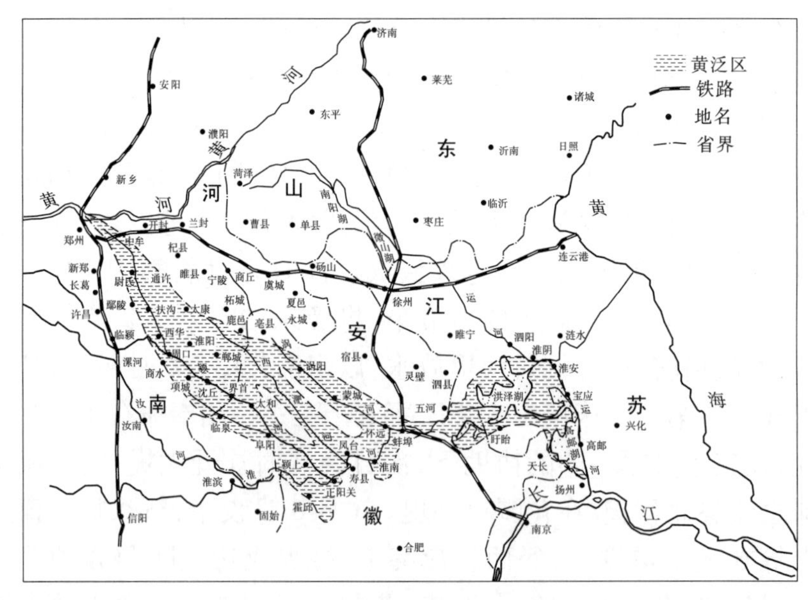

图4　1938年黄泛区示意图

归故道。而当时故道内大多是解放区,中国共产党从大局出发同意黄河归故,但提出先复堤后堵口,以保证故道内人民群众的生命和堤防安全,并就此和国民党进行了多次谈判。堵口工程从1946年3月开始至1947年3月15日立堵合龙。黄河在花园口泛滥9年终于回归故道。民国黄河下游重大决溢情况见表12。

图5　洪水过后淹埋田地村庄

表12　民国黄河下游重大决溢(举例)表

年代	决溢地点	灾情
民国十四年(1925年)	鄄城、郓城、梁山	8月13日濮阳(今鄄城)李升屯民埝漫决600余丈。9月21日决黄花寺南岸大堤,27日又决黄花寺下游3里处,次年合龙。李升屯决口后漫水由障东堤和民埝间东泄,在野猪淖、黑虎庙与小路口间,将障东堤冲决两处。四杰村民埝(现临黄堤)回黄花寺决口倒漾,将堤漫决,次年堵合。
民国十五年(1926年)	利津、东明	6月,利津县八里店民埝决口。8月14日,东明刘庄决口,口宽40余丈,水入巨野赵王河,淹金乡、嘉祥两县,冬堵合。秋,利津县芦家园民埝漫溢成口。

续表 12

年代	决溢地点	灾情
民国二十二年(1933 年)	齐河、东阿、东明、温县、武陟、兰封、长垣	8 月,黄河决温县、武陟、长垣 3 县北堤数十口,决水沿金堤北流,至陶城铺流归正河。又决长垣南岸庞庄西北,漫淹兰封、考城,兰封小新堤、考城四明堂也各决一口,分水入南河故道。7 月,齐河县董桥大堤被水冲决,口宽 150 m,10 月堵合。东阿邵庄决口两处,相距 2.5 km,口宽 60 m,当年堵合。
民国二十四年(1935 年)	鄄城	7 月,河决鄄城董庄临河民埝,分正河水十之七八……决官堤 6 大口,溜分二股,小股由赵王河穿东平县运河,合汶水复归正河;大股则平漫于菏泽、郓城、嘉祥、巨野、济宁、金乡、鱼台等县,由运河入江苏。
民国二十七年(1938 年)	郑州、中牟	日本侵略军进迫开封,国民政府军队为阻止日军西侵,于中牟赵口、郑县花园口扒决大堤,黄河夺淮入海,淹及豫、皖、苏 3 省 44 县市,受灾人口 1 250 万人,淹死 89 万人。

(六)黄河上、中游的洪水灾害

黄河上游地区的洪水灾害,主要发生在兰州河段及宁蒙河段的河套平原。由于上游地区暴雨少,洪水出现频率小,洪峰流量不大,加之过去这些地区人烟稀少,经济不发达,所以洪水灾害较下游轻微。黄河中游的龙门至潼关河段,两岸为黄土阶地,有滩地 100 多万亩,有时也发生洪水漫滩灾害。

1. 兰州河段水灾

黄河兰州段西起西柳沟,东至桑园峡,长 45 km,河面一般宽 300 ~ 400 m,最宽的 600 m。由于桑园峡为一卡口,过水断面狭小，河槽只能通过 3 000 m^3/s 的洪水，超过这一流量即漫滩，威胁市区安全。兰州地处黄河河谷盆地，两岸群山环绕，沟壑纵横，有山洪沟道 81 条，暴雨时山洪下泄，也威胁市区安全。《兰州文史资料》记载了一些洪水灾害，其中较大的如：

清嘉庆十二年（公元 1807 年）闰五月二十四日，全县（今榆中）暴雨 3 日，黄河水淹没东川、什川堡等 27 个村庄。

清光绪三十年（1904 年）六月初，“黄河暴涨，河滩数十村庄被淹没，兰州城东南隅城墙浸塌丈余”。据推算，该年兰州洪峰流量高达 8 600 m^3/s，为近代历史所罕见。当时桑园峡口被河水漂来的草木杂物所壅塞，河水逆流，回水淹没东郊 18 个滩地和兰州市城周，南至皋兰山麓，西至阿干河，东城浸城丈余，以沙袋围堵城门；下游浸淹至什川、青城及靖远沿河一带，田地、房屋损失极大，灾民万余，半月后水始退。

1964 年 7 月 20 日凌晨 2 时至 5 时，兰州东部地区马耳山一带突降暴雨 70～80 mm，使元托峁沟等 3 条沟道同时暴发山洪，洪峰流量高达 280 m^3/s，沟内塌方严重，造成泥石流，其中最大一处黄土崖塌方达 30 万 m^3。山洪泥流将排洪沟冲开 5 处，一股直冲居住区，淹没农田 600 余亩，冲毁铁路路基；另一股冲进低洼住宅区，冲毁 21 栋家属宿舍，其中 7 栋被淤泥淹埋，从泥浆中抢救出 209 人，经抢救 166 人脱险，死亡 43 人。

2. 宁夏河段水灾

黄河自宁夏中卫县南长滩入境，由黑山峡、青铜峡至石嘴山，呈三收两放形势，流经卫宁与银川平原中间，到石嘴山市麻黄沟出境，长 397 km，其中 318 km 两岸为自流引黄灌区。平水期河水面低于地面，洪水期有时出现不同程度的灾害。当洪水流量超过 4 000 m^3/s 时，开始漫滩，农田、村庄和渠道受到威胁。根据历史记载，自明初至新中国成立前的 580 年间，黄河宁夏段发生洪水灾害 27 次。该河段洪水多发生在 7 月、9 两个月，8 月发生的多系一般洪水。另外，宁夏河段每年冬季结冰封河，到次年春天融冰开河时,往往发生冰凌洪水灾害。

据记载,宁夏段较严重的水灾有:

唐高宗仪凤二年(公元677年),"黄河大水,毁怀远县,三年,于故城西更筑新城(即今之银川市旧城)"。

宋真宗咸平五年(公元1002年),"夏州旱,秋七月筑河防。……八月大雨;河防决,雨九昼夜不止,河水暴涨……蕃汉漂溺者无数"。

明宣宗宣德三年(公元1428年),"(灵州)城湮于河水,又去旧城东北五里筑之"。

清嘉庆七年(公元1802年),"宁夏府前次涨水共一丈三寸后,又报七月十七日接涨水一尺六寸……向来黄河盛涨不过四五日必消,此次异涨经二十余日之久,濒河老兵民合称数十年来,从未见如此大水。……宁夏、宁朔、平罗、中卫、灵州等州县被淹较重之地二千七百五十顷"。

清道光三十年(公元1850年),"黄河水势于五月初九日泛涨起至十二日,陆续共涨水七尺四寸,六月初八并十六日又两次涨水七尺七寸,连前共涨水一丈五尺一寸,已入峡口志桩十五字一刻迹"。"宁夏府阴雨,黄河涨水,黄花(渠)桥以北地区,一片汪洋,一般村庄都进了水,农田全部泡在水中,人来往靠船只,人畜死亡无其数,水落后除高秆作物,都被水淹死"。

清光绪三十年(1904年),"夏六月初一日,兰州一带连日大雨,灵州峡口河水突涨,龙王庙被冲,并决长堤十数里"(据调查,青铜峡洪峰流量达7 450 m^3/s,相当于百年一遇洪水)。"七月宁夏河溢,四渠(唐徕、汉延、惠农、大清)均决,淹没民田庐舍无算,平罗石嘴山尤甚"。

民国二十三年(1934年),"黄河至宁夏境……沿河一带到处漫淹,田庐漂没损失巨大,据报中卫、金积、灵武、平罗、磴口等县冲去村落一千余处,灾民数十万人,中卫、金积两邑灾情尤重"。

民国三十五年(1946年)9月16日,青铜峡洪峰流量达6 230

m^3/s，沿河两岸农田受淹面积达20多万亩，河东秦渠、河西汉延渠均遭决口，平罗县通伏、渠口大都受淹，永宁民生渠以东一片汪洋，黄河、秦渠相隔的细腰子段冲决几十丈，河逼夺渠。

3. 内蒙古河段水灾

黄河从宁夏石嘴山进入内蒙古，至鄂尔多斯的榆树湾出境，共长830 km。内蒙古的洪水主要来自兰州以上地区。冰凌洪水主要发生在开河期，内蒙古河段水灾包括黄河洪水溃溢、凌汛决口和山洪泛滥。这一河段的灾害历史记载不多，资料主要来自地方志和报刊，最早从清代开始，主要的如：

清同治六年（公元1867年），黄河由今之第三区王八窑子决口，水势东流，直达邑境东界，长流一百五十里，除沿山高地外，皆汪洋一片，悉成泽国。房屋倒塌，村落为墟，以至人无栖止，马无停厩，生命财产付诸流水（《萨拉齐县志》）。

光绪二十九年（1903年），夏，黄河由准格尔决口，名曰车驾口子，水势湍急，向东北流，达包境东界五区，半壁悉成水海（《萨拉齐县志》）。

光绪三十年（1904年），秋，黄河水泛滥，五原一带近岸民舍多被毁伤（《五原厅志稿》）。

托城河口镇，亦以淫雨连绵，黄河水涨，淹没成灾。包头背山面河…… 山水易入中城。是年七月二十日，大雨淋漓……城内东西瓦窑沟山洪汹涌而下，冲向西城……立成泽国（《绥远通志稿》）。

宣统二年（1910年），河套黄河解冻开河，处处卡结冰坝，洪水漫溢，大量牲畜被淹死（《河套灌区水利简史》）。

1927年3月，黄河解冻开河，临河附近凌汛溢岸，水位暴涨决堤，直冲县城（《河套灌区水利简史》）。

1928年，立秋后，大雨五日夜，山洪暴发，黄南决口，大小黑河混为一流，归、托、萨、包、五原、临河等十县悉成泽国，晚禾淹没，田产冲毁无算。归绥南境，黑河河流改道，沿岸数十村庄极目汪洋，田禾荡尽(《绥远通志稿》)。

1931年,包头县属,秋雨连绵……黄河泛溢,东至老凤培堵,西至什拉门沟,长四十里,禾稼完全冲毁(《绥远通志稿》)。

1933年,入夏以来,阴雨连绵,计达四至十余日,黄河泛滥,山洪暴发,情势危急,已达极点,加以陇(甘肃)、宁(宁夏)两省雨水尤大,汇流而东,遂致绥西悉成泽国,所有绥属临河、五原、东胜、萨拉齐、托克托沿河各县一片汪洋,田禾淹没,人民离析(《申报》)。

1943年7月12日,石嘴山黄河洪峰流量9 800 m^3/s,西起石嘴山,东至米仓县的协成渠,淹没5 000多 km^2,淹耕地300万亩,倒塌房屋2 400间,死伤700多人(《巴盟水利档案资料》)。

1945年,春季开河,临河塔儿湾卡结冰坝,县城被淹(《河套灌区水利简史》)。7月29日,黄河涨水,临河县城被淹。河套五临一带,因河水猛涨,永济、丰济、长济三大干渠告决,附近田禾全被没,人畜死伤甚惨(《申报》)。

1946年,黄河出现5 000 m^3/s 的大洪水,沿河几十里,皆为黄泛区(《达拉特旗水利水保志》)。

四、黄河频繁决口改道的原因

黄河前述五次大改道和多次局部改道具有以下特点:从地域上看,由山经河道、禹贡河道到西汉河道、东汉河道再到明清河道,总体上由北(西)向南(东)渐次摆动。其中也有短时和局部的逆向摆动(如北宋河道)。从1855年开始又由南向北逆向轮回。从时间上看,现行河道以北行河时间长,现行河道以南行河时间短。从改道的时间间隔看,越向近代间隔时间越短,摆动越频繁。若以1048年为界,以前的3 000多年中较大的改道有9次,平均约300年改道一次。1048年到1938年近900年中较大的改道就有17次,平均五六十年就改道一次。

黄河决溢改道有自然原因,也有人为因素的影响。黄河流经黄土高原挟带大量泥沙,汉代就有“河水重浊,号为一石水而六斗泥”(《汉书·沟洫志》)之说,此后由于人类活动的影响,黄河中游的水土流失呈不断加剧之势。在中游的峡谷地段由于比降大,沟谷窄深,具有极强的输沙能力。进入下游以后河面开阔,地势平坦,输沙能力大大降低,因而泥沙沉积,河床不断升高。当其升高至一定程度河道就会摆动,循低洼顺畅之处行洪。在新的河道内再重复淤积—升高—摆动的过程,如此周而复始,造就了北起天津、南达江淮纵横20多万 km^2 的华北大平原。华北大平原第四纪的沉积厚度有200~400 m,全新世的1万年中沉积厚度也有数十米之多[8],其中大部分是黄河的泥沙沉积造成的。如此巨量的泥沙,不可能只堆积在一个狭长的河道范围内。因此,河道的摆动是一个不可遏制的过程,这就是黄河改道的自然原因。从基底构造来看,现行河道以北,有巨大的开封坳陷、东濮坳陷、冀中坳陷、渤海坳陷等,要比现行河道以南的周口坳陷、郯庐断陷深广得多,而且还处在不断的下沉之中。黄河受基底构造的控制,其行河的时间北部自然远大于南部。

近3 000多年以来,我国西北地区气候变干、变冷,生态环境发生不利变化,特别是随着人口的增加,人类生活方式由游牧到农耕的转变,生产能力的提高和科学技术的进步,人类活动对黄河决溢改道的影响也越来越大。在中游人们开垦土地发展农业生产,使森林草场不断遭到破坏,水土流失加剧(见图6)。在商周时期。黄河下游的年均来沙量为9.75亿t[9],到20世纪初增加到年均16亿t,下游河道的淤积量也相应增加。在黄河下游,人们为了发展生产,限制洪水淹没范围,堤防也应运而生。战国时期,堤防就达到了一定的规模,秦统一中国后堤防逐渐统一并完善起来。早期由于地广人稀,生产能力较低,大多“宽立堤防”使河道有较大的游荡范围。战国时,两岸堤防间距多在50里以上。随着生产发展,为了开垦更多的耕地,堤防间距越修越窄。河道堆积抬高的速度也越来越快。黄河变成了地上悬河,大洪水时居高临下,决溢改道也由此不绝。在战乱割据时期,统治者更是利用黄河互相攻伐,以邻为壑，以水代兵。无数生灵或死于刀兵，或溺于洪水，惨烈之状，屡见于史书之中。

图6　黄土沟壑水土流失状况

泥沙淤积，河床升高，大水时河道从高处向低处摆动，这是黄河改道的自然原因。它也决定了黄河改道的必然性。黄河的来水来沙情况、人类对黄河的治理和防护、社会和经济状况等也对黄河的决口改道产生影响。这些因素具有一定的随遇性和偶然性。这种黄河自然规律和人类活动影响的组合，必然因素和偶然因素的组合就形成了黄河的全部变迁史。

五、历代主要治河方略

历史上，广大人民在与黄河洪水灾害进行的长期斗争中，积累了丰富的经验，涌现了许多治河防洪的专家名人。他们呕心沥血，殚精竭虑地研究黄河水沙的规律，总结并提出了许多治河主张和方略，为以后治黄留下了宝贵的财富。但由于社会制度和科学技术条件的限制，历史上的防洪方略大多局限于下游。源于上中游的洪水泥沙得不到控制，下游的洪水灾害就不能彻底解决。近代著名的水利先驱李仪祉先生,在总结前人治河经验的基础上,学习运用国外先进的水利科学技术,在20世纪30年代提出黄河上、中、下游全面治理的意见,但当时处于军阀混战的时代,他的意见根本无法采纳。中华人民共和国成立后,开辟了人民治黄的新纪元,黄河治理进入了一个新的阶段。现对历史上的治黄方略作以下简要概述。

(一)避洪与障水

黄河防洪的历史在六七千年以上,其中治河的历史也有四五千年。远古时代,人们靠采集、渔猎生活,多依山傍水而居,为避免洪水危害,往往“择丘陵而处之”。考古发掘资料证实,黄河流域新石器时代的村落,如河南渑池县仰韶文化遗址、陕西西安半坡村文化遗址和临潼县姜寨文化遗址,大都沿河流的二级台地分布,极少有例外的。此时社会生产力极为低下,人们视洪水如同猛兽,择高地以避之,处于躲避洪灾的历史时期。

到了原始农业阶段,社会生产力依然低下,人们艰苦奋斗创下的基业,一旦被洪水破坏,要重建家园是极其艰难的,为了保护人民生命财产的安全,就必须同洪水作斗争。早期治水的代表人物主要有共工、鲧等。相传共工是炎帝(神农氏)的后裔,其部族主要从事农业生产。共工居住的共地,大约在今河南辉县一带(徐旭生《中国古史的传说时代》),南临黄河,北靠太行山,土地肥沃,水源充足,是比较理想的住地。但是,共地正处在孟津以下的开阔河段上,一到洪水季节,河水汹涌泛滥,造成灾害。这就赋予这个氏族以光荣的治水任务。传说共工的治水方法是“壅防百川,堕高堙陂”(《国语·周语下》),可能就是把高处的泥土、石块搬下来,在离河一定距离的低处,修一些简单的土石堤埂来抵挡洪水的侵犯,这或是“水来土挡”概念的由来。共工治水颇有成效,深受群众爱戴。

稍后于共工的治水人物是鲧。传说在帝尧时期,黄河流域经常发生洪水,“汤汤洪水方割,荡荡怀山襄陵,浩浩滔天,下民其咨

(《尚书·尧典》),“洪水横流,泛滥于天下”(《孟子·滕文公上》),就是当时特大洪水不断发生的具体描绘。为了防止洪水泛滥,保护农业生产,相传尧曾召集部落首领会议,征求治水能手来平息洪水灾害,大家都同意由鲧负责主持这项重要的工作。鲧的居地在崇,有人认为在今河南嵩山一带。鲧的治水方法,还是沿用共工的老办法,即“鲧障洪水”(《国语·鲁语上》),“鲧作三仞之城”(《淮南子·原道训》),大概就是用堤埂把居住区和田地保护起来。据《尚书·尧典》记载,鲧治水“九载绩用弗成”。“九”在古代泛指多数的意思,也就是说他治水多年没有成功。鲧障洪水的办法只是一种局部的防洪措施,随着生产的发展、部落的扩大,受灾范围更为广阔,因此再用“障洪水”的老办法就难以奏效了。

(二)疏导与分流

疏导与分流方略是在原始的排水思想基础上产生的。排水思想,至迟在新石器时代晚期已经有了。新石器时代晚期,大体相当于仰韶文化晚期和龙山文化期,人类已走向平原,农业有了一定的发展。为了防备水患,在村落周围和田间都建起了简单的排水工程。1979 年河南淮阳平粮台遗址考古发掘中,发现有陶质的地下排水管道,据测定为 4 300 年前的遗物,其建造年代正是龙山文化晚期。禹的治水时代在公元前 21 世纪,距今 4 100 余年,二者相隔不远。禹的治水思想是排水入海,即“以四海为壑”。用禹的话说,就是“予决九川,距四海,浚畎浍,距之川”,意思是开小沟将田间积水排到江河中去,而后再疏导江河归入大海。禹治水主要的治理措施是“疏九河,瀹济漯而注诸海”,九河和济、漯均为黄河下游的分支,“瀹”是疏通的意思。禹的治水方法是疏导与分流,即“高高下下,疏川导滞”(《国语·周语下》)。也就是说,利用水自高处向低处流的自然趋势,顺地形把壅塞的川流疏通,把洪水引入已疏通的河道、洼地或湖泊,然后“合通四海”(《国语·周语下》)。这样,一个新的治水方法便形成了。有人把疏导法也叫做疏分法。无非是一要除去水流中的障碍,二要增多泄水的去路。

当然,疏导和堙塞也不可能截然分开。在实际运用中,必然是结合在一起的,只是以疏导为主而已。在有些情况下,不先加以围堵,也难以实行有计划的疏泄。禹“陂障九泽”(《国语·周语下》),就是把一部分洪水引入低地拦蓄起来,起着蓄水分洪作用,减轻洪水的威胁。大禹用这种方法平治了水患,“水由地中行”(《孟子·滕文公下》),洪水全部归槽,灾害的威胁消除。“桑土既蚕,是降丘宅土”(《尚书·禹贡》),人们从高地搬回平地,又可以居住和从事农桑生产了。

大禹以“疏川导滞”的方法,降伏了浩浩怀山襄陵的洪水,取得了治河的成功,“诸夏艾安,功施于三代”,因而受到世世代代的尊崇(见图7),对后世的治水也产生了巨大的影响。在相当长的时期内,大禹的治水方法被认为是圣人之道,是符合水流自然规律的治水良方。《孟子·告子》中说:“禹之治水,水之道也,是故禹以四海为壑。”《孟子·离娄》中又说:“禹之行水也,行其所无事也。”此后,如汉代的冯逡主张开挖屯氏河分流,韩牧主张恢复大禹时的九河故道,以及北宋的李垂、韩贽,明代前期的宋镰和后期的杨一魁等,都是崇尚疏导与分流治河方略的。

图7　大禹像

(三)筑堤

大禹治水之后,黄河出现一个较长的安澜时期,人们“降丘宅土”,从高丘移居平地,从事农业生产。春秋时期,随着河道淤积,洪水灾害又开始出现。为了防御洪水侵害,于是堤防也应运而生。

黄河下游在春秋之前也有修筑堤防的事例,但限于生产力的发展水平,修建堤防的规模很小。大规模地筑堤治河,出现在春秋以后。春秋战国期间,黄河下游分属于沿河各诸侯国。由于政治、经济、军事发展的需要,各诸侯国竞相沿河筑堤,防止河水决溢泛滥,给本国造成灾害。《荀子》一书中有“修堤梁,通沟浍,行水潦,安水藏,以时决塞”的记载。《尔雅·释地》中记载有“梁莫大于湨梁”,“坟莫大于河坟”。“梁”和“坟”,同属于堤。“湨梁”,即湨水(今称蟒河)之堤;“河坟”,即黄河堤防。此时已把修筑堤防放在了首位。战国时期魏国的白圭就是一位筑堤治水的专家,据《韩非子·喻老》记载,“白圭之行堤也塞其穴……是以白圭无水患”。因为按照白圭要求修筑的堤防,是坚密无隙的,所以堤不易溃决,河不易泛滥,因而一个时期里没有水害发生。

但春秋战国时代所筑堤防互不统一,甚至以邻为壑,筑堤导河,逼河水危害邻国。正如后来贾让所说,诸侯国筑堤“壅防百川,各以自利。齐与赵、魏以河为竟(境),赵、魏濒山,齐地卑下,作堤去河二十五里,河水东抵齐堤,则西泛赵、魏;赵、魏亦为堤,去河二十五里”,以同样的方法进行防范。这种情况直至秦始皇统一中国后,“决通川防,夷去险阻”,才使黄河下游堤防工程的布局得到调整,由不统一趋向统一。进入西汉以后,随着经济发展,人口繁盛,筑堤治河呈现出一个高度发展时期,已经成为治河防洪的基本方略。在原有的基础上,力避旁决,一旦河水决堤,则竭力设法堵塞,进一步强化了黄河堤防。“濒河十郡治堤,岁费巨万万”,每郡专职从事修守堤防的“河堤吏卒”达数千人,并已修建起了“石堤”,大约和现今的堆石坝垛相类似。与此同时也出现了与水争地的现象,西汉黄河下游的堤防,不像战国时期那样两岸各“去河二十五里”。相反的是,“陋者去水数百步,远者数里”,黄河河床被重重堤防束得非常狭窄,魏郡以下河段,成帝初年已有“独一川兼受数河之任,虽高增堤防,终不能泄”的说法,足见两岸堤距也相当狭窄,排洪能力十分有限。再加上河床淤积抬高,以致“魏郡以东,北多溢决,水迹难以分明”。为此,以贾让为代表的治河者,提出了宽河的思想,他曾说:“大汉方制万里,岂其与水争咫尺之地哉?”贾让建议开辟一条宽广的新河道,“西薄大山,东薄金堤”,以使河水“宽缓而不迫”,但建议未被当局接受。公元11年黄河在魏郡决口改道,数十年未得到治理。直到东汉明帝时才命王景予以修治。王景治河,工程分两部分:一是疏浚汴渠,另一是整治黄河,治河的办法主要是筑堤。永平十二年夏,王景率数十万人,筑堤“自荥阳东至千乘海口千余里”,在修筑千余里长堤的同时,还重新修建了汴渠的分水口门,投资“以百亿计”,经过整整一年的施工,全部工程于次年夏天完成。工程完成之后,“河汴分流,复其旧迹,陶丘(今山东定陶县西南七里)之北,渐就壤坟”,“五土之宜,反其正色”。通过筑堤,黄河和汴渠各自恢复了原来的流道,制止了河决之患,改变了河汴乱流的局面,黄河、汴渠沿岸以及陶丘以北的济水两岸,被河水淹没的土地得以涸出,渐渐恢复了农业生产。王景治河,世有“千年无患”之称,这显然有些夸张。但从现存的史料记载来看,王景治河以后,800余年间确实河患甚少,原因固不止一种,其中修筑堤防的作用乃是极为重要的。自此以后,各朝各代都十分注重修筑和加固堤防,利用筑堤防洪成为治理河患的基本方策,修堤技术也有了改进和发展。明时的堤防已有4种,即遥堤、缕堤、格堤、月堤,作用各有不同,“遥堤约拦水势,取其易守也;而遥堤之内复筑格堤,盖虑决水顺遥而下,亦可成河,故欲其遇格即止也。缕堤拘束河流,取其冲刷也;而缕堤之内复筑月堤,盖恐缕逼河流,难免冲决,故欲其遇月即止也”。埽工种类更多,明时有靠山埽、厢边埽、牛尾埽、龙口埽、鱼鳞埽、土牛埽、截河埽、逼水埽;清代有磨盘埽、月牙埽、鱼鳞埽、雁翅埽、扇面埽、耳子埽、等埽、萝卜埽、接口埽、门帘埽。埽的制作方法,除有卷隔之法外,清乾隆时又创作了兜缆软厢法。堤埽的大发展,无疑促进了筑堤防洪治河方略的日臻完善。

（四）束水攻沙

堤防的产生，是人们同洪水作斗争的历史性进步。从此可以利用堤防，主动地控制洪水，使人们免受洪水的侵袭。然而，堤防也带来了一些新的问题。黄河是一个多沙河流，筑堤防洪，势必导致河床淤积抬高。据《汉书·沟洫志》记载，西汉成哀之际，黎阳附近已出现“河高出民屋”的情况；另据《宋史·河渠志》记载，大中祥符五年（公元1012年）时，下流棣州一带河水甚至高出民屋一丈有余。河床高于两岸平地，对沿岸构成威胁。一旦发生溃决，不仅造成巨大的灾害，堵复决口也十分困难。筑堤的负面影响，引起人们的关注并试图加以解决。最早关注这一问题的是新莽时期的大司马史张戎，他首先提出了利用水流冲刷泥沙的治河设想，明代的万恭、潘季驯等进一步提出了“束水攻沙”的治河方略，用以防治黄河的泥沙淤积。

1. 张戎的自然冲刷说

王莽执政时因河患严重，曾召集数百人讨论治理黄河的对策。张戎的依靠天然河流自行冲刷河床的治河方略就是在这种情况下提出的。张戎指出，“水性就下，行疾则自刮除，成空而稍深。河水重浊，号为一石水而六斗泥。今西方诸郡，以至京师东行，民皆引河、渭山川水溉田。春夏干燥，少水时也，故使河流迟，贮淤而稍浅；雨多水暴至，则溢决。而国家数堤塞之，稍益高于平地，犹筑垣而居水也。可各顺从其性，毋复灌溉，则百川流行，水道自利，无溢决之害矣”。张戎认为，水流本身具有向下侵蚀、冲刷的特性，加大河水的流量，可以增加其冲刷河床的能力而使河床刷深。张戎还注意到，枯水季节河床最易淤积，此时水小流缓，泥沙多数淤淀；而筑堤塞决则会进一步加速河床的淤积抬高。所以他建议，地处上中游地区的西方各郡以及京师以东，不要再引水灌田，以增加下游河道的流量，从而加大河水的挟沙能力，冲刷河床，使河床由浅变深。如此则河道行水顺利，决溢之患自然可以免除。

2. 万恭的束水攻沙

明隆庆末、万历初(公元1571年前后),万恭以兵部左侍郎兼都察院右都御史总理河道,与工部尚书朱衡一道专治徐、邳一段黄河。当时徐州以南至清口一段,“借黄为运”,即以黄河河道作运道。万恭等一开始采用筑堤防决、浚浅通清的方法,然而“上疏则下积,此深则彼淤”,效果甚微。后有虞城县一位读书人献以治河之策,认为“以人治河不若以河治河也。夫河性急,借其性而役其力则可浅可深”。他指出“如欲深北,则南其堤,而北自深;如欲深南,则北其堤,而南自深;如欲深中,则南北堤两束之,冲中坚(间)焉,而中自深。此借其性而役其力也,功当万之于人”。万恭采纳了这位读书人的献策,并在徐州至郊县河段进行试验,结果证明“无弗效者”,都取得了良好的效果。万恭还在此试验的基础上,进一步从道理上分析总结,初步建立了“束水攻沙”治河方策的理论基础。万恭分析,“夫水专则急,分则缓;河急则通,缓则淤”。又说,“今治河者,第幸其合,势急如奔马,吾从而顺其势堤防之,约束之,范我驰驱以入于海,淤安可得停?淤不得停,则河深,河深则永不溢,亦不舍其下而趋其高,河乃不决”。万恭以堤束水,以水攻沙,把堤防的束水作用与水流动力作用结合起来,推动束水攻沙的治河方略向前发展。

3. 潘季驯的束水攻沙方略与实践

万历六年(公元1578年)潘季驯以右都御史兼工部左侍郎总理河漕。这是他第三次出任总河,在治河的方法上也有所改变,积极主张束水攻沙的治河方略。当时治河的重点河段是宿迁以下至海口。潘季驯认为:“上流既旁溃,又歧下流而分之,其趋云梯入海口者,譬犹强弩之末耳。水势益分则力益弱,安能导积沙以注海?”。他主张强化黄河堤防,增筑高家堰,使黄淮两河水不旁决,涓滴悉趋于海,则其力强且专,下流之淤积自去,可收“海不浚而辟,河不挑而深”的效果。经过一年的施工,修筑高家堰堤、归仁堤、柳浦湾堤180里,堵塞崔镇等决口130处,又修筑徐州、睢宁、邳县、宿迁、桃源等县到清口两岸遥堤300余里和徐、沛、丰、砀数县的缕堤140余里,取得了清口畅流,“流连数年河道无大患”的成绩。潘季驯曾著《河防一览》一书,其中对束水攻沙的治河理论多有阐述。如说,“水分则势缓,势缓则沙停,沙停则河饱,尺寸之水皆由沙面,止见其高;水合则势猛,势猛则沙刷,沙刷则河深,寻丈之水皆由河底,止见其卑。筑堤束水,以水攻沙,水不奔溢于两旁,则必直刷乎河底,一定之理,必然之势”。要实行束水攻沙,重要的是在于固堤,“堤固,则水不泛滥而自然归槽;归槽,则水不上溢而自然下刷。沙之所以涤,渠之所以深,河之所以导而入海,皆相因而至”。束水,主要靠缕堤的作用,然而缕堤逼近河滨,束水太急,洪水时易于决堤,故“缕堤束水,必难恃以为安”。须使缕堤与遥堤配合使用,建立缕堤、遥堤双重的堤防体系,才能有好的效果,“遥堤约拦水势,取其易守也”,“缕堤拘束河流,取其冲刷也”。潘季驯在理论上和工程措施上,对束水攻沙的治河方略作出了重要的贡献,使其得到很大发展,并在历史上产生了深远的影响。

4. 清代束水攻沙方略的继承与发展

清代治河,大体奉行明代潘季驯束水攻沙的方法,康熙时即有“元贾鲁之后,深明河务者潘公为最”之说。清代推行并发展“束水攻沙”方略贡献最大的是靳辅、陈潢二人。从康熙十六年至二十七年(公元1677~1688年),靳辅在陈潢的协助下,以“束水攻沙”之策,治理黄河10余年,先后治理了清口至云梯关的河道,修筑了云梯关外的束水堤100余里,堵塞于家岗、武家墩等决口,加培高家堰长堤和河南考城、仪封境内的堤防,一度使黄河下游出现了无重大决口的小康局面。靳辅和陈潢在束水攻沙的理论方面也有许多发展。靳辅曾在《防河事宜疏》中指出,“黄河之水从来裹沙而行,水大则流急而沙随水去,水小则流缓而沙停水漫。沙随水去则河身日深,而百川皆有归,沙停水漫,则河底日高而旁溢无所底止”。又说,“决口既多,则水势分而河流缓,流缓则沙停,沙停则底垫”。陈潢的有关言论多保留在张蔼生所著的《河防述言》

中。在关于分流与合流孰优孰劣方面,陈潢的见解有新的发展。陈潢认为,“拯河患于异涨之际,不可不杀其势,若平时虞其淤塞而致横决之害,必不可不合其流,是合流为常策而分势为偶事也”。同样在束水攻沙与疏河浚淤方面,陈潢的看法也更加全面一些。他认为,“疏浚乌可竟废也。夫堤防束水,固为行所无事,设处不得不疏浚者,又必有因势顺导之法,而不以人意参之,庶不悖神禹之道耳。”意思是筑堤束水固然是主要的,但遇有非疏浚不可的河段,就不能不采取疏浚的方法。关于筑与疏的关系,陈潢说,“于是知筑堤而水自可刷沙,乃以筑为疏,而疏且本于筑也。又当知导流而归方可塞决,乃以疏为筑,而筑又源于疏也”。筑堤束水以刷沙,可起疏导的作用,即“以筑为疏”,也可以说是“疏本于筑”。疏导决河回归故道,便于堵塞决口,有利于固堤束水,便是所谓“以疏为筑”,或者说是“筑源于疏”。在河道淤积与堤防决口的因果关系上,明潘季驯认为“盖上决而后下壅,非下壅而后上决也”,只承认上流决口会导致下流淤积,而不认为下流河道淤积会引起上流河道的旁决。但在陈潢看来,上流决口可以加重下流河道的淤积,而下流河道的严重淤积同样也会促使上流河道的旁决。陈潢认为,“若既决于旁流,则正流必缓,故道渐淤”。然而下流壅塞,欲求上流之不决,也是不可能的。陈潢曾经说过,“如有患在下,而所以致患在上,则当溯其源而塞之,而在下之患方息……又有患在上,而所以致患者在下,则当疏其流以泄之,而在上之患自定”。陈潢对束水攻沙方略的理论多有补充,靳辅当时就曾称赞说,“子之论,真可补潘公未尽之旨矣”。

明清时代,对于“束水攻沙”治河方略的论述,尚处于定性研究阶段,所言效果,多为概念的推测,工程实践的结果并不完全如推测所言。尽管如此,毕竟对黄河水沙的自然性质有了进一步的认识,在人们认识黄河并把握黄河水沙的自然规律的进程中又向前迈进了一步。

（五）蓄洪滞洪

蓄洪与分流，来源于同一个基本思想，即通过分减正河的洪水以减轻大河暴涨时水势对两岸的威胁。不同的是，分流的作用是经常的、持久的，而蓄洪减水的作用是临时的、短暂的。采用蓄洪的方法防止洪水危害的历史甚早，在《尚书·禹贡》中有“大陆既作”、“雷夏既泽”、“大野既猪”、“荥陂既猪”、“导菏泽、被孟猪”、“九泽既猪”等记载。“大陆”、“雷夏”、“大野”、“荥陂”、“孟猪”，都是历史上黄河下游沿岸的湖泊。“猪”，也写为“储”，原本是滞留的意思；“被”，通“陂”。“既作”、“既泽”、“既猪”等，即这些湖泊、沼泽都已修了蓄滞洪水用的堤防工程。或可认为早在大禹治水的年代，人们已开始利用湖泊沼泽蓄滞黄河洪水了。在先秦时期的著作中，有“安水藏”等不少建立蓄洪工程的记载，如《管子·经言》所载“决水潦，通沟渎，修障防，安水藏，使时水虽过度，无害于五谷”；《荀子·王制》所载“修堤梁，通沟浍，行水潦，安水藏，以时决塞”；《周礼》所载“以储蓄水，以防止水，以沟荡水，以遂均水”；等等。另外，在《国语·周语》中还记有“不崇薮，不防川，不窦泽”以及“陂塘污庳，以钟其美”之类的文字。“安水藏”，即是把水蓄存起来。“不崇薮”，是不要把蓄滞洪水的低洼地区填高。“不窦泽”，即不要在不适当的时候决放泽水。“安水藏”，首要的是蓄滞一部分洪水，减少河道泄洪负担，有利于防止洪水泛滥，同时还兼有灌溉和养鱼之利。提出“不窦泽”和“以时决塞”，是为了不因蓄、泄泽水的时机不当而影响防洪。当然，选择蓄、泄泽水的有利时机，还应照顾到灌溉和渔业发展的需要。

在东汉以及隋唐时期黄河由千乘以东入海，沿河两岸有多处天然湖泊，如济水与黄河交汇处的荥泽，原武与中牟之间的圃田泽，今山东西南部的大野泽、菏泽，今济阳县北的秽野薄等。这些湖泊，或直接与黄河相连，或者借分流支河与黄河相通。据《水经·河水注》记载，这些湖泊确实起着分减大河洪水的作用。如描述圃田泽分洪的情形是“河盛则通注，津耗则辍流”；秽野薄的分洪情形是“河盛则委泛，水耗则辍流”；河淇之间白祀陂和同山陂的分洪情形是河水盛涨时，洪水由淇口溢入白祀陂和同山陂，经二陂调蓄之后再经曹魏时所开的白沟故渠下泄，即《水经·河水注》所载的“河、清（即今卫河）水盛，北入故渠自此始矣”。有诸多湖泊分滞洪水，减少了洪水对下游河道的威胁，也减少了河水决堤泛滥的机会。东汉至魏晋南北朝期间黄河少患，与两岸天然湖泊的分洪减水不无关系。早在王莽时长水校尉关并就曾建言，“河决率常于平原、东郡左右，其地形下而土疏恶。闻禹治河时，本空此地，以为水猥，盛则放溢，少稍自索，虽时易处，犹不离此”。又说，“近察秦汉以来，河决曹、卫之域，其南北不过百八十里者，可空此地（见图8），勿以为官亭民室而已”。关并的建议，既有历史经验，又有自己的意见。平原、东郡相当于今豫北、鲁西北和河北大名以东地区，原本地势低洼，尤其是“曹、卫之域”，即今河南濮阳以南至山东西南隅这一斜长地带，自秦至汉，河水常常泛滥于此。若将此地区空出，留作蓄洪区，储蓄洪水，便可免曹、卫以下河段的河决之患。应该说，关并是最早提出人工开辟蓄滞洪区为大河蓄洪减水、治河减灾的人。在此之前的蓄洪区，多为天然湖沼。关并的这一建议虽然未能实现，但在治河中是很有意义的。

由此看来，古人十分重视湖沼洼地的蓄洪减水作用，同时对东汉以后大量湖沼淤塞、消亡而带给黄河下游防洪的不利影响，也有清醒的认识。宋元期间，黄河下游的天然湖泊已消亡殆尽，河水盛涨时，无处分泄，致使决堤泛滥之事加剧。为此，在黄河下游沿岸人工开辟滞洪区蓄洪减水的治河建议又一次得以重提。明弘治年间（公元1489年前后），陆深提出，“今欲治之，非大弃数百里之地不可。先作湖陂，以储漫波，其次则滨河之处，仿江南圩田之法，多为沟渠，足以容水，然后浚其淤沙，由之地中，而后润下之性、必东之势得矣”。陆深的此项建议，主要是建立滞洪区蓄洪减水，同时还兼有整治河道之意。舍弃数百里之地作湖陂以储漫波，是蓄洪滞洪；在滩地修建台田、条渠，引水淤滩，抬高滩面，从而使河槽相

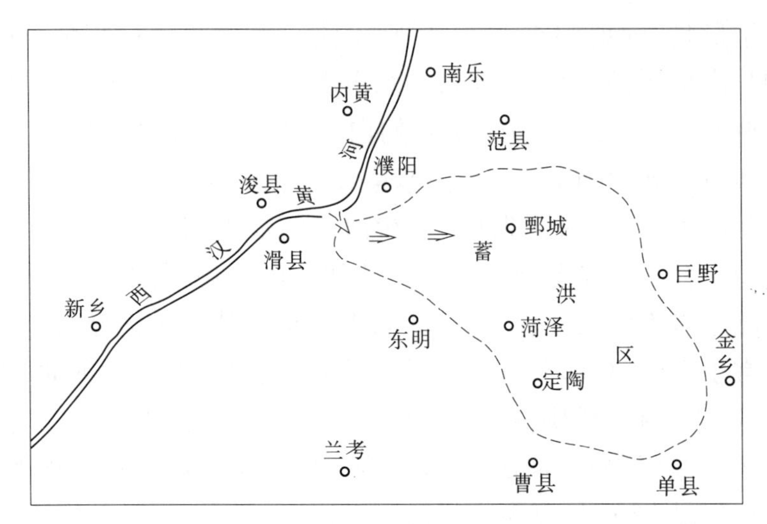

图 8　关并蓄洪减水示意图

应降低，河水便可顺利东流，即属于河道整治。明代潘季驯等虽力主筑堤束水，以水攻沙，但同时也兼用蓄洪减水之策，以解决筑堤束水造成河道泄洪能力不足的问题。潘季驯曾经说过，“黄河水浊，固不可分，然伏秋之间，淫潦相仍，势必暴涨。两岸为堤所固，水不能泄，则奔溃之患，有所不免。今查得古城镇下之崔镇口，桃源之陵城，清河之安娘城，土性坚实……各建滚水石坝一座，比堤稍卑二三尺，阔三十余丈，万一水与堤平，任其从坝滚出，则归漕者常盈而无淤塞之患，出漕者得泄而无他溃之虞”。潘季驯一面坚筑两岸堤防，一面选择崔镇口、陵城、安娘城等地修建滚水坝，以备必要时为大河泄洪减水。另外，在古城镇河段，潘季驯还曾利用落马、侍丘等湖作滞洪区，借以分滞黄河的部分洪水。

清代的靳辅与明代潘季驯的主张完全一样。他认为，“束水莫如堤，然堤有常，水之消长无常也。故堤以束之，又为闸坝涵洞以减之，而后堤可保也”。又说，“今使上流河身至宽至深，而下流河身不敌其半，或更减而半之，势必怀山襄陵而溃决之患生。夫河面窄狭之处，或城镇山冈不可开辟，我则于其上下流相度地形，多建滚水闸坝及涵洞，放入通水之沟渠，以测土方之法移而测水，务使所泄之数适称所溢之数，则其怒平矣。至其下或复宽阔如故，又恐其力弱而流缓，流缓而沙停，则仍引上流所泄之水归之正河，以一其力，如是则虽以洪河之浩瀚，而盈虚消长之权，操之自我，不难择便利而疏导之矣”。靳辅治河时，确曾在沿黄河两岸和运河上下险隘之处，修建了一些泄水闸、坝及涵洞，洪水盛涨时，“务令随地分泄”，取得了很好的防洪效果。

靳辅之后，主张开辟滞洪区分泄黄河洪水的还有张伯行。张伯行在《治河杂论》中提出，“黄河非持久之水也……每年发不过五六次，每次发不过三四日，故五、六月是其一鼓作气之时也，七月则再鼓，而八月则三鼓而且衰矣”。“故万一河势虚骄，锐不可当，我且避其锐气，固守要害……布阵严整，三守四防以待之。而姑以不要害之地委而尝之以分，弱其势，持之稍久，水势渐落，复将所委之堤，随缺而随补之，刻期高厚，勿令后水再由。如此则河之攻我也有限，我之守河也无穷”。这是一方面坚守堤防要害，另一方面利用滞洪区分泄黄河洪水，减弱水势，即所谓避其锐气以取得防洪斗争胜利的办法。

（六）沟洫治理

明代还有人提出沟洫治河的主张，他们认为黄河源远流长，汇纳百川，流域面积十分广阔，夏秋多雨时节，百川汇流，河水暴涨，下游河道不能容纳，是造成黄河泛滥的主要原因。因此，提出在上、中游进行农田治理和建设沟洫等农田水利工程，也可因地制宜，开辟湖濼、陂塘等蓄水工程。在多雨时节将径流拦蓄在沟洫及蓄水工程之中，既能用于灌溉，发展农业生产，又能减少进入干、支流的水量，防范洪水灾害。提出这一主张的代表人物有嘉靖年间总理河道的周用，万历年间水利家徐贞明，明末科学家徐光启等。周用在《理河事宜疏》中指出：“夫以数千里之黄河，挟五、六月之霖潦，建瓴而下，乃仅以河南开封府兰阳县以南之涡河，与直隶徐州、沛县百数十里之间，拘而委之于淮，其不至于横流溃决者，实缴万一之幸也。”也就是说，黄河汇纳百川，水量丰沛，下游泄洪通道有限,必然造成溃决。他提出:“夫天下之水,莫大于河。天下有沟洫,天下皆容水之地,黄河何所不容?天下皆修沟洫,天下皆治水之人,黄河何所不治?水无不治,则荒田何所不垦?一举兴天下之大利,平天下之大患!”徐贞明在其《西北水利议》中也提出了类似的主张。徐光启在《漕河议》中指出:“治田者,用水者也。用水者,必将储水以待乏者也,水用之于田也多,水之储以待用于田也又多,则其入于川者寡矣。”他提出:“欲治田以治河,则于上源水多之处,访古遗迹,度今形势,大者为湖濼,小者为塘泺,奠者为陂,引者为渠,以为储待。而其上下四周,多通沟洫,灌溉田亩,更立斗门闸堰,以时蓄泄,达于川焉。”当时提出这些主张的人,着眼于在上、中游兴修沟洫工程,拦蓄洪水,减少进入下游的水量,达到防洪减灾的目的,但只看到了拦减洪水,还没有看到拦减泥沙的重要性。到了清代,面对年复一年的泥沙淤积,有人把黄河治理的目光投向了上、中游。乾隆年间的御史胡定在上奏“河防事宜十条”中就提出了在中游的沟涧中修坝拦泥,汰沙澄源的建议。他说:“黄河之沙多出自三门以上及山西中条山一带破涧中,请令地方官于涧口筑坝堰,水发沙滞涧中,渐为平壤,可种秋麦。”他认识到黄河下游的泥沙淤积是中游水土流失造成的。主张在中游的黄土丘陵沟壑区打坝拦泥,淤地种麦,既可减少进入黄河的泥沙,又可发展农业生产。虽然在当时还不可能对泥沙来源区有详尽了解,但这种想法是很有见地的。他提出的办法也正是今天进行水土保持的重要措施之一。

以上我们列举了历史上采用的主要治河方略,这些方略都是根据当时当地的实际情况制定和采用的,在历史上都曾取得一定的治理成效,发挥过重要作用。但是,黄河是一条不断变化又十分复杂难治的河流。它的主要问题是水少沙多,泥沙总量超出水流挟带能力,致使河道不断淤积抬高造成的。历史上的治河方略大多着眼于处理洪水,而对泥沙问题注意不够。明代以后虽然采用了束水攻沙的治理方略,但也难以彻底解决泥沙问题。中华人民共和国成立后，经过反复实践提出了一系列新的治理方略，较之历史上的治河方略，具有以下鲜明的特点：

(1)坚持除害兴利，综合利用。西汉晚期以来，黄河下游灾害频繁，成为历朝历代人民群众的沉重负担。人们把它称为中国的“祸害”，能保住洪水时堤防不决口就满足了。新的方略强调要把害河变为利河，利用黄河的水土资源为生产服务，为人民造福，大力开发灌溉、发电等水利事业，为经济社会的全面发展服务。

(2)把全流域作为一个整体进行治理。历史上治理黄河多局限于下游。虽然采取过许多治理方略，黄河的灾害却有增无已。黄河是一个整体，洪水灾害发生在下游，但其根源却在上、中游，单纯治理下游难以达到预期的目的。新的方略按照除害兴利、综合利用的要求，从干流到支流，直到流域内的广大地区，进行统筹规划，全面治理，综合开发利用，这是治河方略的历史性进步。

(3)水沙兼治，更加注重泥沙处理。历史上治河大多着眼于洪水处理，潘季驯等治河者虽然关注到泥沙，但处理手段相对单一，仍难以解决下游河道的淤积问题。黄河下游的灾害虽然表现为洪水灾害，其实质却是泥沙灾害。大量的泥沙淤积不断侵占洪水运行的空间，造成洪水漫溢决堤成灾。新的方略在全河上下采取综合措施拦减和利用泥沙，达到减缓河道淤积的目的。

(4)采用现代技术手段探索黄河的自然规律。历史上对黄河自然规律的认识大多基于定性观察和经验积累。新中国成立后开展了大规模的水文、气象、河道、地质的观测研究工作，收集了大量的基础数据，使我们对黄河的认识由定性观察进入定量分析，建立在更加科学可靠的基础之上。特别是现代水力学、泥沙运动力学为我们制定和完善治河方略奠定了理论基础。这些都是历史上任何时期都无法相比的。

随着实践的发展和研究的深入，人们的认识也在不断地深化着。科学和历史告诉我们，数千年来黄河演变与治理的历史，是一部水沙关系由相对平衡到不平衡的演化史；是上、中游侵蚀，下游堆积,移山不止,填海不息的运动史;是人们开发利用黄河,力图控制黄河,而黄河又依照自然规律不断寻求洪水出路与容沙空间的历史。这个历史现在还没有完结。如何利用黄河的水土资源为经济社会的发展服务,同时又顺应自然规律给黄河洪水寻求出路,特别是为黄河泥沙寻求堆放的空间,将是一代代治河人必须面对的一个长远的课题。

参 考 文 献

[1] 黄河水利委员会黄河志总编辑室. 黄河防洪志[M]. 郑州:河南人民出版社,1991.

[2] 黄河水利委员会黄河志总编辑室. 黄河规划志[M]. 郑州:河南人民出版社,1991.

[3] 黄河水利委员会. 黄河水利史述要[M]. 北京:水利电力出版社,1984.

[4] 岑仲勉. 黄河变迁史[M]. 北京:人民出版社,1957.

[5] 徐福龄. 河防笔谈[M]. 郑州:河南人民出版社,1993.

[6] 张文德. 黄河历代水患与治理集粹[M]. 高雄:友鸿居,1996.

[7] 郑肇经. 中国水利史[M]. 台北:台湾商务印书馆,1986.

[8] 鲁枢元,陈先德. 黄河史[M]. 郑州:河南人民出版社,2001.

[9] 叶青超. 黄河流域环境演变与水沙运行规律研究[M]. 济南:山东科技出版社,1994.

对沁河下游防洪治理问题的几点认识

二〇〇九年三月

一、沁河的基本情况

沁河是黄河的重要支流之一,发源于山西省沁源县,穿越太行山区由河南省济源市五龙口进入下游平原,于河南省武陟县注入黄河,河道长485.5 km,流域面积13 532 km^2,干流比降较大,平均为3.8‰。其下游河道经过济源、沁阳、温县、博爱、武陟5市(县),河道长90 km,平均比降为0.5‰。比降虽比上中游减小,但仍大于入黄处黄河的比降。沁河最大的支流丹河在下游的博爱县留村汇入。丹河河道长169 km,流域面积3 152 km^2,占沁河流域总面积的23%。

沁河流域气候温和、四季分明,降水量总体不大,但年内和年际分配不均,时有暴雨洪水产生。多年平均降水量为617 mm,年平均气温8~14.4 ℃,暴雨洪水集中在7月、8月,有峰高时短、来猛去速、含沙量小、预见期短的特点。洪水来源以五龙口以上来水为主。小董站多年平均径流量10.48亿m^3,最大31亿m^3(1956年),最小0.87亿m^3(1986年)。流量丰枯变化很大,有观测记录以来最大流量为4 130 m^3/s(1982年),最小时为零,即使在汛期也发生过断流现象。多年平均输沙量689万t,最大3 130万t(1954年),最小1.78万t,多年平均含沙量6.6 kg/m^3。沁河下游上段河道冲淤变化不大,小董站以下因受黄河顶托,总体上处于淤积状态。

沁河下游处于黄河与沁河冲积扇的交汇处,二者的冲积物相互交织，地质状况十分复杂。堤基常有“格子底”或强透水层，给堤防抢护带来困难。两岸堤防间距较狭窄，一般为800～1 200 m。河道易游荡摆动，大洪水时常出现横河、斜河等严重险情。沁河历史上决溢频繁，据史料记载，从曹魏景初元年(公元237年)到1948年的1 700多年间，决溢达293次，给沿河人民带来沉重的灾难。因受黄河顶托影响，丹河口以下为地上河，一旦决溢后果十分严重。特别是左堤老龙湾至沁河口一段历史上多次发生黄沁并溢灾害，其后果与黄河决口相同。根据20世纪90年代统计，最大淹没范围可达3.3万km^2，受灾人口1 800多万人。

二、沁河下游防洪治理现状及存在的主要问题

新中国成立以来，国家对沁河治理十分重视，1949年堵复了大樊决口，之后投入大量的人力、财力，对沁河进行了较大规模的治理。先后3次加高培厚堤防，对险工进行加高改建并新建、续建了部分工程。1998年以来又进行了堤防加固建设，加宽堤防、放淤固堤，使工程抗洪能力继续提高。新中国成立以来沿河党政军民共同努力，团结抗洪，先后战胜了1954年、1982年等多次大洪水，取得了50多年防洪安澜的巨大成绩。但由于各方面的原因，沁河防洪仍然存在一些有待解决的问题。除部分防洪工程尚未达到规划的建设标准外，较突出的有河道整治和特大洪水的应急处理问题。

三、对解决上述突出问题的认识

(一)沁河下游的河道整治问题

沁河从济源市五龙口进入下游，河道长90 km。两岸依靠堤防约束。其中，左岸丹河口以上堤防不完整，济源段无堤防，沁阳段留有龙泉、阳华两个缺口，太行山南麓的山洪通过安全河、逍遥河由此汇入，当五龙口流量大于2 500 m^3/s时，沁河水也由此漫溢进入沁北自然溢洪区。沁河下游堤防总长度162 km，两岸堤距一

般为800~1 200 m。根据河道特点大体可分为三段:五龙口至丹河口河段河长32 km。此段河势散乱,摆动频繁,河道未得到有效控制,需要有计划地加以治理。丹河口至石荆河段河长34 km。此段河道不仅和上段一样游荡不定,而且受丹河汇入影响,河势变化更加复杂。由于沁河、丹河汇流比例不同,会形成各种不同的出流方向,从而引起下游河势的不同变化。有时险工靠溜部位上提、下挫,有时平工靠溜,造成严重险情。这段河道又是“地上悬河”,一旦决口影响范围大,灾害严重,因此是河道整治最为迫切的河段。石荆至入黄口河段河长24 km。此段受黄河顶托影响,比降较上段平缓,河道总体上呈淤积状态。河势亦有游荡变化,但与上两段相比较为稳定。需视发展变化的情况,予以及时治理。

沁河河道整治之所以进展迟缓,对整治方法的认识不同是其原因之一。与黄河相比,沁河的影响较小,针对沁河的专门研究较少,一般习惯于用治理黄河的方法治理沁河。过去曾多次按黄河河道整治方法研究过沁河的整治方案(整治治导线),终因情况特殊而难以实施。沁河堤防间距狭窄,像黄河那样的弯道整治难以布置。控导工程不向河道中心深入不能控制河势,向中心深入又会影响河道的排洪能力。沁河与黄河既有相同之处,也有不同特点,不能照搬黄河的方法来整治沁河河道。

沁河下游与黄河下游有相似之处,如:两者都是地上悬河,都有严重的洪水威胁,历史上灾害频繁;两者都是冲积河床,土质疏松,河槽易发生游荡摆动等。但两者也有明显的不同之处,主要的不同有:

(1)来水来沙条件不同。黄河下游水少沙多、水沙关系不平衡,含沙量总体上超出水流的挟带能力,河道呈不断淤积抬升的趋势;沁河下游水沙关系基本平衡,年平均含沙量仅为6.6 kg/m³,总的来看不超出水流的挟带能力,只在河口附近有一定淤积。

(2)河道淤积形态不同。黄河下游河道淤积是水流挟沙能力不足造成的,以河道沿程淤积为主,只有在入海口地区溯源淤积才起主导作用;沁河下游的淤积是黄河顶托造成的,一般只发生在入黄的河口河段。

(3)河势变化的动因不完全相同。黄河的河势变化,一是因为行洪河槽淤积抬高使水流向低处滚动,二是因为弯道自身发展;沁河下游河道一般不存在因河槽淤高而发生的滚河问题,河势变化的原因一是河道自身弯曲发展,二是丹河汇入的影响,丹河汇入沁河时二者水量比例的不同会造成不同的河势变化。

(4)堤防间距及滩区情况不同。黄河承担沉沙功能,堤防间距大,滩区十分宽广,有布置控导、护滩工程的充分余地;沁河滩区无须承担沉沙任务,堤防间距狭窄,难以按弯道整治的办法布置工程。

从以上沁河与黄河的不同特点来看,沁河的河道整治显然不适宜采取弯道整治的方法。可供选择的方法一是当河势变化靠近堤防时,临堤修建险工;二是采取双岸整治的办法稳定中水河槽。目前基本上采用的是第一种方法,虽然可以应付防汛,但洪水时险情突发性强,而且发展十分迅速,常使抢险工作处于十分被动的状态。如遇重大河势变化很难保证堤防安全。对沁河来讲,实行双岸整治稳定中水河槽是一个较为可行的方法。可按照规划的主河槽流路和中水时的排洪河宽,在河道两岸修建对口丁坝,丁坝形式可采用插板桩、灌注桩、混凝土连续墙等,为了不影响大水时河道排洪和平时的滩区生产,丁坝的顶部高程可略低于当地滩面。采取这种方法一是可保证各级洪水主河槽的稳定;二是不影响大洪水时的排洪断面;三是不影响滩区的正常开发利用。因此,该方法是一个较为妥善的整治方法。

(二)特大洪水应急处理问题

沁河洪水系由暴雨形成,具有峰高时短、来猛去速的特点,历史上时常造成严重的洪涝灾害。特别是下游地处平原,依靠堤防束范洪水,决溢灾害更为频繁。根据洪水调查资料推算,明成化十八年(1482 年)山西省阳城县九女台洪水流量高达 14 000 m^3/s。

根据洪水分析计算结果，武陟水文站100年一遇洪水流量为7 110 m^3/s，300年一遇洪水流量为9 750 m^3/s。目前沁河下游堤防是按照防御武陟水文站洪水流量4 000 m^3/s的标准修建的。很显然这些堤防面临超标准洪水的威胁。河口村水库修建以后，沁河下游的防御标准将有较大的提高，但仍然存在发生超标准洪水的可能。对此当地政府和人民群众十分关心。虽然不能无限制地提高防洪标准，但对超标准洪水做到"有措施、有对策"则是防汛工作的基本要求。对可能发生的超标准洪水应制定应急处理措施，最大限度地缩小灾害损失。处理超标准洪水一般可遵循以下途径：一是依靠上中游水库调蓄；二是开辟分滞洪区；三是开辟分洪河道。鉴于在防洪计算中已经考虑了现有水库和分滞洪区的调蓄作用，应急处理措施须考虑开辟新的滞洪区或分洪河道的可能性。

有关方面曾提出利用"沁南滞洪区"处理沁河超标准洪水的建议。这个建议有其历史依据。新中国成立初期黄河上中游尚无控制性枢纽工程，为了处理黄河的超标准洪水，1951年经政务院批准曾经设立"沁黄滞洪区"（即沁南滞洪区）。该滞洪区位于武陟县黄、沁河交汇的夹角地带，南为黄河大堤，东、北方向是沁河堤防。滞洪运用时在沁河五车口堤段破堤分洪。规划滞洪面积约150 km^2，滞蓄水量5.2亿m^3，它的主要作用是处理黄河的超标准洪水，以及在出现"黄、沁并溢"时确保沁河北堤安全。随着三门峡水库等的兴建和沁河北堤的加固，该滞洪区已从滞洪区名录中去除。如利用这里处理沁河的超标准洪水还存在以下几个问题：一是沁河南堤的分洪口门以上还有数十千米的堤防，分洪前就可能在这里决口漫溢；二是如果提高南岸口门以上的堤防标准，又会增加沁河北堤的防洪压力，甚至危及北堤安全，造成更大损失；三是该地区人口密集，经济发展较快，一旦运用损失较为严重；四是该滞洪区已处于沁河最下游，对减轻灾害已无太大的意义。鉴于上述原因，处理沁河超标准洪水宜采取开辟分洪河道的方案。从历史情况看，超标准洪水的水量主要来自沁河五龙口以上，分洪河道应设在五龙口下游附近。从河道、地形等自然状况看,可在沁河南岸伏背至王曲堤段的适当位置开辟分洪口门,利用荣涝河或护城河等天然河道,在两岸修筑堤防,经由蟒河进入黄河。采取这种方案,一是可以削减洪水,保证其下游堤防安全;二是可以避免使用分滞洪区造成的损失;三是可以在平时作为灌溉或排涝渠道,实现除害和兴利相结合。因此,这是一个较为合理的处置措施。

"水性行曲"与河道整治

二〇一〇年八月

一、"水性行曲"质疑

"水性行曲"在河道整治中是一种较流行的见解。也就是说,水流的运动轨迹总是走曲线而不走直线。自然界的河流都是弯曲的常常作为这种观点的例证。由此推论:弯曲的河道符合水流的自然特性,因而也是稳定的;河道整治应当因势利导顺应水流的弯曲特性等。笔者对此颇有疑惑,不敢苟同。按照理论力学的一般原理,物体的运动轨迹并不取决于自身特性,而决定于它所受的外力。当物体不受外力或所受外力处于平衡状态时,将保持静止或匀速直线运动状态。在受外力作用时则沿着外力的方向运动,外力(合力)的方向发生变化时,运动的方向也随之改变。水流"行曲"、"行直"并不取决于自身特性,而是外力作用的结果。水滴在只有重力作用时,就会直线降落,而决不会"行曲"的。

那么,水流又有哪些自身特性,这些特性对其运动轨迹又会产生怎样的影响呢?笔者认为水流的特性之一是流动性。液体的分子之间引力很小,相互牵制的力量很弱,极易发生相对运动。因此,它的边界不能保持固定的几何形状,在没有外部边界阻挡的方向上,势能将转变为动能而发生流动。由于这种特性的影响,外部边界的细微变化都会影响一部分水体,使其运动方向发生改变。因此,水流的运动轨迹又是容易弯曲的。水流的另一个特性是可塑性。水流不能保持固定的几何形状,其边界随着外部边界的改变而改变。只要外部边界足够坚固,水体就会保持与其相吻合的状态。因此,水流的外部边界是可以通过工程手段加以塑造的。

弯曲的河道是否就是稳定的河道呢?在松软介质的河床内,河流边界的细微变化或者地球“科氏力”的作用都会引起河道的弯曲。而弯道一旦形成,在离心力和弯道环流的作用下又会使凹岸冲刷、凸岸沉积,使弯曲不断发展,弯曲系数加大、比降减小,水流的势能也逐步消耗,在适宜条件下水流将自行裁弯取直。河道的自然变化是一个由直而曲,又由曲变直,循环往复的过程。其不会在某一环节上停止下来。停止只是相对的、暂时的、有条件的,而运动变化则是绝对的、长久的、无条件的。由此可见,在松软河床条件下,直河道是不稳定的,弯曲河道同样是不稳定的。只有强化河道边界,才能使其在某一状态下稳定下来。弯曲河道只有靠工程护弯才能保持稳定,直河段通过强化边界也可以保持稳定。在峡谷地带常有相当长的直河道就是一个明显的例证。因此,在整治河道时应根据河段的实际情况顺势而为,宜直则直、宜曲则曲,不一定非要整治成弯曲河道,更无须将本来稳定的直河道强行扭转为弯曲河道。

二、黄河下游河道整治的概况

(一)河道整治的沿革

由于泥沙沉积,黄河下游河道成为典型的游荡性河道。频繁的河道摆动常常使堤防和其他防护目标受到严重威胁。为了消除这些威胁,人们力图用兴修工程的办法来控制河道的摆动变化,这即是河道整治的动因。黄河下游的河道整治有着悠久的历史,最早的河道整治工程可以追溯到战国时期。诸侯国之间为了保护自己,争相修筑工程,“壅防百川,各以自利”(《汉书·河渠志》)。到了汉代河道的整治已有控制河道摆动、保护堤防安全的作用。据《汉书》记载,西汉中晚期黄河“从河内北至黎阳为石堤,激使东抵东郡平刚;又为石堤,使西北抵黎阳观下;又为石堤,使东北抵东郡津北;又为石堤,使西北抵魏郡昭阳;又为石堤,激使东北”。这和今天的控导工程已有相似之处。东汉永初年间在荥口石门还修筑了八激堤,“积石八所,皆如小山,以捍冲波”,工程规模也相当宏大。宋代埽工技术有了很大的发展,广泛用于河道险要部位的堤岸防护。公元1048年商胡北决之前两岸就有埽工45处,商胡北决之后又在新河道修建埽工59处。它的作用和当今的险工控导工程相近。明代以后更是广泛修筑缕堤,一则束水攻沙减少河道淤积,二则控制主河道变化保护遥堤安全。20世纪初以来中外的一些水利专家提出整治河道稳定中水河槽的主张,但由于客观环境的限制均未付诸实践。

(二)新中国成立以来的河道整治

新中国成立后河道整治工作相继展开,在泥沙运动理论不断进步和大规模工作实践的基础上,黄河下游的河道整治工作取得巨大进展,进入了一个新的历史时期。下游的河道整治是从山东河段开始的。初期的整治目标是“防洪为主,护滩、定险(工)、固定中水河槽”。工程结构是透水柳坝或柳石堆,主要目的是控制由于溜势变化而造成的险工着溜位置的大幅度移动。经过试点后逐步开展。截至1958年11月,陶城铺以下共修建护滩工程54处,各种坝垛819道。泺口以下险工及护滩工程长度占到河道长度的60%,对控制河势起到很好的作用。该河段的河道整治实践为整个下游的河道整治积累了经验。1960年三门峡水库建成运用以后清水下泄,河岸坍塌,河势发生剧烈变化,整治河道、控制河势变化已成为保证防洪安全的重要任务之一。按照“以防洪为主,兼顾引黄淤灌、滩区群众生产及安全”的原则和“控导主溜,护滩保堤”的方针,河南、山东两省河务局分别编制了河道整治规划。1972年《黄河下游河道整治规划》初步确定。按照上述规划的原则,多年来除完善、调整新修险工外,还修建了大量的控导护滩工程。陶城铺以下河道基本得到控制;高村至陶城铺河段工程布设基本完成;高村以上游荡性河段也在积极推进。截至2009年底,共修建险工、控导护滩工程377处,坝、垛、护岸工程10 243道

（个），工程总长度达 790.7 km，大大缩小了河道游荡的范围，对稳定河势、保证防洪安全发挥了重要作用。

黄河下游的河道整治是按照弯道整治的思路进行的，即“以坝护弯，以弯导流，弯弯相接，控导主溜”。但不同量级的洪水相应于不同的弯道参数。当洪水量级变化过大时，固定的设计弯道难以适应不同量级洪水的要求。近年来随着水资源的开发利用和干支流枢纽工程的兴建，黄河下游的来水来沙过程发生了重大变化。大洪水出现机遇减少，小水过程明显增加，河道整治工程也遇到了新的情况和问题：在长时间小水过程的作用下有的“工程靠溜部位上提现象明显，部分工程上首塌滩严重，有的已超出工程控制范围，工程有被抄后路的危险。同时小水的不断作用还易形成畸形河湾，造成部分工程脱河或半脱河，老田庵、武庄等工程靠溜长度短，不能有效控导主流”（《黄河下游游荡性河段河道整治方案研究报告》）。上述现象不仅出现在工程不配套的河段，在一些工程配套完善的模范河段（如马庄至双井河段等）也有类似现象发生。出现以上现象的重要原因是原工程设计流量偏大。近年来设计流量虽然由 5 000 m^3/s 调整为 4 000 m^3/s，仍难以适应来水情况的变化。

三、对黄河下游河道整治的几点认识

（一）关于河道整治的目标

黄河下游许多河段是游荡性河段，河道频繁摆动给防洪安全、滩区稳定、水资源利用带来诸多威胁和困扰。人们由此产生了整治河道的需求。从这个角度出发把河道控制得越严密、越稳定越好。但是严密的控制往往会缩小泥沙淤积的范围，加速“二级悬河”的生成和发展。我们需要在防止河道大幅度摆动和尽可能扩大容沙空间之间求得适当的平衡。为此河道整治的目标宜确定为：①缩小游荡范围，维持河道、滩区的相对稳定；②控导主溜，防止横河、斜河等畸形河势的发生；③保持重点部位（如险工、取水口、窗口河段等)的河势稳定。如果设想把河道完全控制,“处处设防、处处靠河”,不但实际上难以做到,也并不是最佳的选择。

(二)关于提高河道整治工程的适应性

如前所述,由于近年来黄河下游来水来沙情况的变化,河道整治工程的适应性问题被提上了议事日程。对此专家们有着不同的认识:

有些专家认为,现有的河道整治方案基本上可以适应来水来沙情况的变化。当前有些河段河势紊乱是河道整治工程不配套、不完善造成的。按照既定的整治方案完成布点、完善工程并适当调整弯道整治的相关参数,河道是可以控制的。但笔者认为目前河道失控的现象不仅发生在工程不配套的河段,在一些工程完善的模范河段也有程度不同的表现。现有方案能否适应不同量级的洪水还有待实践的验证。

有的专家认为,解决河道工程适应性问题应进行双岸整治。用对口丁坝将主河槽整治为窄深顺直的河道,不但可以解决工程脱河问题,而且使河槽具有较大的排洪输沙能力,从而减少以至消除河道淤积,使下游河道保持长期稳定。这种整治方法在阿姆河等国外河流上曾经使用,在国内一些清水河流的航道整治中也有过成功的实践。针对黄河的实际情况,黄河水利科学研究院也曾做过河道模型试验。试验显示采用对口丁坝双岸整治对稳定主河槽确有明显效果。但在全下游整体实施这一方案也存在以下问题:一是窄深河槽并不能完全解决河道淤积问题。小水大沙时,河道淤积难以完全避免。即使能够输沙入海,由于河口延伸、侵蚀基准面抬高,河道的淤积抬高也是不可避免的。渭河、北洛河等相对窄深的河道也在不断地淤积抬高就是一个明显的例证。二是对口丁坝切断了滩区水沙交换的通道,影响滩区容纳泥沙的功能。三是目前按照弯道整治方案,河道整治工程已大部完成,新老方案的衔接存在较大困难。

也有专家认为,当前的河道整治工程对中常洪水的控制作用还是比较好的,主要问题是对小水河道的控制作用较差。因此,有的专家主张,以现有工程为基础,再整治出一个设计流量800 m^3/s 左右的枯水河槽。为防止新修工程对行洪的影响,整治工程以潜坝形式为主。这种主张虽有一定道理,但工程布设将十分困难。这些工程基本都在治导线以内,有些甚至难以避开主流区。即使采用潜坝形式,在发生中常以上洪水时对河势和河道冲淤也会产生很大的影响。

(三)关于完善河道整治工程的设想

黄河下游的河道整治已经进行多年并且取得了显著的成绩。今后的整治工作应当立足现实,充分发挥现有整治工程的作用,在此基础上加以改进和完善,以期取得新的成果。笔者认为应当合理确定整治目标,采取现有整治工程和节点工程建设相结合的方法开展今后的河道整治工作。

关于"节点"在河道整治中常常提及,但由于缺乏严格的定义,专家们常有不同的理解。笔者所指"节点"是在游荡性河道中,由于自然或人工边界的约束,在不同量级来水情况下河道均能保持基本稳定的点。这些节点大多是由于河道两岸都受到约束而形成的。黄河上天然的节点如河口镇、潼关、艾山等。人工的节点如郑州老黄河铁桥等。在游荡性河道中,这些节点对河道的稳定起着至关重要的作用。

单纯采用弯道整治的方法,以坝护弯、以弯导溜、弯弯相接,当一个弯道的流势发生变化时,就会逐弯向下传导,即"一弯变,弯弯变"。这种变化是造成工程靠溜部位上提下挫甚至脱河的重要原因。如果每隔一段距离修建一处两岸约束的节点工程,通过节点的整理使其出流方向保持基本稳定,就能有效防止弯道变化的连锁反应,使河势得到较好的控制。为了防止对排洪的影响,有些工程可以采用潜坝,以不影响有效排洪河宽为度。节点工程的平面布置可借鉴某些天然节点,采用上宽下窄的喇叭口形式以便接纳不同方向的来溜。

采用现有整治工程和节点工程建设相结合的方法，一是可以充分发挥现有整治工程的作用，较好地控制河道游荡的范围；二是通过节点的约束减小河势上提下挫甚至脱河的概率；三是可以保持重点部位的河势稳定。这样在洪水接近设计流量时，河道工程可以较好地控导河势，小水时虽然控制能力较差，但不会出现大的问题。即便局部出现畸形河势，也可采取临时措施进行防范和纠正。河南黄河河务局开发的“可移动桩坝技术”可以有效防止畸形河势的发展，在河势得到纠正后，还可很方便地将桩坝拔除，适宜在下游河道整治中推广应用。在合适的情况下，也可用裁弯取直等方法，对畸形河势加以纠正。

综　合　篇

ZONG HE PIAN

让黄河更好地造福于河南*

一九九五年八月

古老的黄河像一条巨龙在神州大地上奔腾不息，她孕育了我国光辉灿烂的古代文化，促进了中华民族的发展和繁荣。然而，由于它的桀骜不驯，也给两岸人民带来过沉重的灾难。1946 年，在中国人民解放战争的硝烟中开始的人民治黄事业，揭开了黄河历史上新的一页。近 50 年来，黄河不仅岁岁安澜，结束了"三年两决口"的历史，而且在水利水电资源开发利用和对其客观规律性认识方面，也取得了重大进展。被称为"中国之忧患"的黄河已发生了由害为利的历史性巨变，黄河治理取得了举世瞩目的辉煌成就。在此期间，河南黄河的治理与开发作为人民治黄的一个重要组成部分，同样写下了光辉灿烂的篇章。

黄河自陕西潼关进入河南，流经三门峡、洛阳、郑州、开封、焦作、新乡、濮阳 7 市 25 县(区)，河道长 711 km，其中设防河段 444 km，堤防总长 810 km。两堤之间河道宽度一般 5 ~ 9 km，最宽达 20 km。河槽高悬，一般高出背河地面 3 ~ 5 m，局部达 10 m 以上。河南黄河处于黄河中游的下段和下游的上段，由于地理位置、水文特点及河道形态等多方面的原因，自古以来，黄河对河南的社会安定和经济发展有着十分重要的影响。

历史上，河南人民为了生存，世世代代就同黄河洪水灾害作斗争，涌现出了不少治河专家，提出过不少治河主张，但由于社会制度和科学技术水平的局限，都未能从根本上改变黄河为患的历史。

---

* 本文收入中共中央党校出版社出版的《中国农业现代化之路》一书。

据史料统计,在人民治黄以前的2 500 多年间,黄河下游决口1 500余次,其中2/3 发生在河南,大的改道26 次,有20 次是由于在河南决口造成的,灾害十分严重,决溢范围北抵津沽,南达江淮,纵横25 万 km^2,殃及冀、鲁、豫、苏、皖、津5 省1 市。"沙荒千里,饿殍遍野"就是黄河决溢泛滥后人民群众悲惨生活的真实写照。1938 年6 月,国民党军队悍然扒开花园口黄河大堤,制造了一次历史上罕见的人间浩劫,给河南造成的灾害,至今人们记忆犹新。

新中国成立后,黄河获得了新生。随着人民治黄新时代的开始,党和政府把根治黄河水害、开发黄河水利作为一件大事来抓。郑州花园口、开封柳园口、兰考东坝头无不留下毛泽东、周恩来、邓小平等老一辈无产阶级革命家和江泽民、李鹏等党和国家领导人的足迹。1952 年,毛泽东主席第一次离京出巡就亲临河南黄河视察,发出了"要把黄河的事情办好"的伟大号召。几十年来,河南治黄事业在党中央、国务院和省委、省政府的领导及社会各界的关怀下,坚持"除害兴利"的方针,进行了大规模的工程建设,在防洪治理和水利水电资源开发利用等方面取得了巨大成就。

旧中国遗留下来的黄河堤防,连年失修,千疮百孔。新中国成立后,河南黄河堤防开始了规模浩大的培修加固工程。历经24 年进行了3 次大规模的复堤工程,完成土方3. 1 亿 m^3;开展除险加固,新建改造险工坝岸,用石227 万 m^3;还实施了放淤固堤和堤防绿化,增强了堤防的抗洪能力。同时针对河南黄河河道宽阔、水流散乱、主流频繁摆动,易发生横河、斜河的情况进行了河道整治,修建了控导工程70 余处,坝垛1 700 余座,缩小了河势游荡范围,对护滩保堤,引黄供水发展农业生产起到了积极作用。为了防御大洪水和超标准洪水,在濮阳一带开辟北金堤滞洪区,在滩区滞洪区进行了安全建设,修建了7 000 多个避水台及大量道路、桥梁和一座分洪流量达10 000 m^3/s 的渠村分洪闸。这些防洪工程与三门峡水库以及支流上的伊河陆浑水库、洛河故县水库相配套,初步形成了"上拦下排、两岸分滞"的防洪工程体系。如今的黄河堤防,已成为保护黄淮海平原的水上长城,御守着25万km^2范围内人民生命财产的安全。

如今的黄河下游两岸,城镇村庄密集,交通、通信网络密布,已成为我国重要的工农业生产基地,一旦遭受黄河洪水灾害,将牵动我国现代化建设、国民经济发展和社会稳定的大局。根据历史决溢记载和现在的自然条件分析,黄河若在河南决口,将可能造成12万km^2的土地淹没,8 000多万人口受灾,还将冲断铁路和公路干线,冲毁工厂、城镇、油田、桥梁和房屋,水沙并进,良田沙化,河渠淤塞,必然打乱黄淮海平原的建设进程,其后果不堪设想。因此,河南各级政府几十年来,坚持一手抓"工防",一手抓"人防",始终把黄河防汛作为一件大事来抓,认真贯彻"安全第一,以防为主,防重于抢,常备不懈"的方针。年年讲,岁岁防,以防洪工程为依托,实行百万军民大联防,进行防汛工作正规化、规范化建设,大大提高了抗御洪水的能力。新中国成立前,河南黄河大堤从未安全通过1万m^3/s的洪水。新中国成立后先后战胜1万m^3/s以上的洪水12次,特别是战胜了1958年2.23万m^3/s的大洪水和1982年1.53万m^3/s高水位的较大洪水。累计抢险18 700余次,抢险用石270余万m^3,投入劳动工日1 081万个,使放荡不羁的黄河洪水始终未能超越雷池一步,保证了黄河岁岁安澜,为黄淮海大平原工农业生产和社会主义现代化建设的顺利进行提供了安定的社会环境,取得了巨大的防洪减灾效益。

黄河蕴涵着丰富的水利资源,在旧中国大部分地处黄河下游的河南,却只能看着滚滚的河水东流去,忍受着旱灾的折磨,人们利用河水浇灌农田的梦想一次又一次地被黄河的恣意泛滥所淹没。新中国成立后,这一梦想终于成为现实。遵照"除害兴利"的方针,1952年,在新乡建成了黄河下游第一个引黄灌溉工程——人民胜利渠,从此,揭开了黄河下游开发利用黄河水资源造福人民的新篇章。现在河南黄河两岸已建成引黄涵闸32座,虹吸5座,设计引水能力1 800m^3/s,形成灌区27个,年平均引水28亿m^3,

实际灌溉抗旱面积1 230万亩,使沿黄地区的农业生产取得稳步发展,粮食产量逐年增长。人民胜利渠灌区,在开灌前的1951年粮食亩产只有89 kg,而今已达到600 kg以上;开封柳园口灌区粮食总产比过去增长了8倍。到1995年底,河南共引用黄河水1 235亿 m^3,累计灌溉农田2.5亿亩。同时,利用黄河泥沙多的特点,放淤改良土地172万亩、稻改120万亩。历史上黄河决口泛滥遗留下来的大片盐碱、沙荒、沼泽等不毛之地,已改造成为稻麦两熟的高产农业区,粮食亩产超过700 kg。

黄河滩区属行洪河道,在河南共有1 114个自然村,居住人口近百万人,由于自然条件的限制,农业生产长期处于小水淹、大水绝、无水干旱也难收的状况,群众生活非常困难,是河南最贫困的地区之一。人民治黄以来,党和国家对黄河滩区人民群众的生产、生活十分关心,进行防洪安全建设,修建避水台,并结合生产修建撤迁道路、桥梁,人民群众有了比较安全的生产生活环境。1988年国家又动用土地开发基金,开展大规模的灌溉排涝水利设施建设,增加了灌溉面积,改善了灌溉条件,人均粮食已由过去的94 kg提高到556 kg,滩区群众的温饱问题基本得到解决。

随着国民经济的发展,黄河还为郑州、开封、新乡、濮阳等沿黄城市及中国长城铝业公司、中原油田等国家大中型企业提供源源不断的生产、生活用水。20世纪70年代以来,通过人民胜利渠先后向天津市送水20亿 m^3,缓解了天津干旱缺水的燃眉之急。同时还大力开发黄河水电资源,三门峡、故县、陆浑三个水库装机总容量已达39.43万kW。回眸近50年,“黄河百害,唯富一套”已经成为历史,黄河已开始进入“造福人民,泽被后世”的新时代。

人民治黄以来,河南黄河的治理与开发取得了极大的经济效益、社会效益和生态效益,黄河由害变利,造福于人民。这是我国历史上任何一个朝代都无法比拟的,这是中国共产党的正确领导和社会主义制度优越性的充分体现。近50年的基本经验是:人民是治黄的主力军,工程建设和抗洪抢险都离不开人民群众的参与和支持;团结是治黄的保证,上下游,左右岸,各行各业各部门齐心协力,就能够战胜一切困难;科技是治黄的推动力,只有依靠科学的发展和技术的进步,才能攻克一个又一个难关,不断认识黄河的规律,推动治黄事业的不断发展。

黄河,这条中华民族的母亲河,伴随我们在祖国大地上流淌了几千年,世世代代与我们利害共存,福祸相伴。人民治黄以来,黄河的治理开发取得了前所未有的成就,但从目前来看,其洪水和泥沙问题尚未得到根本解决,黄河的防洪和治理仍然是一项长期艰巨的任务。河南黄河是泥沙淤积的主要河段,淤积量约占下游河道淤积总量的3/4,年淤积量2亿多t,使河床每年平均抬高6 cm左右,河槽高出背河地面3~7 m,有的高达10 m以上,致灾能量不断增加。黄河在河南自孟津出峡谷,入平原,河道宽浅,水流散乱,河势游荡不定,变化无常,中常洪水情况下主流摆动频繁,极易发生横河、斜河,危及堤防安全。三门峡到花园口区间,是黄河下游洪水的主要来源区,集流时间短,洪峰生成快,洪水突发性强,缺少回旋余地。目前黄河的堤防标准是防御花园口2.2万m^3/s洪水,而历史上曾发生过3万m^3/s以上洪水,据分析计算,目前仍有发生4.6万m^3/s洪水的可能。由于河南处于下游防洪的最上段,地理位置特殊,如黄河在河南段出问题,所造成的灾害比其他任何地段都要严重得多。河南黄河的防洪治理,具有其特殊的重要性、复杂性、艰巨性和长期性。当前比较突出的问题是工程抗洪强度低,隐患多,许多遗留问题尚待解决。同时,随着社会经济的发展,黄河水资源的供需矛盾已经显现。进入20世纪90年代以来,黄河下游年年出现断流,多次延伸到河南境内,河南引黄潜力很大,也存在着无水可引的威胁。对河南来说,治理黄河,除害兴利,任重而道远,仍需长期不懈为之努力,为之奋斗。

随着我国改革开放的深入进行,对黄河下游防洪治理的要求越来越高。1991年2月江泽民总书记亲临河南黄河视察,提出了“让黄河变害为利,为中华民族造福”的殷切希望,充分表达了全国人民的迫切心愿。让黄河更好地造福于河南,是黄河人的事业追求。今后,河南治黄的主要任务是,继续完善黄河下游防洪工程体系和非工程体系建设,继续进行堤防除险加固,淤临淤背,使两岸大堤固若金汤;加快宽河道整治步伐,控导主流,稳定河势,缩小游荡范围;加快滩区、滞洪区安全建设,强化防洪非工程措施,提高技术装备水平和治黄专业队伍素质。同时,要加强河政管理,搞好水资源开发利用,防止水资源污染,大力发展产业经济。

1994 年 9 月 12 日,黄河干流最后一道峡谷内,随着隆隆的开山炮声,李鹏总理庄严地向世人宣布,黄河上又一座大型水利工程——小浪底水利枢纽工程正式开工,这标志着黄河防洪治理进入了一个新时期。该工程是一座具有防洪、防凌、减淤、灌溉、供水和发电等综合效益的特大型水利工程,建成后可增加灌溉面积 4 000万亩,年发电量 58 亿 kW · h,将对黄河下游的治理开发和河南的工农业生产起到有力的促进作用。最近,国家制定的"九五"计划和 2010 年远景目标纲要,把水利放在了基础设施的首位,十分重视大江大河的治理。可以相信,随着国家四个现代化建设的加快,河南黄河的水利水电资源会进一步得到开发利用,防洪工程建设会进一步得到加强,河南人民会更多地享受到母亲河给予的恩泽。

抚今追昔,人民治黄以来的几十年,只不过是历史长河中短暂的一瞬,但其间却发生了万千巨变,古老的黄河显得如此年轻美丽。每当人们登临邙山之巅,举目远眺奔腾的大河时,无不为之感奋:今日的黄河,正在展现她金色的年华,明日的黄河一定会更加美好。

认识黄河、治理黄河、开发利用黄河　开创河南治黄工作的新局面*

一九九六年十月

黄河流域是中华民族的摇篮。黄河水土资源哺育了中华民族的成长，为中华民族的发展作出了巨大的贡献。同时，由于黄河多泥沙，复杂难治，历史上决口频繁，给沿岸人民带来过深重的灾难，因此也成为一条闻名中外的害河。人民治黄50年来，党和国家对黄河治理十分重视，投入大量的人力、物力，兴修和强化防洪工程，依靠沿黄党政军民的共同努力，保证黄河岁岁安澜，彻底改变了历史上三年两决口的险恶局面；同时利用黄河水资源进行发电、灌溉、改土、供水，使这条千年为害的河流，开始成为推动沿河经济发展，造福人民的利河。50年来的治黄成就是举世公认的，是历史上任何时代都无法比拟的。

历史上黄河泛滥成灾，其原因，除社会因素外，一是洪水，二是泥沙。而目前黄河的洪水、泥沙均未得到有效的控制，黄河仍有决口泛滥的危险，黄河防洪问题仍然是党和国家的心腹之患。河南黄河由于它的地理位置、河道形态、来水来沙条件等原因，是黄河下游最容易出现问题的河段。在新中国成立前的2 500多年间黄河下游决口1 500余次，其中2/3发生在河南，大的改道26次，在河南决口造成改道的有20次。黄河如在河南决口，洪水泛滥范围最大，造成的灾害损失最为严重。因此，河南的防洪治理工作在整个黄河的防洪治理中占有极其重要的地位。

---

* 本文为作者在中共河南省委庆祝人民治黄五十周年大会上的讲话。

一、河南黄河防洪的主要特点

河南黄河之所以容易出现问题,是因为它有不同于其他河流和其他河段的特点:

(1)泥沙淤积严重,河床高悬地上。河南河段是黄河下游泥沙淤积的主要河段,淤积量约占下游河道淤积量的3/4,年均淤积量达2亿多t,河床一般高出背河地面3~7 m,多的可达10 m以上,为日益增高的地上"悬河"。

(2)河道宽浅散乱,主流游荡多变。黄河自孟津出山谷后,逐渐展宽,下游两岸大堤间距宽5~10 km,最宽达20 km,滩岸冲淤变化剧烈,主流摆动频繁,游荡不定。

(3)河型上宽下窄,过流能力上大下小。现行宽河道自濮阳青庄以下又逐渐缩窄,河南河段防洪标准为花园口站流量22 000 m^3/s,进入山东后,河道过流能力仅为11 000 m^3/s,相当大的水量要在河南省河道滞留。若遇超标准洪水,还要在河南省分滞洪水,分洪口门以上的堤防将承受超标准洪水的威胁。

(4)堤防质量差,隐患多。河南东坝头以上的河道是明清以前的老河道,堤防是在历代堤防上加修而成的,老口门、老潭坑较多,堤防质量差,堤身状况十分复杂,一旦遇到洪水容易出现问题。

(5)洪水预见期短,突发性强。三门峡至花园口区间是黄河下游的主要产流区之一,集流时间短,洪水来势迅猛,预见期只有8~10小时,洪水时河南河道首当其冲。

(6)滩区面积大,居住人口多。河南省黄河滩区居住着90多万人,有200多万亩耕地,这在各大江河中是少见的。

二、从"96·8"洪水看防洪存在的主要问题

1996年8月黄河出现的第一号洪峰,流量为7 600 m^3/s,属于中常洪水的范围。但是这场洪水的表现超出了我们的预计,有以下主要的特点:第一,水位异常偏高。这次7 600 m^3/s的洪水,洪

峰水位普遍超出有水文记载以来的最高水位，花园口站洪峰水位比1958年22 300 m^3/s洪峰水位高0.91 m，比1982年15 300 m^3/s洪峰水位高0.74 m。第二，洪水推进慢。由于水位高，漫滩范围和水量大，洪峰在河南花园口以下传播时间达226小时，是正常情况传播时间的3～5倍；其中高村到孙口之间，河道长120多km，传递时间达120小时，每小时仅1 km。第三，工程险情重。洪水期间，河南省黄河堤防偎水长度达295 km，平均水深2～4 m，在洪水长时间浸泡下，大堤多处出现渗水、塌坡，许多背河潭坑、水井水位明显上涨，控导护滩工程460道坝出险20 000多坝次，抢险用石料17.5万m^3，柳秸料1 100多万kg，编织袋12万条，耗资4 800多万元。第四，灾情大。在洪水推进过程中，河南省黄河滩区除少数高滩外，一片汪洋，1855年以来141年未上水的原阳、封丘、开封等地高滩也都有大面积漫水，漫滩淹没面积达256万亩，秋作物大面积绝收，受灾人口115万人，有540个村庄进水，127个村庄被水围困，36万多人进行了紧急迁移安置。

从“96·8”洪水的表现可以看出河南省黄河防洪治理中存在的问题还相当严重，其主要问题如下：

（1）河道淤积加剧。由于多年来黄河下游连续枯水，特别是近年来上中游来水来沙条件变化，水少沙多的情况更加突出，下游河道淤积加重，且大部分泥沙淤积在主槽内。自1982年以来河槽淤高0.8～1.0 m，形成槽高、滩低的“二级悬河”局面，主槽行洪能力不断减小，抬高了水位，增加了漫滩机遇，对防洪安全构成严重威胁。

（2）工程标准不足，强度差。黄河下游防洪标准为防御花园口站22 000 m^3/s，按2000年设防水位检查，河南省黄河堤防还有180 km高度达不到标准，190 km满足不了防渗稳定要求。堤防还有不少险点隐患，由于投资所限，近期内难以完全消除。由于泥沙淤积，水位抬高，控导工程高度不足，已不适应防御中常洪水的需要。险工坝岸根石基础浅，近60%达不到稳定坡度，受洪水冲刷极易出险。

(3)河道工程少,不配套。特别是郑州京广铁桥至濮阳青庄宽河道,近几年虽增修了一些河道整治工程,但由于起步晚、工程少、不配套,还不能有效控制河势主流,河势不断变化,形成横河、斜河,顶冲滩岸和堤防,造成重大险情,影响防洪工程安全和滩区居民生产生活,同时也给引黄供水造成了很大难度。

(4)滩区、滞洪区安全设施不完善。河南省黄河滩区现有避水工程只能解决 30 万人的避洪问题,若遇大洪水,尚有 60 多万人需要迁移安置,且路少桥稀,迁安救护任务十分繁重。北金堤滞洪区安全设施与实际需要还相差甚远,如果滞洪运用,将有 72 万人需临时外迁,难度很大。

(5)通信设施落后。现有有线通信大多为 20 世纪五六十年代所建,线路老化,设备陈旧。近几年虽建设了微波通信,但覆盖面不够,无线通信尚不完善,很难适应防汛指挥调度的需要。在"96 · 8"洪水中,有线线路水毁、雨毁严重,通往控导工程线路大部分中断,使许多工程失去通信手段,给抗洪抢险指挥调度造成很大困难。

由于多年来下游防洪投入变化不大,而主要防洪物资从 1982 年以来上涨了 3 ~ 12 倍,导致下游防洪资金不足,防汛岁修经费短缺,使相当一部分工程包括一些紧要工程不能如期安排。此外,黄河多年来未出现大水,部分干部群众麻痹思想严重,防大汛和依法治水、依法防汛意识淡薄,缺乏防洪抢险知识、技能和实践锻炼,防汛物资筹备和队伍组织方面也有一些新问题,亟待探讨解决。

三、今后河南黄河防洪治理的主要任务和措施

黄河防洪治理是一个实践、认识、再实践、再认识的过程,长期以来,我国人民在治黄实践中逐渐认识黄河,摸索规律,积累了许多经验。新中国成立后,沿黄人民在中国共产党的领导下,开展了大规模的治黄实践活动,大大加深了对治黄问题的认识。

“96·8”洪水使我们比较清楚地看到黄河出现的新情况、新问题，更加深刻地认识到黄河防洪的长期性、复杂性和艰巨性。

目前，黄河洪水泥沙还没有得到有效控制，河道严重淤积抬高，中常洪水危害加大，甚至小流量也能造成大的险情灾害，黄河洪水威胁仍是国家的心腹之患。小浪底枢纽的开工兴建，标志着黄河下游防洪治理进入了一个新阶段，水库建成后，可以显著提高下游防洪标准，基本解除超标准洪水的威胁，并通过拦调泥沙，在一定时期内延缓下游河道不断淤积抬高的不利局面。但是，小浪底水库不能解决下游河势主流的游荡变化和堤防强度不足等问题，洪水和泥沙仍要通过下游悬河排泄入海，在防御标准以内冲决、溃决的危险仍然存在。随着我国改革开放和经济建设的深入发展，给黄河防洪治理提出了更高的要求。黄河不断出现的新情况、新问题，也给我们提出了新的课题。重新认识黄河，加快黄河治理迫在眉睫。党的十四届五中全会审议通过的《中共中央关于制订国民经济和社会发展“九五”计划和2010年远景目标的建议》，把水利放在基础设施建设的首要地位，并进一步强调，要加快大江大河的治理，提高防洪、抗旱、排涝能力。这充分体现了党中央、国务院对水利建设和防洪工作的重视，对治黄工作将是一个有力的促进。今后河南黄河治理的主要任务和措施如下。

（一）加强防洪工程建设，增加抗洪能力

一是加高加固堤防工程。在黄河下游的洪水和泥沙没有得到完全控制之前，加高加固堤防仍是下游防洪的主要措施之一。从长远来看，下游仍将是一条多泥沙河流，河床还会有一定程度的抬高，仍需巩固和适当加高两岸堤防，消除险点、隐患，使之达到防御标准洪水的高度和强度。

二是加速河道整治。实践证明，整治河道对控制河势，缩小游荡范围，保障滩区和堤防安全，以及引黄供水等方面发挥了显著作用。今后要有计划地加快河道整治步伐，特别是京广铁桥至濮阳青庄的宽河道整治，逐步改变河南黄河河势游荡多变的状况，改善下游防洪的被动局面。

三是加强滩区、滞洪区安全建设和治理。北金堤滞洪区增建必要的撤迁道路和桥梁,完善迁安救护方案。黄河滩区继续贯彻国务院关于“废堤筑台”的政策,清除行洪障碍,以利于行洪、削峰、淤滩,保持河道排洪能力。同时,加快滩区安全建设步伐,修筑避水台、庄台及迁移安置道路,相机引洪淤滩、淤堤河串沟,并加强滩区水利建设,改善生产条件,以稳定滩区人民的生产生活。

(二)加强非工程防洪措施,提高人防能力

非工程防洪措施对保障下游防洪安全有长期的重要作用。首先,要大力提高全民水患意识,树立防洪的自觉性和责任感。继续坚持以行政首长负责制为核心的各项责任制,这是做好防洪工作的关键。其次,要研究探讨新形势下的群防队伍的组织形式、方法,加快专业机动抢险队建设,建立军民联防新体系。再次,要强化水行政工作,抓好水利法规体系和执法体系建设,依法治水,依法防汛。最后,要加速洪水观测设施和通信设施的更新改造,进一步完善洪水预报方案和防洪方案、预案,提高测报和应变能力。

(三)做好水资源的管理保护和开发利用

近年来,黄河下游一方面洪水威胁增大,另一方面水资源又十分紧缺,不断出现断流现象,断流河段和时间都有加长的趋势。同时,黄河的水质污染也十分严重,这是一种新的情况,值得我们警惕。要加强对黄河下游断流原因及对策的研究,做好水资源的管理保护和开发利用,统一管理水量和水质,开发利用黄河的水沙和水能资源,最大限度地满足沿黄地区工农业发展对黄河水资源的需求。

(四)研究治黄政策,拓宽投资渠道

黄河治理是一项庞大的社会系统工程,要加快治理步伐,就必须有相应的投入。过去的投入体制已经不能适应社会主义市场经济发展的需要,急需研究制定相应的政策措施,以促进治黄事业的发展。

回顾过去,成就辉煌,展望未来,任重道远。我们相信,在党中央、国务院,以及省委、省政府的正确领导下,坚持除害兴利、综合利用的方针,黄河的开发治理一定能取得更大的成绩,古老的黄河将对河南的经济发展作出新的更大的贡献。

江泽民总书记考察河南黄河防洪工程纪实*

一九九九年六月

1999年6月20日至21日，中共中央总书记、国家主席、中央军委主席江泽民，在中共中央政治局委员、国务院副总理温家宝，中央军委委员、中国人民解放军总政治部副主任王瑞林，水利部部长汪恕诚以及中央国家机关有关部委、济南军区、河南省委省政府领导同志的陪同下，考察了河南黄河河务局管理的黄河花园口、黑岗口、柳园口等防洪工程。

6月的中原，骄阳似火，热浪袭人。6月20日下午2时30分，按照日程安排，我到花园口堵口纪念亭等候。下午3时35分，江泽民总书记一行的车队到达现场，首长乘座的一号车停在我的面前。先行下车的是河南省委书记马忠臣、省长李克强同志，江泽民总书记随后走下车来。马忠臣书记介绍说："他是河南黄河河务局的局长王渭泾，泾渭分明的渭泾。"我向总书记问好，总书记微笑着和我握手。紧随总书记下车的是温家宝副总理，一下车就笑着对我说，我们又见面了（1998年11月和1999年5月温家宝副总理曾两次到河南黄河视察）。江泽民总书记走到现场布设的地图前面，我汇报了花园口险工的情况和1938年国民党政府在这里扒口的经过及造成的严重灾害。我告诉总书记，花园口险工始建于清康熙六十一年（公元1722年），经过历代加修，特别是新中国

---

* 本文收入黄河水利委员会编《殷切期望　巨大关怀——江泽民总书记考察黄河》。

成立后大规模的建设，形成了今天的规模，成为黄河南岸一处重要的防洪屏障。如果黄河在这里出问题，1938 年的悲剧就会重演。1938 年，国民党政府为了阻止日寇西侵，在这里人为掘堤，以水代兵，致使黄河泛滥，夺淮入海，豫、皖、苏 3 省 44 县（市）的 5.4 万 km^2 土地顿成泽国，1 200 多万人受灾，390 多万人流离失所，89 万人丧生。洪水肆虐 9 年，形成举世震惊的中国“黄泛区”。黄河泛滥除造成直接灾害外，还给生态环境带来了恶劣影响，土地沙化，河道湖泊淤塞。洪泽湖由凹陷地形变成危机四伏的悬湖，就是黄泛造成的。在我汇报之前，江泽民总书记就清楚地记得这场灾害造成 89 万人死亡。他仔细地看了黄泛区灾害范围图，问我：“到高邮湖灾害就不那么严重了吧？”我回答说：“高邮湖是尾水，湖区淹没范围加大，灾害不像上游那样严重。泛水从高邮湖经扬州进入长江。”江泽民总书记观看了 1997 年河南省人民政府和黄河水利委员会立的“花园口掘堵记事碑”，我向总书记汇报说，1947 年国民党政府立的堵口合龙纪念碑回避了人为掘堤的事实，还有一些歪曲不实之词，为了恢复历史的本来面目，后来又立了这座碑。当我讲到当时组织扒口的国民党新八师参谋熊先煜现在还活着时，总书记问：“现在他在什么地方？”鄂竟平主任说：“在四川。”总书记说：“他现在是否有所忏悔？”马忠臣书记说：“他当时也身不由己。”总书记说：“对，当时决策的不是他，他只是执行。”当汇报到灾害数字是国民党政府在抗日战争胜利后统计的时，总书记说：“噢！原来是他们统计的。”看完记事碑以后，总书记又走到国民党政府立的堵口合龙纪念碑前，我向总书记汇报，这个碑的主要问题是掩盖、回避了 1938 年人为掘堤的事实。在堵口问题上，国民党堂而皇之的理由是抗战胜利了，要抓紧使黄河归故，解决黄泛区的灾害问题，救人民于水火之中，其实他们有着更重要的政治和军事目的，即水淹冀鲁豫和渤海解放区。因此，在围绕先复堤还是先堵口的问题上，国、共两党曾多次谈判，最后国民党撕毁协议，强行堵口，暴露了他们的真实面目。听了我的汇报，总书记频频点头。

6月21日上午,江泽民总书记在郑州黄河迎宾馆主持召开了黄河治理开发工作座谈会。

6月21日下午,江泽民总书记视察开封黑岗口险工,我和开封市委书记梁绪兴、市长李建昌在现场迎候。下午4时许,总书记一行沿黄河南岸大堤到达正在施工的黑岗口下延工程3号坝。马忠臣向总书记介绍了开封市的两位领导同志,当介绍我时,总书记笑着说:“我们见过了。”我首先汇报了黑岗口险工的基本情况,又汇报了正在建设的黑岗口下延工程。总书记问及工程的作用,我汇报说:“这个工程是河道整治工程。因为黄河大堤是沙质土筑成的,比较松软,抵挡不了水流冲刷,为防止冲决,只有做坝。新中国成立前,河摆到哪里,坝做到哪里,是被动的防护。新中国成立后我们搞河道整治,变被动防护为主动整治,这是防洪方略上的一大进步。我们先给水流规划一个合理的流路,叫‘治导线’,让河沿着规划的流路走,整治的方法是‘以坝护弯,以弯导流’。过去的老坝犬牙交错,只有防护作用,没有导流作用,新坝两种功能都具备。整治的目的是‘控制主流,固滩保堤’,滩固了就可以防止堤防冲决。”总书记作了详细询问,并重复“以坝护弯,以弯导流,控制主流,固滩保堤”,然后点了点头,接着说:“我问你,黄河为什么会摆来摆去呢?”我回答:“这是由于黄河多泥沙的特性造成的,黄河从中游挟带大量泥沙,进入下游平原后水流变缓,挟沙能力大大降低。”鄂竟平主任接着说:“由于淤积,河槽抬高了,一遇大水,主流就会流向低洼的地方,河槽就发生了摆动。”总书记接着问:“那为什么又会摆回来?”鄂竟平主任回答:“它到低洼的地方又会淤积抬高,淤到一定高度就会摆回来。”总书记连连点头,高兴地说:“你们这一讲,使我豁然开朗!”总书记走到3号坝的坝头顶端,看着热火朝天的施工场面,又高兴地问起筑坝的方法。我回答说:“您今天来的正好,可以看到水中筑坝的全过程。最远的6号坝是第一道工序,水中进占。”总书记问:“进占,是哪两个字?”“前进的进,占领的占。”我回答。总书记点点头说:“噢,占领阵地。”

我接着说："近一点的5号坝，是第二道工序，填土碾压，修筑坝体。最近的4号坝是第三道工序，抛石裹护。完成后就是我们现在所站的成品坝了。但到这里还不算完，还要等来水淘刷，基础沉陷，上面再继续抛石，深度达15米左右，才能基本稳定。"总书记说："原来如此。我说坝上堆放那么多石头，都是准备往里抛哇！"说罢，总书记和大家一起笑起来。李克强省长说："总书记这一路把防汛的关键问题都问到了，都问清楚了。"总书记说："我这个人有求知欲，不清楚的事就问，问多了就明白了。"

看完黑岗口工程，江泽民总书记一行驱车来到柳园口42号坝。我向总书记简要介绍了黄河的历史变迁，并说："开封曾是七朝古都，是北宋的京城，那时有130多万人口，是全国的政治、经济、文化中心。北宋时开封之所以繁华，是因为北宋以前黄河流经河北，在沧州附近入海，离开封较远，因此开封受黄水灾害的程度较轻。1128年，南宋赵构政权为阻止金兵南进，决开黄河，使黄河在河南改道，流经濮阳、徐州等地，由江苏入海。改道后离开封近了，决溢灾害频繁发生。历史上特别是南宋以后开封饱经黄河水害，开封附近的黄河曾70多次决口，开封城15次被困，6次被淹没。"总书记说："清明上河图所绘的东京已经在地下了？"我回答说："经挖掘，那时的地面埋深8米至10米。"接着，我汇报说："新中国成立以后，党和国家对黄河治理高度重视，1952年10月30日，毛泽东主席就亲临这里视察，并嘱咐河南省的党政领导'要把黄河的事情办好'。1991年，总书记您也曾来这里视察，给黄委会题词：'让黄河变害为利，为中华民族造福'。在旧社会，让黄河变害为利只能是一种梦想，虽然历史上许多治河专家和沿黄人民也和黄河水害进行过长期的斗争，但只能取得局部和一时的成就，或者由于政治腐败，或者由于国力衰微，都不能从根本上解决黄河水害问题。人民治河以后，黄河治理开发进入了新的时期。不但50多年岁岁安澜，而且利用黄河灌溉、发电造福人民，取得了举世公认的伟大成就。这说明，只有在中国共产党的领导下，发挥社会主义制度的优越性,才能实现黄河为中华民族造福的理想。因此,我们把这里作为爱国主义教育基地,对广大群众特别是青少年进行爱国主义教育。"总书记不时点头表示赞同。接着,总书记走到林则徐在开封堵口的示意图前,我汇报说,1841 年,林则徐虎门销烟后,被朝廷发配到伊犁戍边。行到江苏时,黄河在开封张湾决口,开封城被困,情况十分危急。道光皇帝派大学士王鼎主持堵口,王鼎上疏奏请林则徐襄办堵口,皇帝下诏,要求林则徐戴"罪"立功。林则徐来到堵口工地,每天五更即起,与民工一起劳动。堵口工程历时 8 个月,于翌年二月在今天的 42 号坝处顺利合龙。为了纪念林则徐在开封堵口的事迹,弘扬他不计个人得失,身处逆境仍忧国忧民、为民解难的爱国主义精神,1992 年,开封市人民政府命名这段 8.75 km 的堤防为"林公堤"。江泽民总书记、温家宝副总理不约而同地点头说:"应该,应该!"总书记对林则徐治河的事迹非常熟悉,当天上午的座谈会上,总书记还引用了林则徐"苟利国家生死以,岂因祸福避趋之"的名句。

考察结束以后,江泽民总书记等领导同志登上汽车。我向最后上车的马忠臣书记、李克强省长说:"按照安排,我就不再随行了。"他们上车以后告诉了总书记,总书记让正待开动的汽车停下,重又打开了车门。李克强省长招呼我上车,江泽民总书记站起来握着我的手说:"谢谢你,谢谢你。"我一下子不知道说什么才好。总书记接着说:"第一,你们非常辛苦! 第二,一路上你讲解得很清楚,非常好。""谢谢总书记的鼓励。"我回答着。这时,温家宝副总理、王瑞林也站起来和我握手告别。汽车徐徐开动,我挥手告别了江泽民总书记等领导同志。

"你们非常辛苦!"这是江泽民总书记对河南治黄职工的关心和爱护,更是莫大的鼓励和鞭策。

以江泽民视察黄河的重要指示为动力 促进河南治黄事业的发展*

一九九九年七月

在黄河防汛准备工作的关键时刻，江泽民总书记于1999年6月20日至21日视察了河南黄河，并亲自主持召开了黄河治理开发工作座谈会，实地视察了三门峡、小浪底水库及花园口、黑岗口和柳园口等防洪水利工程。这是江泽民同志到中央工作以来第七次视察黄河。治理黄河并合理开发利用是安民兴邦的大事，1952年毛泽东同志第一次外出巡视就是考察黄河；邓小平同志也曾三次亲临黄河视察；以江泽民同志为核心的第三代领导集体也始终关注着黄河的治理与开发，并且作出了一系列重要指示，充分体现了党中央对黄河治理工作的高度重视，同时也明确了治黄工作者肩负的责任。

一、江泽民总书记提出的治理黄河总原则

江泽民总书记在黄河治理开发工作座谈会上指出，治理开发黄河，对国家经济社会的发展具有重大的战略意义。新中国成立以来，在党和政府的领导下，经过沿黄地区广大干部群众和水利部门的不懈努力，黄河的防洪、水资源管理、生态环境建设取得了很大的成绩。同时，黄河治理开发也面临着一些新情况、新问题，必须深入调查，加强研究，积极探索新形势、新情况下治理黄河的新路子。总书记特别强调，黄河治理开发要兼顾防洪、水资源合理利

---

* 本文收入《跨世纪领导干部论》一书，中国广播电视出版社1999年10月出版。

用和生态环境建设，坚持兴利除害结合，开源节流并重，防洪抗旱并举；坚持涵养水源、节约用水、防止水污染相结合；坚持以改善生态环境为根本，以节水为关键，进行综合治理；坚持从长计议，全面考虑，科学比选，周密计划，合理安排水利工程；要制定黄河治理开发的近期目标和中长期目标，全面部署，重点规划，统筹安排，分步推进，以实现经济建设与人口、资源、环境的协调发展。

二、黄河目前面临的重要问题

时至今日，黄河仍存在着洪水威胁、水土流失和泥沙淤积问题，同时又新增了缺水甚至断流问题。黄河河情特殊，问题复杂，归结起来突出的问题有五个方面：

（1）由于泥沙淤积导致的“悬河”和河道游荡现象，使其洪水威胁成为我们国家的心腹之患。黄河下游防洪保护区面积达 12 万 km^2，人口约 7 800 万人，耕地 1.1 亿亩。其间有许多重要的铁路、公路干线、大中城市、大型工矿企业，但是防洪工程现状已不能满足保护区内人民生命财产安全的需要。资料显示，黄河下游从入海口上溯 700 km 俱属“悬河”，河床平均高出两岸地面 3 ~ 7 m，其中个别河段高达 10 m 以上。这些数字是触目惊心的，带给我们的任务也是十分艰巨的。

（2）水资源供需失衡日趋严重，工农业生产、城市生活、生态环境用水之间的水资源分配矛盾日益突出。据预测，2010 年黄河正常年景缺水 40 亿 m^3，到 2030 年将缺水 150 亿 m^3。1972 年以来，由于用水量急剧增加和用水缺乏统一管理，致使黄河多次断流并有加剧趋势。例如：河南省水资源总量为 413 亿 m^3，人均水资源 454 m^3，亩均水资源 405 m^3，相当于全国平均水平的 1/6。黄河流域以黄河为水源的省份都遇到了类似的难题。

（3）水土流失仍然严重。黄土高原是我国水土流失最严重的地方之一。经过长期治理取得了一些成效，但治理力度很不够，边治理、边破坏的现象时有发生，个别地区水土流失还在扩展。黄河流域水土流失面积达 45.4 万 km^2，虽经多年治理，但目前每年只能完成初步治理面积 6 000 km^2，与国家要求每年治理 1.21 万 km^2 的任务差距较大。还有 41 万 km^2 的水土流失面积，特别是 19.1 万 km^2 侵蚀剧烈的多沙粗沙区亟待治理。而且随着工农业生产发展和经济建设的进行，人为水土流失活动在不断加剧。据统计，到 1997 年底，因开矿修路、陡坡开荒、毁林毁草等造成的新的水土流失面积达 5 万 km^2，重点是晋陕蒙的"黑三角"地区和陕晋豫的"金三角"地区。晋陕蒙接壤地区因煤田生产和开发建设平均每年增加入黄泥沙 3 000 万 t。

(4)水质污染加重了黄河水资源的紧张。黄河流域重污染企业多，如矿产开发、冶炼、化工、造纸等。据资料统计，20 世纪 80 年代初每年排入黄河的废污水总量为 21.7 亿 t，90 年代初增至 42 亿 t。1998 年黄河水质监测结果显示，可满足生活用水的河段仅占 29.2%，而 15 年前为 81.2%。目前黄河干流上大的污染源有 300 多处，废污水主要集中于甘肃、山西、陕西等省的黄河干流及汾河、渭河、大汶河、湟水等水系。甘肃省从八盘峡到包兰桥 66 km 的河段内，两岸通向黄河的排污口就多达 53 个，平均 1.25 km 就有 1 个。

大量废污水进入水体，造成黄河流域水质急剧恶化，在全国七大江河中黄河的污染已居第二位。其污染特点是由局部向全流域蔓延，污染物种类在增加，并多次查出"三致"(致癌、致畸、致突变)污染物，有些河段的水质已失去了任何使用价值。如今，黄河干流从兰州附近的刘家峡到入海口处的 3 000 多 km 河段，已很难找到一处合格的城市供水水源地，数千万人背靠大河却备受无水可饮的煎熬。今年 2、3 月间由于从中游流来严重污染的河水，郑州自来水厂不得不放弃从黄河取水，而启用备用水源。严重的污染使黄河水资源利用价值大幅度降低，并使可用水量减少，从而造成严重的污染型缺水，使黄河水资源紧缺状况更加严重。

(5)小浪底水库运用后将对下游河道产生新的影响。小浪底水库调水调沙运用后，黄河下游的来水来沙条件将出现较大变化，其初期应用方式与黄河下游治理密切相关。根据三门峡水库初期清水下泄经验，小浪底水库清水下泄阶段，将使下游河道纵向冲刷下切，横向冲刷塌滩，造成河势变化，工程抢险增多。另外，在河势发生新变化的同时，还会进一步增加“横河”、“斜河”现象，加大河道整治工程出险的可能性。历史资料表明：三门峡水库在1960年9月至1964年4月清水下泄期间，黄河下游河势发生了较大变化。由于水库调蓄使中水流量历时加长，主流顶冲严重，加上清水淘刷能力强，长时间冲刷滩地及河道整治工程，导致了部分河段的河岸线和流向发生了巨大变化，河势恶化，使滩地大量坍塌，工程险情增加。1960年9月至1964年9月，共坍塌滩地3.72 km^2，超过正常年份的1倍以上，给滩区人民的生活和生产带来了很大影响。

三、河南治黄事业任重而道远

江泽民总书记对黄河治理工作的高度重视和对治黄职工的特别关爱，增强了我们搞好防洪治理和黄河防汛工作的责任感、使命感。江泽民总书记视察黄河期间的重要指示和在黄河治理开发工作座谈会上的讲话，不仅是新时期党和国家解决黄河问题的指导方针，也是进一步推进黄河治理开发伟大事业的强大动力。我们要把党中央对黄河治理开发的深切关怀和重视，化做自觉行为和精神动力，从服务于国家经济社会发展的大局出发，致力河南治黄工作。按照江泽民总书记的要求，结合现阶段黄河的实际情况，当前和今后河南黄河防洪治理应突出抓好五个方面的工作。

（一）着眼长远，采取综合措施，加快河南治黄方略研究

黄河的治理开发不仅关系到区域经济的发展，而且关系到整个国民经济的战略部署，具有明显的整体性、综合性和关联性。结合河南在黄河治理开发规划方面已经做的工作和所面临的任务，一是应抓紧制订河南黄河中长期防洪治理规划。按照总书记在黄河治理开发工作座谈会上的重要指示,抓紧研究制订河南黄河中长期规划,力争“十五”期间取得重大进展。二是适应小浪底水库建成后水沙条件变化的新情况,继续完善以堤防、河道整治工程和分滞洪工程为主体的防洪工程体系,结合放淤固堤,淤筑相对地下河,谋求长治久安。三是加快研究制订河南黄河水资源开发利用规划。按照开源节流并重、水质与水量并管、法律手段与行政手段并用、科学调度与经济杠杆结合的原则,加强协调,加快制订黄河河南段水资源利用规划。当前,要重点抓好节水工程,控制污染,特别是把节水灌溉作为革命性措施来抓,逐步建立节水型农业、节水型工业和节水型社会。

(二)加强小浪底水库建成运用后,河南黄河下游防洪形势与对策的研究

总结三门峡水库的经验,小浪底水库运用初期清水下泄将使下游河段河床下切、河势变化加剧、滩区坍塌,对河南黄河的防洪形势和河道形态将产生大的影响,对黄河下游大堤和滩区人民生命财产都带来一定的不安全因素。河南黄河滩区面积 2 234 km^2,现居住人口近 100 万人,人口密度和滩地开发利用程度都大大超过三门峡水库清水下泄时期。在小浪底水库清水下泄时期,下游河道整治工程的数量和质量均有较大增加,但也难以避免增加滩地坍塌数量。因此,要从防洪保安全的角度,预筹对策,抓住小浪底水库建成运用前的有限时间,继续完善河道整治工程和滩区安全建设、淤背固堤,逐步建成高标准堤防。

(三)提高河南黄河治理开发的科技水平

江泽民总书记在视察中,特别强调了黄河治理开发要高度重视科学技术的运用问题。多年来,我们的治黄专家和广大科技工作者,在研究黄河基本规律、探索治河技术等方面取得了大量成果,为治黄发挥了重要作用。随着世界科技的突飞猛进,作为世界上最复杂难治的河流,黄河治理开发必须在科学技术上有一个大的发展。当前,要加强实用技术的研究,利用现代科学技术成果,加快建设河南黄河防汛决策及指挥系统，滩区、蓄滞洪区预警反馈系统；加强抗洪抢险新技术、新机具的研究推广和应用；在工程建设中积极研究推广新技术、新工艺、新材料；加强河道整治的新坝型、新结构的研究试验；同时，针对黄河防洪、水资源利用、生态环境等重大问题，进行重点攻关，推动河南治黄事业蓬勃发展。

（四）发扬伟大的抗洪精神，确保黄河安全度汛

江泽民总书记这次视察黄河，特别强调了确保黄河防洪安全对改革、发展、稳定大局的重要意义。按照总书记的部署和要求，黄河防汛要发扬“万众一心、众志成城，不怕困难、顽强拼搏，坚韧不拔、敢于胜利”的伟大抗洪精神。沿黄地区各级党委和政府的主要领导，要对防汛工作负总责，切实做到思想到位、责任到位、工作到位、指挥到位。抓紧完成除险加固任务，确保工程质量。进一步加强防汛队伍的组织建设，做到一旦需要，召之即来、来之能战、战之能胜，落实好防汛抢险物资，制定防御各级洪水的对策预案，落实应对措施，搞好防洪调度。加强防洪工程的建设和维护管理，当好各级党政领导的防汛指挥参谋，做好抗洪抢险的技术指导。认真做好雨情、水情的测报预报工作。人民解放军和武警部队在需要时一如既往地发挥突击队的作用，勇于担起急、难、险、重任务，军民团结、全力以赴，共保黄河安澜。

（五）提高认识，把黄河流域法规的拟定提上议事日程

有专家提出：人要得到河流的回报，就要最大限度地善待河流，如果人们不能自觉地善待河流，就必须立法，依法治河。

进入20世纪以来，以江河流域作为水资源管理的基本单位，进行多目标综合开发的思想逐渐被世界各国所接受。1968年，欧洲议会通过的《欧洲水宪章》提出水资源管理应按照自然流域，而不是根据政治和行政区域来进行，其主要管理手段首先是法律法规。在单条河流内以某一重点目标为调整对象而制定的法律也很多，如美国的《田纳西流域管理局法》、《下科罗拉多河管理局法》，新西兰的《怀卡托流域管理法》等。

《田纳西流域管理局法》由美国国会1933年通过，据此成立的田纳西流域管理局是较早的现代流域管理机构。1933年之前，田纳西河流域经济极为落后，一半以上的土地因严重的水土流失而荒芜，洪灾频繁，生态环境恶劣，人均收入不到100美元，流域内水力资源、矿产资源丰富，但无资金开发。成立了专门的流域管理机构后，充分利用法律赋予的统一规划、开发、管理和经营流域内自然资源的权力，在水利、电力、农业、林业、煤矿开采、旅游业、野生动物保护及城市规划等方面取得了显著成绩，1994年流域内人均经济收入达到18 400美元，经济增长速度多年保持在5%以上，这样的发展速度在美国是惊人的。

近年来，针对某一河流的专门立法在我国也发展迅速。为解决淮河流域的污染问题，国务院1995年颁布实施了针对大江大河的第一部专门行政法规《淮河流域水污染防治暂行条例》。该条例颁布后，由于加大了执法力度，淮河流域水污染防治取得显著成效，1997年即实现了达标排放，干流水质良好。此外，部分省区也出台了针对辖区内单一河流的地方性法规，如《浙江省钱塘江管理条例》、《新疆维吾尔自治区塔里木河流域水资源管理条例》。上述条例虽然还只限于行政法规或地方法规，但显现出水管理立法的一种趋势，同时表明在黄河流域专门立法是完全可行的。

同时，黄河的水量调度也说明流域统一管理大有可为。早在1987年，国务院办公厅就曾批转了国家计委和水利电力部《关于黄河可供水量分配方案的报告》。但这份指导性文件10余年来并未能阻挡断流的加剧。为缓解黄河水资源矛盾，经国务院批准，国家计委和水利部1998年颁步实施了新的黄河水量调度方案和《黄河水量调度管理办法》，授权黄河水利委员会对黄河水量实施统一调度。黄河水利委员会据此于1999年2月成立了黄河水量调度管理局，经过半年时间的运作，在当年较为干旱的气候条件下，山东利津断面仅断流7天。

关于黄河河南段治理开发的认识和思考*

一九九九年十月

黄河是中华民族的母亲河,她哺育了中华民族,为中华民族的发展作出了巨大的贡献。同时,由于黄河泥沙多,复杂难治,历史上多次决口改道,给两岸人民带来过深重的灾难。河南处于黄河下游防洪最危险的河段,受害更为惨重。新中国成立以来,党和国家对黄河治理高度重视,进行大规模的防洪工程建设,依靠党政军民的共同努力,保证了黄河岁岁安澜,取得了治理开发的辉煌成就和宝贵经验。随着我国经济社会的发展,对黄河治理开发的要求越来越高。去年,长江、松花江、嫩江大水过后,党中央、国务院就水利建设作出了一系列重大决策。在新的形势下,我们对黄河河南段的治理,既充满了信心,又感到任务艰巨,责任重大。

一、黄河河南段的基本情况与特点

黄河自陕西潼关进入河南,西起灵宝,东至台前,横贯河南北部,流经8市24县(市),境内流域面积3.62万km^2,河道长711 km,其中,设防河段444 km,堤防总长810 km。郑州桃花峪是黄河中游和下游的分界,黄河河南段处于黄河中游下段和下游上段,由于地理位置、河道形态及水文特点等诸多原因,黄河河南段在整个黄河治理中,处于极其重要的地位。

---

* 本文收入《人民日报》海外版信息中心主编的《改革风采录》一书,中国对外经济贸易出版社出版。

历史上,黄河洪水灾害深重,尤以河南为甚。在新中国成立前的2 500多年间,黄河在下游决口1 500余次,其中2/3在河南,改道26次,其中有20次是由于在河南决口造成的。黄河河南段容易出现问题,是因为它有不同于其他河段的突出特点:一是泥沙淤积严重,河床高悬地面;二是河道宽浅散乱,主流游荡多变;三是河道上宽下窄,泄洪能力上大下小;四是堤防质量差,隐患多;五是洪水预见期短,突发性强;六是滩区面积大,居住人口多。

二、人民治黄的成就和经验

人民治黄以来,党和国家根据不同时期,相继提出了"宽河固堤"、"蓄水拦沙"、"上拦下排、两岸分滞"等治黄方针。在1955年7月30日全国人民代表大会上通过了《关于根治黄河水害和开发黄河水利的综合规划的决议》,这个规划是治黄历史上第一次从战略高度全面研究黄河治理开发的第一部综合利用规划。它提出了"根治黄河水害,开发黄河水利"的战略方针,体现了"除害兴利,综合利用"的规划思想和社会主义制度下治水的根本目的,是几千年来治河思想的新发展,反映了治河方法上的进步和我国人民除害兴利的强烈愿望。这些治河方针,在黄河的治理开发上起到了重要的作用,保证了50多年黄河岁岁安澜,取得了举世公认的治理成就。

三、当前治黄存在的主要问题

黄河治理存在很多需要解决的问题,但主要问题如下:其一是,堤防工程标准低,强度差。其二是,河道淤积加剧,黄河下游连年枯水,特别是近年来,上中游来水来沙条件变化,水少、沙多的情况更加突出,下游河道淤积加重,且大部分泥沙淤积在主槽内。自1982年以来,河槽淤高0.8~1.0 m,形成槽高滩低的"二级悬河"局面。主槽行洪能力不断减小,抬高了水位,增加了漫滩的机遇,对防洪安全构成严重威胁。其三是,滩区、滞洪区安全设施不配套。其四是,通信设备不完善,不能适应防汛查险、抢险的需要。其五是,市场经济条件下出现了一些新情况、新问题:①组织群防队伍难度增大;②专业队伍事业经费少,防汛人员经费没有合理的补给渠道。其六是,黄河断流日趋严重。水资源浪费现象严重,下游断流时间、断流长度年甚一年,加之水污染严重,使有限的水资源更加紧张。

四、今后治理开发的几点思考

治黄是一件关系国计民生的大事,黄河安危,事关大局。有关黄河治理开发的规划、投入、防洪管理等问题必须统筹安排,全面实施。

随着我国改革开放和经济建设的发展,给黄河治理提出了更高的要求。党的十五届三中全会提出,要加大水利基础设施投资力度,加大大江大河治理的力度。国家于 1998 年下拨黄河河南段防洪工程专项资金 3.3 亿元,1999 年还要给予投资,这充分体现了党中央、国务院对水利建设和黄河治理的重视,也是治黄事业发展的大好机遇。我们要抓住这个机遇,把黄河河南段的事情办好:①标本兼治、综合治理;②加强防洪工程与非工程措施;③加强防汛队伍建设,搞好军民联防。

黄河治理,任重道远。我们要在党中央、国务院的正确领导下,认真贯彻党的十五届三中全会提出的"水利建设要坚持全面规划、统筹兼顾、标本兼治、综合治理的原则,实行兴利除害结合,开源节流并重,防洪抗旱并举"的水利建设方针。当前,水利建设面临前所未有的机遇和有利条件。我们要抓住机遇,扎扎实实、埋头苦干,使黄河河南段的治理开发再上新的台阶。

以色列节水灌溉技术及耐特菲姆滴灌系统考察报告*

二〇〇一年二月

面向21世纪,我国水资源的总体战略是:必须以水资源的可持续利用支持社会经济的可持续发展。我国的治水思路是:要从传统水利向现代水利、可持续发展水利转变。落实这一总体战略和治水思路,必须统筹考虑水资源的开发、利用、治理、配置、节约和保护的问题,目前要特别强调对水资源的配置、节约和保护,要把节水灌溉作为革命性措施来抓。

为汲取国外节水灌溉的先进经验,结合黄河流域和河南省的实际情况,促进节水工作的发展,黄河水利委员会组成考察团赴以色列等国考察。一行七人于2000年底到2001年初,对以色列的节水灌溉工程、节水灌溉技术、水资源优化配置和科学管理、水资源保护等方面进行了考察,并与耐特菲姆公司(NETAFIM)、卡利亚(KALIA)和玛卡拉姆(MAKALAM)基布兹的人员进行了座谈,圆满完成了这次考察任务。通过考察和座谈,不仅学习了以色列先进的节水灌溉经验,而且深切地体会到以色列人民对中国人民的友好情谊,也商讨了河南黄河河务局与耐特菲姆公司进一步合作的意向。现将本次考察的情况、我们的观感和建议报告如下,供有关部门参考。带回的资料,择其要点作为报告附件(略),供有关部门参阅。

---

* 本文收入《黄河水利委员会出国(境)考察成果汇编》,获黄委优秀科技信息成果一等奖。作者为考察团团长,成员有洪尚池、张春亮、张俊峰、邵大中、龚华、郝凤华。

一、以色列的基本情况

(一)自然概况

以色列成立于1948年5月4日,按1947年联合国关于巴勒斯坦分治决议的规定,以色列的国土面积为1.49万km^2。目前,以色列占领着约旦河西岸、加沙地带、东耶路撒冷和戈兰高地,实际控制面积为2.8万km^2。以色列位于亚洲西部,东接约旦,东北部与叙利亚为邻,南连亚喀巴湾,西南部与埃及为邻,西濒地中海,北与黎巴嫩接壤,是亚、非、欧三大洲的会合点,地理位置十分重要。

以色列面积虽然不大,但分布着多种地形,沿海地区为狭长平原,东部有山地和高原,海拔一般在600~1 000 m;北部加利利高原上的梅隆山海拔1 208 m;东部与约旦交界处向南延伸至亚喀巴湾的地区为大裂谷区,内有地球表面最低点死海(海拔-412 m);南半部为内格夫沙漠地区,占以色列领土的一半以上。

以色列属典型地中海气候,夏季炎热干燥,冬季温和多雨。气候由南至北,夏季23~34 ℃,最高气温39 ℃;冬季10~17 ℃,最低气温4 ℃左右。年降水量北部为700~1 000 mm,中部为400~660 mm,南部为25~220 mm,最南部的埃拉特市,年降水量仅为25 mm。每年11月至翌年2月为降水期,无降水期长达7个多月。死海的日蒸发量平均为17 mm。

以色列是世界上众所周知的贫水国家,人均占有水资源量约为400 m^3,而专家们认为,人均占有水资源量若低于1 000 m^3,属于严重缺水国家。以色列水土资源在时空上分布极不均匀,北部水丰,南部水少,而适宜耕作的土地大部分在南部地区;降水期短且集中(3~4个月),而作物生育期长,水资源分布现状远远不能满足需求。以色列水资源的主要来源一是约旦河(与约旦达成分水协议)和诸多小河流,二是北部山区降水形成的径流,三是地下水(约占总水资源量的60%以上)。水资源总量为20亿~24

亿 m^3。

以色列有一半以上的国土被沙漠覆盖，耕地面积由 1949 年的 16.5 万 hm^2 发展到目前的 45 万 hm^2。

以色列矿产资源较贫乏，主要有钾、石灰石、石膏、铜、铁、磷酸盐、镁、锰、硫磺等。大部分能源靠进口。

（二）社会经济

以色列国民中犹太人占 81.6%，阿拉伯人占 14.2%，德鲁兹人和其他人占 4.2%。其中半数犹太人是世界各地的移民。移民的大量涌入，以及国内阿拉伯人的高出生率，使得人口增长迅速，目前总人口已达到约 600 万人。其中农业人口为 28.3 万人，不足总人口的 5%。全国 90% 的人口居住在城市，首都耶路撒冷的人口就占总人口的 10%。

以色列是中东地区第一工业国，工业发展很快，主要工业部门中，一是军事工业高度发达；二是钻石工业突出。其他还有电子、化工、纺织、运输设备、机械和建筑等，工业产值约占国内生产总值的 20% 以上。以色列农业发达，农业产值占国内生产总值的 31%，农产品除满足国内需求外还出口国外，已成为重要的创汇收入，尤以节水灌溉业闻名世界。主要农作物有柑橘、蔬菜和棉花等。在组织形式上，主要是合作社，一种是“基布兹”，是以财产共有的原则组成的村落，其劳动、收益、支出全部均等分配；另一种是“莫沙夫”，是自耕农的合作社集团。以色列的第三产业尤其发达，旅游业、商业等，年产值约占国内生产总值的一半。1996 年国内生产总值为 947 亿美元，人均国内生产总值达到 16 930 美元，已跻身于世界 20 个发达国家之列。

二、水资源管理

（一）水管理机构框架

据耐特菲姆公司伍利·奥尔博士介绍，以色列水管理机构框架为：国家水利管理委员会（简称国家水管会）→不同部门委员会

(财政、能源等)→地区水管会→乡镇水管会(城市、乡镇、农业安置区等)。

水资源管理的最高机构是国家水利管理委员会,其主要职责是:宣传节约用水,推广节水技术措施;供水项目的立项审查、核拨资金;配水定额的监管(控制水表);向政府提出水价建议等。水资源管理工作的具体操作是通过公司来实现的。

1950年,以色列政府建立了国家水规划公司,其主要任务就是负责国家和地区性主要水利工程的规划设计。建立的第二家公司是麦克洛特公司,其职责是负责水利工程的建设和从国家供水网中供水到市政部门、地方委员会、农业安置区及私人企业等;还参与制定水的收费标准,并根据政府控制的价格政策对不同的用水部门采取不同的收费标准。政府通过麦克洛特公司对国家供水网络进行运行和管理,并按季节和月份配额将水及时并有保证地输送给用户,配额分配是根据当地水文地质条件和国家发展政策而定的。麦克洛特公司下设许多管理服务公司,其职责一是负责每两个月读一次水表,以监测用户执行用水配额情况,并将读数输入计算机,计算出每个用户的用水时间、用水量和水费等,以便用户交费;二是负责国家供水网的正常维修工作,包括损坏或漏水管道的更换和闸阀、水泵、电机及电子设备的维护等。麦克洛特公司目前控制着以色列水资源的67%,其余部分由市政部门、农业安置区和私人用户管理。

(二)运行机制

市政部门、地方委员会、农业安置区等从麦克洛特公司收到供水(政府供水网给水栓),再将价格提高到经批准的额度配给消费者(增加后的价格包括运行费、供水和污水处理及污水系统的维护费用等);负责规划和建设各自的配水网络,将批准的用水配额(每两个月为一个时段)输送给每个用户,监测输送情况。国家供水网和地方供水网实行分权管理,政府供水网给水栓以下网络的维修由农业安置区或市政部门负责。

政府供水网给水栓以下，用户管理组织（市政部门、农业安置区等）依法负责将水利管理委员会制定的月用水配额输送到用户给水栓。这些配额每年约在灌溉季节前两个月，由水利专员连同对每一类用户（农业、工业、城市生活）用水详细的价格及分级提价价格一起颁布，在政府水价发布后，农民有足够的时间从价格和水量两个方面考虑，制定出他们的季节种植计划。

对农业部门的供水管理，是针对农业安置区（基布兹、莫沙夫）作为供水单位，由农业安置区再将水输送给每个用户。

（三）水权及用水配额制度

在以色列建国初期，水就被认为是国家最珍贵的资源，同时考虑到半数以上的国土为干旱和沙漠地区，水被确立为国有化资源，归政府所有和控制。为了给予政府控制水资源开发的权力，以色列于 1959 年颁布实施了《水法》。该法阐明：以色列的水资源是公共财产，由国家控制，用于满足公民的需要和国家的发展，一个人拥有土地的产权，但并不拥有位于其土地上或通过其土地境内的水资源的权力。

以色列制定《水法》的目的：一是通过将可转让和不可转让的水权配额交给消费者开发利用，以达到水资源有效利用的目的；二是建立水价制度，并增加灌溉农业在国家财政中的比例。为贯彻政府对所有地区的发展保持平等的原则，特别是远离水源的边境和干旱地区，《水法》规定建立补偿基金，以减少国内不同地区间水费的差别。基金通过对用户用水配额实行征税筹措。保证平等用水配额的主要措施是将不可转让的配额授予用户。《水法》规定，对用水超出配额的用户要实行罚款，这些罚款用于奖励按配额用水的用户。对配额以内的水费，使用较低的费率；高于配额的水费，按分级提价的原则征收较高的费率。用水配额的分配是按满足预期 40 ~ 50 年国家人口增长的需要而制定的。20 世纪 50 年代建立的用水配额制度，运行了近 50 年仍被严格执行，并证明是切实可行的。它不仅保证了以色列各行业的用水要求，而且鼓励或迫使各行业进行技术开发和革新,以高效利用水资源,使以色列成为世界上节水技术方面最先进的国家之一。

(四)水价

以色列水的成本被分为三种类型(所列价格和费用为1992年水平):

低费用水:浅井水和输配水投资较低的地表水,费用为0.10~0.15美元/m^3;

中等费用水:深井水和提水、输配水投资较高的地表水,费用为0.30~0.80美元/m^3;

高费用水:提水扬程较高和咸水淡化的水,费用高于0.80美元/m^3。

以色列的水费主要受电力费用的影响。国家供水工程从加利利湖开始,每年需要提水3.0亿~4.0亿m^3。每输送1 m^3的水需克服360 m的静扬程,耗费1.2 kW·h的电力。进一步说,因以色列全部使用喷灌或滴灌,水必须以不低于2.5个大气压的压力输送到用户的给水栓,最后水到达最远和最高点时,电力消耗增大到4 kW·h/m^3。1992年,以色列总发电量为240.19亿kW·h,而供水系统用电量为19.55亿kW·h,占总发电量的8%。

对不同部门供水的价格与前述三个等级的开发费用不是直接联系的,而是分不同的用水部门制定的。对用户来说,使用地表水和地下水的价格是一样的,水量丰沛的北部和缺水的南部水价基本是一样的,这样就避免了水价混乱、同一方水不同价的问题,便于管理部门管理。

生活用水价格(已加上了市政部门对系统的运行维护和废水处理等征税):一般为0.7~1.0美元/m^3,每个家庭每年的生活用水配额是100~180 m^3,一个家庭若用水超过其用水配额,超额部分的收费为1.6美元/m^3。一般家庭每年花费在生活用水上的费用平均约150美元,约占每个家庭年度总费用的1%。

工业用水价格:对配额内用水定价为0.2美元/m^3;超过配额

10%的用水，水价为0.4美元/m^3；超过配额更多的用水，水价为0.6美元/m^3。

农业用水价格：有效农业用水的价格一般不高于0.12～0.14美元/m^3。对于超过配额10%的，定价为0.26美元/m^3，再多的超额用水定价为0.5美元/m^3。每个农户家庭可以种植管理4.5～6.0亩的温室农业，主要生产出口蔬菜和鲜花，年毛利润约为45 000美元，每个温室每年用水配额约为5 000 m^3，年度用水费用不多于600美元，水费不成为生产的约束，因此以色列政府鼓励农民发展温室农业。

三、水资源配置

（一）国家输水工程

为了解决水资源时空分布不均的矛盾、实现水资源在国家范围内的统一调配和系统管理以及运行的灵活方便，使水从多水的北部地区输送到缺水的南部地区，或在地区间互相输送，并实现地表水和地下水的联合运用，以色列对水资源进行了总体规划，将所有水资源考虑为一个综合系统，建立了国家输水工程。该工程部分由明渠组成，但主网络由直径178～274 cm的预应力混凝土管道组成。每年将约4亿m^3的水量，由低于海平面210 m的加利利湖提升到海拔152 m的水厂，然后自流到海滨平原。中部山区和南部地区由另外的泵站加压输送。各地的地下水井也与国家输水工程联网，由国家输水工程统一调配。国家输水工程峰值输水量为20亿m^3，工程包括提水泵站、管线、渠道、隧道和调节水库等。工程于1956年动工，1964年建成，系统主管线长130 km。

加利利湖覆盖面积168 km^2，库容40亿m^3，为天然的调节水库。主要接纳约旦河来水和一些主要支流来水（如Dan河、Snir河、Hermon河等）。每年平均约有8.5亿m^3水注入加利利湖，其中65%的水量来自约旦河，年蒸发量约3亿m^3。

输水工程输水到地方系统后，地方系统进一步将水供到每一个用户。

国家输水工程建成之后水量的分配原则为80%用于农业，20%用于饮用。然而，随着时间的推移对饮用水的需求越来越大。到20世纪90年代初期，国家输水工程提供的饮用水量占到50%。根据预测，到2010年时大约有80%的水量将直接作为饮用水。国家输水工程用于饮用水大幅度增加的原因是：

(1)以色列人口的增加，主要集中在中部地区。

(2)由于生活水平的提高，对城市供水的数量增加了。

(3)沿海地区对地下水的超采，导致地下水资源枯竭，加剧了海水倒灌和水源污染，迫切需要出台对地下水使用的规定和限制地下水的开采。

作为以色列生命线的国家输水工程，由塔哈尔(TahaL)公司负责设计，麦克洛特公司负责施工，所有的机电安装工作都是由麦克洛特的下属公司沙哈姆公司(机电服务有限公司的简称)负责完成的。

(二)供水量和需水量

以色列供水政策基于以下三个主要原则：

第一，水要从位于水量富裕的北部输送到干旱和半干旱的南部。

第二，各种水源的供水，应考虑国家的整体规划，要满足预期40～50年国家人口增长的需要。

第三，通过实行用水分配制度、价格政策和在灌溉及工业中引进革新技术，减少水的浪费等综合措施，保证水的有效利用。

以色列现状供水量每年约20.2亿m^3，地下水约占其中的60%。农业是用水大户，每年配额为13亿m^3，占总供水量的65%；城市生活、工业用水7亿m^3。遇枯水年时，优先满足城市生活和工业用水，核减农业用水配额。

据预测，2000年需水量将达到20.9亿m^3，其中农业需水量预计占总需水量的56%。农业需水量的63%由淡水满足，27%由咸水满足，其余10%由处理后的污水满足(现状每年约有2亿多m^3

处理过的污水用于农业灌溉)。

(三)水处理和回用

为了解决缺水问题,以色列不仅注重节约用水,而且着重研究了城市污水的回用问题,积极利用高科技完成污水循环利用工程,既节约了水资源,也有利于环境保护。目前,70%以上的城市污水经过处理又回用于农业灌溉和环境用水。各个地区和主要城市都建有污水处理工厂,通过不同于洁净水的“第三条管道”输向用水地区,并计划在未来10年里,全国1/3的农业灌溉将使用处理过的污水。

四、节水技术及措施

水资源的极度缺乏使得以色列在全国范围内实行水资源的统一管理与调配,重视研制、生产和应用新的节水设备,从而探索出一条解决水资源紧缺的成功之路。在以色列,无论是在城市,还是在农村,处处可以看到节水措施的存在。城市道路两边的树木花卉用的是滴灌,住宅小区园林绿化用的也是滴灌,至于农业部门的土地耕作更是节水技术大显神威、无所不在、无所不有的场所。在以色列绝对看不到像我国大多数地区采取大水漫灌的灌溉形式,大多数地区采用的是滴灌这种节水效果最显著的技术,水的有效利用率达95%。综合来看,以色列节水技术的推广实施主要有以下几点。

(一)提高思想认识,重视水资源的合理使用

水资源已在全世界面临危机,对农业水资源的供应更是日趋紧张,随着新兴城市的发展,即使在那些认为水资源丰富的地区也面临着危机,以色列政府经常教育国民要重视水资源的合理利用,以最少的水量获取最大的效益。政府立法将水资源作为战略资源统一管理,把水作为最重要的资源严格控制使用,由国家水资源管理机构统一管理水的开发、分配、收费及污水处理、地下水开采、水源保护等。注重可持续发展,做到水资源开发与生态保护并举,在确保水源和生态的前提下进行开发建设，有效地改善了气候和水源生态。

在生活节水方面，以色列全国城镇都已做到按计划用水，超计划用水加倍罚款。例如在以色列的宾馆卫生间抽水马桶上安装有两个级别的高低水量控制开关，根据实际情况使用不同的冲洗开关，以达到节水的目的；公共场所的水龙头，采用限时限量，半分钟后自动断水，避免了水量的浪费。在农业用水方面，以色列政府鼓励农民发展精耕细作的温室农业，主要生产出口蔬菜和鲜花，从而达到用最少的水量来获取最大的产值。

（二）推广节水技术，研制、生产符合以色列国情的节水设备

20 世纪 60 年代以色列耐特菲姆公司发明了压力灌溉技术，并在全国推广，使以色列单位面积土地耗水量下降了 50% ~ 70%，其压力灌溉系统广泛适用于蔬菜、棉花、玉米、花卉、果树、防风林的灌溉，并可使用处理后的工业和生活废水进行灌溉。这种目前节水效果最显著的技术叫滴灌（也可叫微灌），是节水灌溉的主流，发展很快。滴灌就是利用专门设备（动力机、水泵、管道）把水加压或利用自然落差位能，将有压水送到灌溉区域，它可根据作物生长期的不同需要，定时、定量地通过低压管道系统与安装在终端的特制滴头将水及养分以较小的流量，准确、均匀、直接地输送到作物根部附近的土壤表面或土层中，主要用于局部灌溉。以色列耐特菲姆公司发明的滴灌技术是基于“浇的是作物，不是土壤，土壤不需要水”的指导思想，其认为寻求新的水资源还不如搞节水革命，用最少的水达到最大的产值。

从图 1 所示可以看出，传统灌溉方式在作物产量达到一定数值后，用水量虽然增加但产量不再提高，甚至在用水量达到很高时，作物产量反而会下降；而节水灌溉按照作物生长期的不同水量及养分的需求，通过滴灌将水和养分直接作用于植物根部，既能满足作物生长的需要，又能节约水量，提高单位面积产量。温室大棚又把节水提高到一个新的水平，高科技技术在生产实际中的广泛应用，为农业发展提供了一个新的空间。

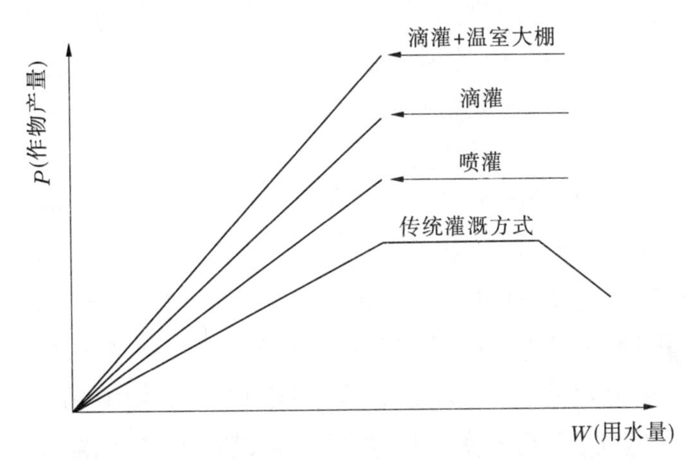

图1　各种灌溉方式的作物产量和用水量比较

滴灌是目前最先进的灌溉方式。滴灌技术，是利用滴灌设备以滴水方式缓慢地将水滴入土壤中，适时适量地为作物补充水分的一种灌溉方式，它避免了漫灌、沟灌、喷灌等灌溉方式形成的土壤板结、土壤缺氧、作物沤根死亡等不良现象。滴灌能使作物根部形成水、气、肥共存的良好生长环境，使作物生长健壮，获得高产。

滴灌是一种水、肥共进的灌溉方式，可以节水省肥。滴灌在给作物补充水分的同时，还可以以水带肥，实行配方施肥，适时适量地为作物补充所需要的养分。我国传统农业的撒施、沟施等多种施肥方式，肥效发挥缓慢，利用率仅有30%左右。而滴灌可将植物所需的各种肥料在水中完全溶解，变成可供植物直接吸收的有效成分，直接滴入植物根部，肥料利用率可达80%以上。在灌溉的同时，针对不同作物不同生育期追施不同肥料，最大限度地满足作物不同时期对肥料的不同需求。由于水肥的及时、科学、持续供应，作物上市期提前，供应期也相应延长，产量大幅度提高。以色列在农业生产中不用有机肥，只用化肥，也是基于滴灌技术的广泛应用。

用滴灌可以减少病虫害，与漫灌、沟灌、喷灌相比，滴灌大幅度降低了田间湿度,从而有效地控制了病虫害的发生和蔓延。

滴灌可以改善作物品质。由于水肥的科学供应,病害的减少,作物品质显著改善,以番茄为例,色泽、亮度、果形、口感、均匀度、耐贮性等各项指标均明显优于常规栽培,这对于我国农产品打入国际市场具有重要的借鉴意义。

滴灌与大棚设施配套,可获高产高效。滴灌和大棚等设施配合使用,效益极为可观,我们考察的大棚番茄亩产量可达 35 t,生长期 11 个月,供应期 9 个月;草莓亩产量 80 t,生长期 8 个月;甜椒亩产量 16 t;棉花亩产量 370 kg;种植其他蔬菜作物每亩平均收入 3 万 ~4 万美元;花卉效益更佳,每亩收入可达 10 万美元左右。

在以色列,我们考察了以生产滴灌设备而闻名的耐特菲姆现代灌溉和农业系统公司,并听取了农业研究部农学顾问伍利·奥尔博士的情况介绍。耐特菲姆公司生产的滴灌设备是世界上最先进的滴灌设备,它与同类设备相比具有独特的优越性:

(1)它具有完整的网络系统,配合使用十分方便。

(2)其压力补偿式滴头是世界上最先进的滴头,可以实现全线压力均衡供水。

(3)具有自动过滤、自动清洗装置,不堵塞。

(4)寿命长,抗老化,使用期可达 15 年以上。

(5)相对成本低,一次性投资较同类其他设备价格高一些,但分摊到每年的成本并不高。

现在耐特菲姆公司生产车间每天 24 小时作业,完全是自动化生产,每班只有 5 ~7 名工程师值班,生产不同产品、不同规格的节水灌溉设备。该公司目前在 26 个国家设立有 90 多个办事处,把公司的灌溉系统设备销往世界各地,其计划在兰州建设一个分厂,希望在水资源缺乏的中国西部有所发展。

(三)节水技术的发展离不开高科技

在以色列,节水技术日趋成熟,节水观念深入人心,35 年前分配的水量配额指标至今没有增加,发展经济只能靠既有水资源的挖潜，所以在以色列围绕着节约用水和高效开发的科研成果层出不穷，运用高科技手段发展农业生产已在基布兹农庄广泛应用。例如我们在参观的温室大棚里看到，作物的生长过程完全由计算机监测仪控制，输水管线连着作物、土壤，每天24小时由计算机采用"问答"方式，"询问"（无土栽培）作物是否需要水分、养分及温度、空气等，根据作物的不同需求量决定是否浇水、是否供给养分及是否开窗降温、通气等，完全实现计算机自动控制，每10分钟监测一次，并对土壤中pH值进行测定，数据记录存储在计算机内，对加温器、净化器也进行有效的控制。

我国是农业大国，农业用水占全国总用水量的70%，其中灌溉用水又占农业用水的约90%。我国水资源总量约2.8万亿 m^3，居世界第6位，但人均占有量仅为2 400 m^3，为世界人均占有量的1/4，居世界第109位。干旱缺水是制约我国农业发展的主要因素之一，一方面水资源严重匮乏；另一方面又浪费严重。据统计，我国每年农业用水约4 000亿 m^3，但利用率仅为40%，由于粗放经营，节水技术落后，60%的水被白白浪费掉。因此，推广节水技术，发展节水农业势在必行。要依靠科技进步，研制开发节水新技术、新产品，大力推广现有节水新工艺，进行节水技术开发研究。如果说20世纪初化肥的使用和20世纪60年代种子的改良从根本上改变了传统农业的面貌，那么21世纪以滴灌设备灌溉系统为代表的农业设施的兴起，将给现代农业带来一次深刻的革命。

五、体会与建议

（一）体会

参加本次考察的7位同志，既有领导干部，又有长期在基层工作的人员，既有从事管理工作的同志，又有从事技术工作的工程师，都是第一次去以色列。在短短的10天里与4个单位进行了座谈，考察了6个水利工程，参观了以色列古老的文化遗址，受到了以色列同行的热情接待，收获很大，体会也很多，主要是：

（1）以色列是一个水资源十分贫乏的国家，特殊的自然地理环境使以色列人民认识到：要生存，要发展，必须节约用水。在以色列，上至官员下到一般老百姓，从农业到工业、城乡生活及各行各业都有强烈的节水意识，无论是新闻媒体还是各种广告，都不断宣传要节约用水。一旦用水指标被分配到每个用水单位，这个单位就按照不同水源用于不同地方进行安排。例如，城乡生活和种植蔬菜、花卉的用水使用洁净水；一般种植业和冲洗厕所的用水使用经过处理的污水；工业用水使用循环水；靠海边的城市用淡化了的海水……而且不同的水源由不同的管道输送到用户，即使冲厕所用的非洁净水也有两个按钮，大便小便用水量不同。强烈的节水意识，使以色列有限的水资源得以充分利用，目前其水资源利用率已达90%以上。

（2）被严格执行的用水配额制度，基本满足了以色列各部门的用水需求。由于用水配额是具体分到每个用户（工厂、企业、农业安置区等），管理机构经常对用户进行检查，核对用水指标，一旦发现超配额用水，立即采取关闸、罚款和核减以后用水配额等措施，使制定了近50年的用水配额制度仍能有效地执行。联系到黄河流域1987年制定的分水方案，将黄河可供水量分配到省（区），再由省（区）具体对用户进行分配，由于种种原因，并没有被沿河各省（区）严格地执行，致使黄河流域水资源供需矛盾突出，下游断流。这一点，以色列的管理经验给予了很好的启示。

（3）在形成节水社会的同时，以色列大力发展高科技，使有限的水资源发挥最大的效益。目前这个国家已经没有渠道灌溉方式，喷灌仅用于草场灌溉和美化环境的地方，其余几乎都是滴灌，而且将施用化肥、农药等与滴灌有机地结合在一起，由计算机控制灌溉作物，大大提高了单方水的产出效益。如耐特菲姆公司试验大棚中的番茄亩产达到35 t，青椒亩产40 t，单方水产量达9～10 kg，蔬菜输往欧洲市场卖价2～3美元/kg。耐特菲姆公司的这种节水技术不仅用于自己的农庄（基布兹），用于以色列的农业灌溉,而且推广到全世界,目前有 26 个国家有其分公司。以色列面向市场确定自己的农产品,输出的是种子(10 美元/kg),买进的是粮食(0.3 美元/kg)。1999 年大旱,许多基布兹改种农作物为种草,再养奶牛,既省水又提高了收益。这种以供定需、瞄准市场、不断提高单方水的产出效益的做法,很值得我们学习。

以色列还是世界上最大的钻石加工国家,而加工钻石用水很少,其产值却很高。

(4)以色列是一个有古老文化的国家,犹太人民在历史上遭遇了许多苦难,长期流落在世界各地,第二次世界大战期间又惨遭大规模杀戮。但犹太民族是一个自强不息的民族,为了民族的生存与发展,他们不忘耻辱,发奋自强,终于使自己的国家成为世界上的一个发达国家,他们建立了犹太人第二次世界大战遭受苦难的博物馆,教育人民不忘过去。他们对中国人民怀有友好的情谊,陪同我们的多莉小姐说,中国有十几亿人口,占世界人口的 1/4,这么多人都说某件事该怎么办,那肯定是对的。在我们考察期间正值巴以冲突时期,以色列人民并不愿意这种现象长期发展下去,他们渴望和平。多莉小姐说,拉宾执行同巴勒斯坦友好的政策,使我们有一个和平发展的环境,我们很怀念他,现在又和巴勒斯坦打仗,我们并不愿意这样,我们希望与巴勒斯坦友好相处,但政府领导人要打仗,我们也没办法。

(5)尽管以色列的水资源非常紧缺,但他们仍然十分重视生态环境建设,保证必要的生态用水。在南部广大的沙漠地区,仍然可以看到成片的椰枣林,形成沙漠中的人工绿洲。横穿沙漠的许多公路并没有被沙漠所掩盖。北部雨水较丰沛的地区也有大片草场用于放牧。同时,实行大面积的封禁(用铁丝网围护起来),形成特有的荒漠生态,栖息着鸵鸟、山羊等动物。但是,由于大量开发地表水资源,由约旦河经加利利湖注入死海的水量在逐年减少,死海的水位逐年下降,现在死海已有部分湖底露出地面,海水含盐度越来越高,对此问题以色列也没有找出解决的办法。

（二）建议

（1）加大节水宣传的力度，真正把节水灌溉作为革命性的措施来抓，逐步建立节水型社会。为此，首先要转变观念，变灌溉土地为灌溉作物，作物生长所需要的水资源是有限的，水多了作物产量不一定高，节水灌溉有极大的潜力。其次，节水需要投入，主要是科技方面的投入，有了先进的科学技术，尽管节水措施的投入较多，但其所获得的效益将更大。再次，节水型社会形成后不仅可以缓解水资源的供需矛盾，而且可以提高广大民众的素质，促进社会进步。当然，节水灌溉的推广和发展，对于我们这样一个传统灌溉意识很强的农业大国，必将有一个过程。但是从传统水利向现代水利、可持续发展水利转变，就必须经历这一过程。2000 年全国干旱，给农业生产造成了很大的损失，也使人们对节水灌溉的需求更加迫切，我们应该结合我国的实际情况，从宣传、科技、资金、政策、水价等诸多方面采取措施，加速节水灌溉发展的过程。

（2）这次赴以色列考察的时间较短，又正值巴以冲突加剧时期，考察的地方有限，座谈的部门也不多，建议今后继续与以色列及其他节水先进的国家多交流，同时引进先进技术，结合黄河流域和河南省的实际情况培育节水灌溉的典型，推进节水事业的发展。

以色列考察见闻

二〇〇一年三月

为了促进水资源的管理和节约使用,2000 年黄河水利委员会组成考察团赴埃及、以色列等国考察。在结束了埃及的考察之后,我们一行七人离开开罗前往以色列。汽车穿过寥廓的西奈半岛和著名的苏伊士运河到达埃以边境。由于战争和冲突的阴影,边界气氛显得有些紧张。除有军队巡守外,安全检查进行的十分严格,不少人被要求开箱检验。我们的行李检查进行的比较顺利,大约半个小时通过安检。以方接待我们的多列莱女士和多莉小姐在海关等候。她们热情地自我介绍,互致问候之后便开始了在以色列的考察活动。

一、巴以冲突

巴勒斯坦地区的民族宗教冲突是当今世界的热点,自然也成为我们关注的问题之一。以色列位于亚洲西部的地中海沿岸,地处欧亚非三大洲的交界,水陆交通便利,战略地位十分重要,自古为大国相互争夺的战略要地。历史上称为迦南,后称巴勒斯坦地区。这是一块具有悠久历史的土地,早在 5 000 多年前就形成古代的城市群落并使用过世界上最古老的楔形文字。这里的居民主要是信奉伊斯兰教的巴勒斯坦人和信奉犹太教的犹太人。历史上曾经建立过犹太人统治的以色列 - 犹太王国,也建立过阿拉伯人统治的伊斯兰和奥斯曼帝国。第一次世界大战以后成为英国的托管国。在此期间犹太复国运动逐步兴起,其目标是在巴勒斯坦地区建立“犹太人的民族之家”。大批散居世界各地的犹太人移居巴勒斯坦。犹太人和巴勒斯坦人的民族矛盾,也逐渐显露并不断加剧。1929 年发生了一次大规模的民族冲突。引发这次冲突的原因是“哭墙”(也称西墙)的使用问题。为了圣地的争夺发生了流血冲突。由于英国士兵支持犹太人并参与冲突,双方伤亡都十分惨重,从此引发了旷日持久的民族宗教争端。第二次世界大战以后,在美国、英国、苏联的主导下,联合国于 1947 年 11 月通过了 181 号决议。决议提出在巴勒斯坦地区分别建立以色列和巴勒斯坦两个国家,不足总人口 1/3 的犹太人占据 56% 的土地,占人口 2/3 以上的巴勒斯坦人则占据 44% 的土地。此举引起了阿拉伯国家的强烈不满。1948 年 5 月 14 日以色列国宣告成立。第二天埃及、叙利亚、约旦、伊拉克、黎巴嫩等国家就对以色列发起了进攻。此后在 1965 年、1967 年、1973 年双方又发生多次战争(即中东战争)。由于美国、英国对以色列的支持和阿拉伯国家的内部矛盾,战争虽互有胜负,但在 1973 年以后以色列曾占据阿拉伯国家的大片土地。在以色列控制的巴勒斯坦地区,犹太人和巴勒斯坦人的冲突也时有发生。幸好在我们考察期间巴以冲突处在相对平静的时段,所到之处没有看到冲突事件。

二、世纪之夜

我们进入以色列恰好是 20 世纪的最后一天,2000 年 12 月 31 日。入境以后我们乘汽车沿着红海的亚喀巴湾向北行驶。蓝天、白云、碧波、海滩构成了一幅壮美的画卷。在海湾周围以色列和埃及、约旦、沙特阿拉伯三个国家交界。透过海湾三国的海岸和建筑清晰可见。当地时间下午 3 时左右我们到达以色列南部的海岸城市埃拉特(见图 1)。埃拉特城市不大,显得宁静而美丽。建筑物多沿海岸布设,街区整洁,错落有致。街头上已经活跃着欢庆节日的人群,看不出任何战争和冲突的痕迹。入住宾馆并稍事休息之后,在多莉小姐的引导下我们乘游艇观光亚喀巴湾。由于海湾深入陆地,所以风平浪静,一碧万顷。游艇上大多是当地犹太人和西方游人，黑眼睛黄皮肤的东方人只有我们几个。游艇离岸不久，船上响起了欢快的舞曲。有的游人情不自禁地翩翩起舞。后来到甲板上跳舞的人越来越多，其中不少是满头白发的老人。随着舞曲的跌宕起伏我心中不无感慨。西方人热情奔放，性格外向，较少掩饰，不像我们那样拘谨，喜怒不形于色。深沉、睿智是我们中国人的优点，但有时未免过于压抑和沉重，这和不同的民族文化传统不无关系。大约半个多小时，游艇驶入了珊瑚礁海域。红海的珊瑚礁是以色列最具特色的旅游圣地之一。游艇底部设有透明的舱底，可以清晰地看到海底世界。蔚蓝色的海水下面珊瑚礁五彩斑斓、千姿百态。有的如山峰突起，有的如百花斗艳。水母、海蜇、海星、海胆和千奇百怪的海洋鱼类游弋其间。海底世界的神奇令我们叹为观止。

图1　红海之滨的以色列城市埃拉特

多莉小姐怕我们不习惯当地饮食，晚餐时特意把我们安排在中餐馆。这是一家当地人开设的可以做中国菜的餐厅，占地面积不大，环境优雅，绿树葱笼。为了庆贺新年，我们特地拿出从国内带来的白酒。以色列处于东二时区,和北京的时差是 6 个小时。下午 6 时就是我国跨入新世纪的时刻了。我们等待着……五、四、三、二、一! 我们共同举杯庆贺我们国家率先进入 21 世纪,并为我们的祖国和人民祝福。

晚上我们下榻的 HAMAAYAN 宾馆举办迎新年联欢晚会。礼堂里摆放着一排排圆桌,坐满了来自不同国家和地区的客人。服务台备有香槟、咖啡和各色小食品。舞台上有精彩的歌舞表演。人们沉浸在节日的喜庆之中。有的举杯祝贺,有的翩翩起舞。晚上 12 时,新年的钟声敲响了! 人们起立欢呼,随后纷纷走上街头。这时海边上灯火辉煌,行人如织,绚丽的烟火映照着节日的夜空。商场、店铺灯火通明。各种游乐场地人流络绎不绝。回到宾馆休息时已经是夜里 1 点多钟。窗外的霓虹灯依然闪烁,远处还时而传来游人的喧闹。我在窗前凭栏远望,深沉的夜幕笼罩着宁静的海湾。埃及方向由于山地阻挡只能看到海岸边寥落的灯光。约旦、沙特阿拉伯的海滨则是灯火辉映,连绵不断。想来那里也有迎接新世纪的人群。新的世纪,新的千年,在这冲突不断,时常面对暴力和死亡的热点地区,人们更是充满了对于未来的期待,对于和平与幸福的向往。

三、死海

进入以色列的第二天是 2001 年的元旦。我们离开埃拉特,沿约以边界向北行进。这里是著名的西亚裂谷,也称阿拉伯谷地。左侧是高原和山地,黄褐色的山峦连绵不断,没有植被,没有生机,从地貌看颇似我国新疆的火焰山地带。谷地右侧是约旦王国,地势较开阔,人烟稀少,几乎看不到村庄。这里是两国的边界,有时能看到边防军队的营地。地域的苍凉,使旅途也略显乏味。多莉小姐利用这段时间给我们介绍以色列的情况,并和我们交谈。她是一个碧眼褐发的犹太姑娘,二十七八岁的年纪,略显消瘦,曾在北京大学留学,能说一口相当不错的中国话。但和大多数西方人一样,清一色的阳平调,分不出平仄和四声。这并不影响我们进行广泛的交流。她到过中国的许多地方,还到过我的家乡开封。她对中国的印象首先是地域广大,人口众多,另一个突出感觉是中国发展迅速,变化很大。她对中国的餐饮印象深刻,赞不绝口。特别是对于北京和各地的小吃,她觉得种类繁多,口味鲜美,各具特色。在谈到中国对国际问题的态度时她说:“我想中国总是对的。”“为什么呢?”我反问。她说:“中国有十几亿人口,十几亿人都说对,那还能错吗?”说得我们哄然而笑。我问她:“为什么到开封去,那里有什么东西吸引了你?”她说:“二战期间,犹太人在世界的很多地方受到迫害甚至屠杀,只有在中国犹太人受到了保护。因此,我们对中国人有友好的感情。听说有一些犹太人在开封定居下来。我想去看一看我们的同胞。但是很遗憾,连一个犹太人也没有见到。当然除了我自己。”

汽车行驶了两个多小时,右前方看到了水面。越向前走水面越宽阔。湖面平静,色彩碧蓝。这就是世界著名的盐湖——死海。死海位于西亚裂谷的深部,南北长约 80 km,东西宽 5 ~ 16 km,有约旦河等河流注入。湖面低于地中海海面 392 m。平均水深 300 m,最大水深达 395 m,是全球陆地上最低洼的地方。这里虽距地中海不远,但地处裂谷之中,西面有高山阻挡,又不像中国大陆有强劲的季风,所以这里气候炎热干燥,蒸发极其强烈。湖水大量蒸发,盐分不断浓缩,含盐度高达 23% ~25% ,水生物和鱼类不能生存,沿岸也没有草木,故有死海之称。死海氯化物储量在 400 亿 t 以上,并有丰富的溴、钾等矿物资源。我们停下车来在湖边观赏。这里土地呈黑色,不少地方泛出一片片白碱,均为泻卤之地。忽然,有人发现地面上有大块的盐粒结晶,于是大家又在附近寻找。我从地面抠出一个大盐块,足有一斤多重。有的还捡拾一些盐块留作纪念。死海以其鲜明的地理特色,已成为一处旅游胜地。每年都有大批游客来此游览观光。午餐后我们来到一处海滨浴场(见图 2)。那里有人工培育的草坪,呈现罕见的绿色。从浴场规模和服务设施都不难想象正常营业时的热闹场面。近期因巴以冲突,以色列旅游业受到严重打击。海滨浴场已停止营业。除了我们几个几乎没有游人。过去听人说死海的水比重很大,即使不会游泳的人也可躺在水面而不会下沉。当时虽在冬季,但当地气温还不低,凭感觉约在 15 ℃,只是略有寒意。由于传说的诱惑,我们也产生了下海一试的冲动。进入湖中,的确有飘飘然的感觉。若说不会游泳的人也不会下沉,似乎有些夸张。到死海旅游的人,大多都要尝试一下“黑泥浴”,即把海底的黑泥涂满全身。黑泥中含有多种矿物质,具有护肤、养颜和治疗多种皮肤病的功效。我捞了一把黑泥往身上涂抹,果然有滑腻如脂的感觉。不一会儿我们几个都成了“黑人”。当地人以死海黑泥为原料生产一种叫“AHAVA”的系列护肤品,销售十分火爆,深受旅游者的青睐。

图 2　死海之畔的湖滨浴场

下午,我们沿死海西岸继续向前走。多莉小姐指着路边一片山峦告诉我们,在这里曾经发现以色列最古老的文物。1947 年夏,一个年轻的牧人在这里寻找一只丢失的山羊时,在一处山洞里发现了几个巨大的陶罐。罐内腐烂的亚麻布中裹着三张羊皮卷，经鉴定是2 000多年前的经卷。经过进一步的搜寻，又有其他发现。这些经卷被称为“死海古卷”或“库姆兰古卷”，是20世纪最惊人的考古发现之一。卷中有用古希伯莱文、亚兰文和其他文字书写的《圣经》、《圣经注释》和其他史料。《圣经》经文比以往最早的版本还早了1 000多年，时间在公元前3世纪到公元前1世纪，相当于中国的战国到秦汉时期。

四、基布兹

离开死海，我们来到当日的目的地卡利亚（KALIA）基布兹。村舍周围有铁丝网防护，门前有持枪的警卫人员。由于事先联系过，警卫人员主动放我们进入居住区。多莉小姐告诉我们，警卫人员是为了防止巴勒斯坦人的袭击。基布兹是以色列农村的集体经济组织，有人称它是以色列的人民公社。这种组织形式约占农村人口的40%。其他多为莫沙夫（自耕农合作社）。基布兹的特点是土地和生产资料均为集体所有，实行各尽所能、按需分配，生活需求和福利设施均由集体供给，教育、医疗等费用也由集体承担。加入基布兹实行自愿原则，不愿加入的可随时退出。外来或重新加入的需提出申请，经2/3的成员同意可以加入。我们访问的是一个规模不大，也不算富裕的基布兹，共有300余人，成年劳动力80多人，主要从事种植养殖、畜产品加工等，人年均收入18 000多谢克尔，约合5 000美元。基布兹的负责人L先生热情地接待了我们，并带我们参观了他们的养殖场。L先生30多岁，身体强健，精力充沛，负责全基布兹的计划安排、生产组织、对外销售、来人接待等，是基布兹的大忙人。参观时我们饶有兴趣地相互攀谈。基布兹成员的住宅，都是漂亮的别墅式建筑。每套约200多m^2。我问他：“房舍是否每户一套?”他点点头。“如果人多住不下怎么办?”“再给他一套。”他回答。“如果还想多要怎么办?”“要多了有什么用?”他反问。是的，如果财产都归集体所有，个人无权处置,要多了也确实没用。我问他:“你承担这么多的工作和责任,分配和别人一样,你不觉得吃亏吗?”这个问题L先生似乎没有料到,他笑了笑,没有回答。晚饭时我们来到集体食堂,餐厅已备好自助餐,摆放着面包、牛奶、果汁饮料、牛排、烤肉、沙拉、奶酪等。成员们自行取用,吃饭不付费,由基布兹统筹安排。我们是外宾,除被集中安排一处餐桌外,其他没有什么不同。饭后我们又看了球场、俱乐部等公用设施。设备齐全的网球场里活跃着一群打球的孩子。晚上我们住在基布兹的招待所。招待所有六排房子,每排四套。房屋是西式风格,造型简洁雅致。房前有休闲平台和一个小花园。房内一室一厅,设施齐全。除普通宾馆的设备外,还有简单的炊具,可以煮咖啡、烧水泡茶。每人一套房间,是我们这次考察住得最宽敞、舒适的一次。以色列的基布兹据说是20世纪20年代,来自苏联和东欧国家的移民带进来的组织形式。后来竟在这里生下了根,其中有一些还有相当强的经济实力。我们此行访问的世界上最大的滴灌设备生产厂家耐特菲姆公司就是玛卡拉姆基布兹兴办的,年销售额达2亿美元以上。一种组织形式能够在七八十年的时间里延续、发展,在一个资本主义国家里和其他经济组织共存共荣,它的可能性和现实性都是如此不容置疑。这令我不能不想到我国夭折了的农业合作社和人民公社。它曾经在我国农村普遍建立,但很快就成了生产力发展的桎梏。生产资料公有和平均主义的分配办法成了滋生消极、懒惰的土壤,并导致经济发展的停滞和普遍的贫穷。党的十一届三中全会之后,随着农村联产承包责任制的推行,农村发生了奇迹般的变化。还是那些人,还是那些土地,农产品从极度短缺到大量涌流。实践说明人民公社的尝试至少是过于急进了。基布兹的发展和人民公社为何如此不同?我试图找出答案。但我毕竟了解得太少,缺少足够的资料,更缺少应有的智慧。类似的情况还发生在20世纪的瑞典。当时瑞典吸取历史的教训,严守中立,专心致志地发展经济,避免了两次世界大战的严重损耗。第二次世界大战之后瑞典富裕发达的程度已进入世界的前列。在此基础上瑞典又推行了彻底的社会福利政策，被称为“从摇篮到坟墓的福利保障系统”。通过发行公债，提高税率，增加人民福利，在一定时期内，瑞典经济发展，社会稳定，不仅得到国内的广泛赞同，也为世界许多国家所瞩目。但随着时间的延续，问题终于凸现。高税收、高福利造成成本上升，产品竞争力下降，大量资金外流。内在惰性滋生，福利支出膨胀使财政难以承受。瑞典终于感到福利国家带来的是高消耗和低效率，最后不得不进行艰难的调整。

平等、富裕、公正、和平，这是人们世代追求的理想，宗教的慰藉，桃花源的梦想，乌托邦的向往，以至共产主义的追求。但历史的实践告诉人们，通向“人间天国”的道路曲折而漫长。平等地享有社会财富，体现了理性和正义，但又包含着劳动价值的不平等。市场机制促进了经济发展和财富的涌流，但又导致对于资源和市场的掠夺与抢占，使更多的人失去平等竞争的条件。建立一个理想、正义的社会制度，将是对人类理性和智慧的最终考验。

五、耶路撒冷

离开死海之滨，汽车在犹地亚山区迤逦穿行。车窗外闪过一座座光秃的山丘和一片片苍凉的谷地，翻过一个高高的山口，终于远远地看到了耶路撒冷（见图3）。

耶路撒冷是世界上最古老的城市之一。约在5 000年以前从阿拉伯半岛迁来的迦南人首建城池。后来美索不达米亚的游牧民族希伯莱人也在此定居。公元前1049年犹太民族的大卫王建立了以色列－犹太王国，把这里定为首都并取名耶路撒冷。它的闪米特语原意是“和平之城”。但是这个名字并没有给它带来和平。在战争和掠夺中它曾经八次遭受毁灭，又一次次在废墟上得到重生。

东区的旧城是耶路撒冷的心脏，在这里许多伟大的人物留下了传诵千古的故事，使我们这些凡夫俗子不禁产生敬畏之情。旧

图 3 俯瞰东耶路撒冷

城被高大的城墙围绕,据说是奥斯曼帝国苏莱曼大帝所建。通过城内狭窄的街道进入一个广场,宽大的下坡通向一道高大而古老的石墙。这就是犹太教的最高圣地——哭墙(见图 4)。

约在 3 000 年前大卫王的儿子所罗门在这里建造了犹太教的第一圣殿。公元前 586 年巴比伦人攻占了耶城,圣殿被付之一炬,数以万计的犹太人被俘押至巴比伦,史称“巴比伦之囚”。50 年后波斯帝国消灭了巴比伦,大批犹太囚徒返回耶城,他们花了 20 年的时间重建犹太圣殿,称为第二圣殿。公元 70 年圣殿又被罗马大军摧毁,仅剩一堵残墙,成为后来修建的伊斯兰圣殿西墙的一部分。为了反抗罗马帝国,犹太人举行了三次起义。100 多万人被杀害,几十万人沦为奴隶,其余绝大多数人被逐出巴勒斯坦,开始了近 2 000 年的流亡、迁徙。他们在世界各地受尽了屈辱和迫害。特别是第二次世界大战期间,希特勒政权灭绝人性地屠杀了 600 万犹太人,制造了人类历史上罕见的种族灭绝的惨剧。但是犹太人不管流落何方,始终把耶路撒冷视为他们的精神家园。“明年

图4　耶路撒冷的犹太教圣地——哭墙

在耶路撒冷”是他们时刻不忘的祈祷词。历经劫难的游子,看到圣殿的残垣,大多悲痛欲绝,痛哭失声。这段长约 50 m、高 19 m 的“哭墙”,也成为犹太教最神圣的地方。在墙根处我们看到许多犹太人头抵墙面,手扪胸口,身体微微摆动,全然不顾周围的一切,专心致志地诵经祈祷。诵经完毕都会往墙缝里塞入一个纸条。这是他们送给上帝的密信,寄托着他们的祝福和祈求。

沿着哭墙西侧的上坡向前,走不远就看到哭墙的上方有一座金光闪闪的巨大圆顶型建筑。这就是伊斯兰教的圣地阿克萨清真寺,也叫做金顶清真寺。它的对面,还有一座银顶清真寺。两寺均建于公元 7 世纪阿拉伯军队征服耶路撒冷之后。金顶清真寺在圣殿山顶部,位置显赫,得天独厚。哭墙就在它的脚下,并成为寺院西墙的一部分。清真寺的巨大穹顶华美精致,金碧辉煌,在一片灰色的建筑中显得格外耀眼夺目。相传在穆罕默德创立伊斯兰教的第九年,即公元619年的一个晚上,忽闻天使伽百利来召。“先知”随他乘坐一匹面如女子的飞马,从麦加直飞耶城,踏着一块巨石升入九重天,聆听真主安拉的祝福和启示。清真寺的金顶下面的那一块巨石,就是当年穆罕默德升天时踩踏的地方,至今还留有“先知”的足迹。

在犹太教和伊斯兰教圣地的旁边,盘旋着一条曲折的小路。路面的石头经过千年磨砺,光滑而又凹凸不平。这就是基督教《圣经》中所说的悲哀之路。相传这是当年耶稣受难的地方。公元30年耶稣和他的门徒在这里传播上帝的“福音”。由于叛徒的出卖,被当局处以死刑,刑前让他背负十字架游街示众。就在这条小路上耶稣遭受鞭打、折磨,还经历了与母亲玛丽亚生死别离的悲痛。在这条小路的尽头,他被钉上了十字架,死后埋在旁边的山洞里。由于上帝的庇佑,耶稣在死后的第三天复活,40天后升天。公元4世纪在这里建起了圣墓教堂,目前是基督教六大教派共同的圣地。教堂里来自各地的教徒络绎不绝,他们在受难地、涂油礼石(受难停尸冲洗的条石)和圣墓前虔诚礼拜。

各种宗教的圣迹在这里交织着、缠绕着。比如金顶清真寺的那块圣石,犹太教说那是先祖亚伯拉罕接受上帝考验和祝福的地方;基督教说那是上帝用泥土捏出人类始祖亚当的地方;伊斯兰教说那是先知穆罕默德夜行升天的地方。各种宗教都以感人至深的方式诉说着他们和上帝、真主之间的故事,倾注着虔诚的信仰和无限的憧憬。不同的宗教在交织中也不断发生撞击。加上民族和宗教排他主义的影响,甚至发生过激烈的争斗。城市曾因此而毁灭,人民曾为此而哭泣。在东耶路撒冷约1 km^2 的旧城内,挤满了世界三大宗教的圣地。这是它的神圣和荣耀,也是它的不幸和悲哀。

西区和东区迥然不同,宽阔的马路,新颖的建筑,充满了现代气息。我们来到了城西的赫哲山。这里是大屠杀纪念馆，纪念第二次世界大战期间被德国纳粹屠杀的600万犹太人。馆内环境肃穆，放松了的心境也随之紧缩起来。进入大厅时，每人接过一顶黑色的纸帽并戴在头上。大厅内光线幽暗，顶部透出一束光亮，投射在一只长明的火炬周围。火炬宁静地燃烧着，周围是一座座“现代地狱”—— 纳粹集中营所在地的名字。每年5月的纪念日，随着汽笛的鸣响，全城的人都要停止一切工作，静默肃立，悼念第二次世界大战期间被屠杀的600万犹太人的亡灵。我们参观的第二个纪念馆，是一对年迈的父母为他们的儿子和150万被杀害的儿童建造的。他们的儿子被杀害时年仅3岁。展馆如同黑暗的夜空，背景上闪烁着一排排被折射的烛光，屏幕上闪现着被害儿童的遗照。参观者每个人的心灵都受到强烈的震撼。参观结束我们站在高大的反抗法西斯英雄纪念碑前，沉重的心情仍然挥之不去。这座纪念碑不仅是对被杀害的犹太人的纪念，也是对人类理性和良知的呼唤。

耶路撒冷给了我们太多的感叹和沉思。我想“上帝”和“真主”都是宽容的，而他的子孙们竟如此不能共处。在即将离开耶城的时候我为它祝福，祝愿它成为真正的“耶路撒冷”—— 和平之城。

六、绿色奇迹

地球是大自然的宠儿，除阳光外还赐予地球水和空气。于是，地球上就有了风雨雷电、湖海江河，有了生生不息的万物和不甘寂寞的人群。但是大自然又不把水资源均衡地分配于所有部位。有终年积水的沼泽，也有枯燥焦渴的土地。以色列周围的北非和阿拉伯半岛就是地球上淡水资源最为贫乏的地区之一。100多年前美国作家马克·吐温曾经来过这个地方。他不无感慨地写道：“在所有景色凄凉的地方中，我以为，它应是首屈一指。那里寸草不生，色彩单调，地形不美。谷地是难看的沙漠，沙漠周围是一些荏弱的植物……这是一块没有希望的、令人沉闷的伤心的土地。”

但是今天，耶路撒冷和埃拉特都成了绿树掩映、鲜花盛开的城市，甚至南部沙漠的公路旁也可以看到一片片葱绿的林木。这些景象很难和水资源奇缺的事实联系起来。进一步地观察我们发现，凡有绿色的地方都有一条条胶皮管线。每棵树、每支花，甚至每根草都离不开它点点滴滴的滋润。以色列人用他们的智慧和努力让枯树开花，使沙漠变绿，在这块"令人伤心的"土地上创造了绿色的奇迹。在土地贫瘠、水资源匮乏的条件下，以色列成了一个人均国内生产总值 15 000 多美元的国家。所有这些更加引起了我们对以色列水资源管理和利用的兴趣。

以色列面积不大。目前实际控制的面积为 2.8 万 km^2，人口约 600 万人。西部地中海沿岸为狭长平原，中部为高原和山地，东部与约旦交界处为阿拉伯谷地。降水量北大南小，南部年降水量只有 25～200 mm。由于气温较高，蒸发量很大，死海附近年蒸发量达 6 000 mm 之多。水资源总量为 20 亿～24 亿 m^3，60% 为地下水，40% 为地表水。地表水大部集中在北部的加利利湖。湖水主要来自约旦河，还有丹（Dan）河、塞尔（Snir）河、赫尔曼（Hermon）河等支流。水资源分布北多南少，南部大部分为沙漠。全国人均水资源量约为 400 m^3，是世界人均占有量的 4%～5%。水资源短缺，加上严重的时空分布不均，给以色列的生存和发展带来严重的挑战。为了应对水的危机，以色列采取了强有力的措施，运用法律的、行政的、经济的、技术的手段，促进了水资源的节约、保护，实现了水资源的合理配置和利用。

早在 1959 年以色列就颁布实施了《水法》。该法规定：以色列的水资源是公共财产，也就是说，一个人拥有土地的产权，但并不拥有这块土地上的水资源（包括地上和地下的水资源）。该法还规定：水资源由国家控制，用于满足公民的需要和国家的发展。《水法》还对水管理体制、配水制度、水价等作出明确的规定。

以色列设立国家水利管理委员会（简称国家水管会，其下包括水利、财政、能源等不同部门），作为水资源管理的最高机构。

以下还设立地区水管会和乡镇水管会。国家水管会的主要职责是宣传节约用水,推广节水技术和措施;供水项目的立项审查、核拨资金;配水定额的监管(控制水表);向政府提出水价建议等。以色列实行用水配额制度。20世纪50年代将可供开发利用的水资源分配到用水户(城市、乡镇、农业安置区)。分配后一般不作调整,必须调整的要由议会讨论决定。每个地区满足人口增加、经济发展的用水都在分配的定额以内调剂解决。只有通过节水才能谋求新的发展。

以色列的水资源供给由国家统筹,并由国家授权的公司垄断经营。国家供水公司(麦克洛特公司)控制着国家2/3以上的水资源。其余的水资源也由地区、乡镇授权的公司经营管理。供水公司按照国家确定的用水配额,及时地有保证地输送给用户,并通过计算机监测用户执行配额的情况,按不同的用途、用量收取水费。供水管网实行分级管理。国家供水公司(麦克洛特公司)负责供水网络的主干线管理,把水送至政府供水网给水栓,政府供水网给水栓以下的网络管理由市政或农业安置区负责。

以色列由于水资源分布不均,加上地形复杂等原因,供水成本差别较大。有的地方利用浅层地下水或附近的地表水,供水成本较低。有些地方远程调水,成本很高。例如国家输水工程中每年约有4亿m^3的水来自加利利湖。该湖的水面在海平面以下210 m,先把水提升到152 m高程的水厂(扬程近400 m)。其中一部分还要逐级提升用压力管道供给中部山区和南部干旱地区。供水末端每立方米水的电力消耗达到4 kW·h。各地的供水成本从0.1美元/m^3到0.8美元/m^3不等。为了保障干旱地区民众的用水需求和经济发展,缩小不同地区的水价差别,国家建立了水资源的补偿基金,用于调剂不同地区的水价,大体上做到价格平衡。

以色列的水资源虽然实行严格的配额制度,但其中一部分配额是可调剂(不同用途之间)和可转让(不同用户之间)的。这种调剂和转让主要是通过经济手段实现的。以色列根据需求和效益状况对不同用途不同用量的水资源实行不同的价格。如生活用水价格一般为0.7~1.0美元/m^3(包括运行维护和废水处理费用)。每个家庭每年的配额为100~180 m^3。超过用水配额的部分水价为1.6美元/m^3。一个家庭每年生活用水平均支出约150美元,约占家庭年度平均支出的1%。工业用水在配额以内水价为0.2美元/m^3,超出配额10%以内的为0.4美元/m^3,超出10%以上的为0.6美元/m^3。农业用水价格配额以内的为0.12~0.14美元/m^3,超出配额10%以内的为0.26美元/m^3,超出配额10%以上的为0.5美元/m^3。对不超出用水配额的用户还给予适当的补助和奖励。这种超额累进式的水价标准既鼓励了节约用水,也照顾了某些用户的特殊需求。在一定范围内实行用水配额的有偿转让。

七、节水话题

以色列之行使我们对节约用水有了更深刻的体验。以色列全力构建节水型社会,以有限的水资源满足基本生活、工业、农业和环境用水的需要,在每一个领域都尽力采取节水措施。在生活用水上我们所到的公共场所大多使用光控节水型龙头,使用一结束,水阀立即自动关闭。洗手间大多使用节水型马桶,一般设有两个冲水按钮,根据不同需要使用不同的水量冲洗。以色列注重发展节水型工业,钻石加工是它的支柱产业之一,除历史因素外,耗水少、效益高也是一个重要的原因。工业上还十分重视水的循环使用,重复利用率达70%。以色列尽管水资源十分贫乏,却十分重视环境用水。南方城市埃拉特年降水量只有25 mm,但许多街道都是绿树成荫。在穿越沙漠的公路干线旁边,常常可看到绿色的片林(见图5),用它们防止沙漠对公路的侵袭。以色列十分重视污水处理,处理后要求达到饮用水的标准。但同时规定不得用做饮用水,也不能浇灌蔬菜,只能用于冲洗和树木浇灌。

以色列的农业用水占水资源消耗量的一半以上。农业上的节水措施给我们留下特别深刻的印象,完全更新了传统的灌溉理念。

图5 以色列沙漠地区靠滴灌生长的椰枣林

第一,需要灌溉的是作物,而不是土地,土地是不需要灌溉的。放水浇地是对水资源的浪费。浇地式的灌溉在以色列几乎绝迹。第二,作物的需水量是有限度的。经过研究发现,每一种作物的需水量都有两个临界值。在第一个临界值以内,作物的产量和供给的水量成正比。超出临界值,供水量增加,产量持平不再增加。当供水量超出第二个临界值时,水量增加还会造成产量下降。据此可确定不同作物的供水量。第三,只有在作物需水时才需要供给。20 世纪 60 年代以色列的耐特菲姆公司发明了滴灌技术并研制了相应的设备。在国内推广后,使其灌溉耗水量下降了 50% ~ 70% 。这种技术的采取也给有计划有控制地对作物供水创造了条件。在玛卡拉姆基布兹的温室大棚里,我们看到了完全自动控制的灌溉系统。该系统均由计算机控制。每 10 分钟对作物所需的水分、养分等多种指标进行一次监测。经数据处理确定作物所需的水、肥数量,采取水、肥共进的方式直接输送到作物的根部。采用这种方式水资源的有效利用率达 95% 以上。

以色列节水型农业还体现在种植结构的调整,使每立方米水产生最大的经济效益。以色列主要种植蔬菜、花卉以及进行其他作物的良种培育。在玛卡拉姆的温室大棚里,番茄亩产可达 35 t

（生长期 11 个月），草莓亩产 80 t（生长期 8 个月），甜椒亩产 16 t，棉花亩产 370 kg。蔬菜每亩收益 3 万 ~4 万美元，花卉效益更佳，每亩收益可达 10 万美元。每立方米水可生产蔬菜 9 ~10 kg，每千克销售价格 2 ~3 美元。

这次考察中有一点是我没有想到的。那就是以色列水资源的人均占有量，竟然和我们所在的河南省基本相等。但是，我们的节水意识却和他们相去甚远。他们在水资源管理利用上未雨绸缪、居安思危的战略思想和精心谋划、深入研究的科学态度值得我们学习与借鉴。

朱镕基总理考察花园口黄河扒口处纪实*

二〇〇二年七月

2002年7月的一天,黄河水利委员会和河南黄河河务局的有关领导同志告诉我,朱镕基总理将于近日到黄河视察,确定让我负责其中一个考察点——郑州花园口1938年黄河扒口处的介绍与汇报工作。

朱镕基总理专程到河南考察黄河防汛工作还是第一次。7月15日我和委、局的有关领导到花园口看了现场,研究了场地布置和图片资料准备事项。回来后,我又翻阅了有关历史资料,以备总理询问时准确无误地回答。

7月17日,我们按规定提前到达现场。河南省警卫局、接待办及黄河水利委员会的负责同志先后到现场察看了准备情况。在现场等候的有郭国顺、余汉清等人。上午11时30分,朱镕基总理的车队到达八卦亭。主车在两亭中间的大堤上停下。车门打开了,我看到了朱镕基总理和温家宝副总理。我曾三次向温家宝副总理汇报过黄河情况,比较熟悉,他还没有下车就微笑着向我挥手示意。第一个下车的是朱镕基总理,接着是总理夫人劳安,他们和我们等候的三个人一一握手。我又走上去向温家宝副总理握手问好,然后就陪朱镕基总理来到东纪念亭的示意图前。这时我看到陪同朱镕基总理考察的还有曾培炎、汪恕诚、马凯,河南省领导陈奎元、李克强、王明义,黄河水利委员会主任李国英等。

---

* 本文载于黄河水利委员会编《朱镕基总理考察黄河纪行》。

来到现场后,我用七八分钟的时间向领导们汇报了1938年花园口扒口的历史背景、堵口过程等情况。汇报时朱镕基总理几次提问。当汇报到1946年国民政府无视国共两党的多次协议,加紧堵口企图移祸于解放区时,朱镕基总理十分关切地问:"1947年黄河回归后,解放区情况怎么样,防汛出没出问题?"我回答说,当时解放区在中国共产党领导下"一手拿枪,一手拿锨",一方面抵抗国民党的军事进攻,一方面搞好黄河防汛,经过努力保证了黄河防洪安全,取得了胜利。我们现在说人民治黄50多年伏秋大汛不决口就是从那时算起的。朱镕基总理听后高兴地点了点头。接着我们一起看了1997年立的"花园口掘堵记事碑"。浏览碑文以后温家宝副总理说:"碑文最后一句是'特立此碑,以正视听',示意这是此碑的要旨所在。"在东、西两亭间的路上,汪恕诚部长特意走到我身边,微笑着和我握手并说:"你介绍得很好,很清楚。"后来我们又看了1947年国民政府立的堵口纪念碑。看到碑文的第一句话"倭寇侵我之翌年,河防工作停顿,河决于郑县花园口",朱镕基总理笑着说:"不敢承认是扒的口。"我又介绍了碑文大意和主要失实之处,总理又询问了一些情况就结束了这个点的视察。我们送领导回到车旁,朱镕基总理、温家宝副总理等和我们握手告别。

愚公·精卫·黄河

二〇〇三年十月

“愚公移山”的寓言脍炙人口。它讲的是北山老人愚公,决心移走门前的太行、王屋两座大山的故事。和它相提并论的还有神话故事“精卫填海”。《山海经·海外北经》载曰:“发鸠之山,其上多柘木,有鸟焉:其状如乌,文首,白喙,赤足,名曰精卫,其鸣自餃。是炎帝少女,名曰女娃,女娃游于东海,溺而不返,故有精卫。常衔西山之木石,以堙于东海。”和愚公因出行不便而决心移山相比,精卫填海更多了几分悲壮。一个纤弱女子,为了后人不遭受与自己相同的厄运,化做小鸟,世代劳作,以求填塞致祸之源。

寓言常常借助虚构的故事,寓意某种普遍的哲理,其中的人物多显迂腐而偏执。至于神话因借助神人之力,自然无法用常理来衡量。因此,无须对其真实性和可能性提出质疑。想那愚公、精卫以其老朽、纤弱之身,岂有移山填海之力?尽管子子孙孙,世世代代,毕竟不属于一个数量级。愚公之所以成功,只缘精诚所至,率领子孙挖山不止,惊动了操蛇之神,“告之于玉帝,帝感其诚,命夸娥氏二子负二山而去”(《列子·汤问》),愚公父子们才大功告成。

说真的,少年读书之时,并未认真计较。愚公也好,精卫也好,不过杜撰而已,何必当真呢?但在我从事治黄工作更多地接近黄河之后,却时常产生愚公、精卫和黄河的联想。黄河不就是愚公,不就是精卫吗?黄河每年从上、中游搬运的泥沙多达16亿t(11亿多m^3),如果堆在1万km^2的土地上,不到10年就可堆高1 m,3 000多年就可堆出一个1 000 m高的大山来。黄河的历史则以万年计,它所搬移的泥沙何止一个太行山,区区王屋更不在话下了。

黄河填海之功更为精卫不可企及。1855 年以后黄河改道注入渤海。不到 150 年,填海造陆达 2 700 多 km^2。人们常用“沧桑”二字形容人世间的巨大变化,站在河口三角洲广袤的土地上,谁能不产生沧海桑田的感叹呢!

如果由此引申,黄河还有许多令人神往的性格。一是她的执着。她奔流到海不舍昼夜,没有顾盼,不知倦怠。当她遇到困难险阻的时候,既不会莽撞行事,也不会望而却步;而是积蓄力量,提高自己,一旦条件成熟,就会冲破一切险阻,去成就移山填海的事业。二是她的宽容。不管沟谷如何崎岖,她都能从容迁就,在日后的相处中逐步磨合适应;不论水流来自何方,她都能充分交融,从不分南北西东。因此,她能集点滴之水而成浩渺之势,汇涓涓细流而成千古不废的江河。三是她的奉献精神。黄河以其丰腴的水土资源滋润着华夏大地,使她成为中华民族的摇篮,中华文明的发祥地。她经历过历史的辉煌,也经历过民族的苦难;她养育过英雄的儿女,也看见过不孝的子孙,但她依然无私地奉献着。有人抱怨说黄河也曾带来过灾害。是的,但那决不是黄河肆虐无道,只能归咎于人们的不当索取和过分的期求。

历经沧桑的黄河依然流淌着,承载着民族的成就与辉煌、屈辱和苦难,更承载着民族的未来和希望。

大功分洪区质疑

二〇〇五年八月

黄河下游的大功分洪区是1985年水利电力部在《黄河、长江、淮河、永定河防御特大洪水方案》（以下简称《方案》）中提出的。同年国务院以国发〔1985〕79号文件批转执行。文件下达后，相关省、市和部门除表示坚决执行外，有些同志对《方案》的合理性和可行性也存在不少疑虑。譬如：大功分洪方案切实可行吗？实施《方案》能达到缩小灾害减少损失的目的吗？随着黄河小浪底水库的建成运用，大功分洪区失去了运用的必要性，已经从防御洪水的方案中删除，这个维持了20多年的分洪区已经成为历史。但对上述问题进行认真探讨，弄清存在问题，总结经验教训，对于今后的防洪决策或有借鉴与参考价值。

一、大功分洪区的基本情况

大功分洪区位于黄河下游河道北岸河南省境内。其口门位置在封丘县大功村附近的黄河大堤上。分洪区涉及封丘、长垣、延津、滑县等4县，面积2 040 km²，耕地285万亩，村庄1 357个，居住123万人，属国内最大的分滞洪区之一。该区位于天然文岩渠下游，处于太行堤（天然文岩渠北堤）和黄河北岸大堤之间。历史上黄河在这里决口，有的由于太行堤和北金堤的阻隔经由天然文岩渠和金堤河回归黄河，也有的突破太行堤或北金堤泛滥于华北平原。

新中国成立初期黄河上、中游还没有任何控制性工程，对可能发生的大洪水只能被动应对。1956年曾在大功修建临时溢洪堰，计划在发生特大洪水时分流 10 500 m^3/s,经该区滞留后由天然文岩渠回归黄河。同时在长垣石头庄也修建临时溢洪堰,分洪后进入北金堤滞洪区,经金堤河回归黄河。

二、大功分洪区存在的问题

1985 年《方案》规定:当花园口站发生 3 万 m^3/s 以上至 4.6 万 m^3/s 特大洪水时,除充分运用三门峡、陆浑、北金堤和东平湖拦洪滞洪外,还要努力固守南岸郑州至东坝头和北岸沁河口至原阳大堤。要运用黄河北岸封丘县大功临时溢洪堰分洪 5 000 m^3/s。按照以上运用条件和要求,大功分洪区本身存在以下问题。

(一)固守段堤防的安全问题

《方案》提出要固守分洪口门以上即南岸郑州至东坝头,北岸沁河口至原阳共 230 km 堤防。这段堤防是按照防御花园口站 2.2 万 m^3/s 的标准设计修建的,《方案》中洪水流量已大大超过设计防洪标准,《方案》虽提出了固守的要求,但没有固守的工程措施。如果这段堤防出了问题,大功分洪区就失去了运用的意义。这是《方案》中的不确定因素之一。

(二)分洪口门的控制问题

大功分洪区的口门是利用 1956 年修建的大功临时溢洪堰,该工程长 1 500 m,堰顶宽 40 m,铅丝笼装石块护底厚 0.5 m,铅丝笼下铺石渣 0.15 m,再下铺黏土 0.3 m。该工程顶部高程 78 m,运用水位 81 m,溢流深度为 3 m。1958 年以后随着三门峡水库的兴建该工程已经废弃。到 1985 年溢洪堰的各项设施已残缺不全。特别是经过 20 多年的淤积,同流量的水位大幅度上升,运用条件发生了重大变化。如果在 1985 年发生 3 万～4.6 万 m^3/s 的洪水,当地水位将达到 83.6～84.8 m,比原设计水位高出 2.6～3.8 m。这时水位高出背河地面 10.3～11.5 m。根据当时的设备和抢护能力,一旦分洪口门无法控制,要求分洪 5 000 m^3/s 只能是纸上谈兵。由于水头高、落差大,溢洪堰护底很可能被冲毁,其后果将无异于人工决堤。

(三)分洪区群众的安全撤离问题

根据历史决溢记载和有关资料分析,大功分洪后,洪水很可能直冲封丘县城,向上漫入延津县,向下分流两路:一路沿天然文岩渠回归黄河;另一路越过太行堤进入北金堤滞洪区。除北金堤滞洪区外,还将淹没封丘、延津、滑县、长垣等4县的约150万亩耕地和80多万人口。该区内没有任何避水工程,所有人员均需提前撤离,平均撤出距离为25 km,最远的在50 km以上,预见期只有18个小时,加上区内路少桥稀,很难保证群众生命安全。洪水进入北金堤滞洪区后,还将增加北金堤滞洪区的撤离人数和工作难度,并增加北金堤的防守负担。另外,太行堤上段年久失修,堤防残缺不全,洪水也有可能突破太行堤进入河北、山东境内,后果难以设想。

三、工作过程中的缺失

大功分洪区存在的不安全、不确定因素是显而易见的,分洪区设立后又没有采取相应的解决措施,这不能不说在工作过程中存在着一定的缺失。

(一)方案缺乏充分论证和科学比选

作为防御特大洪水的方案,虽不能要求万无一失,但进行方案比选,尽可能减少损失则是完全必要不可或缺的。

"75·8"大水以后,大功分洪区曾作为防御特大洪水的备选方案进行过研究分析,但因为存在问题较多而被搁置。1985年重提这个方案时未作新的论证比选,对存在问题也没有提出相应的解决办法。《方案》批转后,河南省在研究落实时感到问题较多、风险很大,难以实施。除当即向国务院报告外,还于1985年7月25日约请黄河水利委员会一起讨论处理办法。河南省省长何竹康,副省长纪涵星、胡廷积和黄河水利委员会主要领导参加会议,当时已退居二线的王化云也应邀参加。黄河水利委员会汇报了大功分洪区的情况,在共同分析了该区存在的问题之后,王化云说:

"我们(黄河水利委员会)提出了一个新方案,把大功改为石头庄。这个方案比大功有利:一是淹的人口少了;二是老滞洪区有准备;三是南岸有工程。缺点是堤防冒险长度加大了。"座谈后河南省和黄河水利委员会领导一致同意按"石头庄方案"向国务院写报告。1984~1985年河南黄河河务局也曾专题研究提出过利用"沁南滞洪区"防御黄河特大洪水的方案。这一方案虽然预见期较短,防汛准备工作要求较高,但可以有效地削减洪水,消除超标准洪水对堤防的威胁,以实现牺牲局部、保全大局的目标。以上这些方案本应事前进行论证、比选,针对存在问题提出应对措施,避免仓促决定在执行中造成困难。

(二)决策程序不规范

大功分洪区涉及100多万人口,200多万亩耕地,是国内最大的分滞洪区之一,对于当地人民的生命安全、社会稳定和经济发展都有重大影响,理应按照程序慎重决策。流域机构是江河防洪的主管机构,负有制定流域防洪规划的职责。这次防御黄河特大洪水的方案却没有按程序让黄河水利委员会分析论证,正式提出建议方案。河南省是大功分洪区的所在地。河南省政府是保证防洪安全的责任主体,是防洪方案的实际操作者和执行者。方案是否合理,是否具备可操作性,应当征求地方政府的意见。但大功分洪方案直至国务院批转的文件下达前,河南省政府却一无所知。时任河南省省长的何竹康在与黄河水利委员会座谈时说:"这么大的事情,应当给河南省打个招呼。"

(三)落实工作不到位

在江河出现特大洪水时,局部作出一些牺牲,遭受一些损失是难免的,分滞洪区存在一些问题也属正常。但方案一经确定就应采取一定的防范措施,确保人民群众的生命安全,尽量减少财产损失。而大功分洪区设置以后的20多年里一直没有进行安全建设规划,也没有安排任何工程建设。直到分洪区撤销,以上问题也就不了了之了。

历久弥新的记忆

——回顾温家宝总理视察河南黄河

二〇〇六年五月

温家宝同志在担任国务院副总理的5年间,曾先后4次视察河南黄河,每一次都给我留下深刻的记忆。他深入实际现场调查,多次召开座谈会听取专家和群众的意见。他在视察和座谈当中作了许多重要讲话。重温这些讲话,对今天的黄河治理开发工作仍然具有重要的现实意义。

1998年是我国江河防洪历史上不平凡的一年。长江发生了新中国成立以来第二次全流域性的大水。松花江、嫩江发生了3次大洪水,来势之猛、洪峰之高、持续时间之长都超过了历史最高纪录。时任全国抗旱防汛总指挥的温家宝同志亲临一线,依靠广大干部群众和解放军指战员,展开了一场波澜壮阔的抗洪抢险斗争,克服重重困难,取得了抗洪抢险斗争的伟大胜利。“三江”抗洪抢险工作结束不久,温家宝同志就来到河南黄河进行调查研究。

接到通知后,我们于11月25日下午在武陟沁河桥等候,不久温总理在李克强省长的陪同下来到现场,实地察看了沁河新右堤加固工程。之后我们上了温总理乘坐的中巴车,沿黄河向下游察看。我在车上向温总理汇报了河南黄河的情况。当时“三江”大水刚刚过去,抗洪抢险的情况大家记忆犹新,温总理对“三江”大水,特别是长江洪水的情况更是了然于胸。我想当时温总理最想知道的是黄河这条被称为“中国之忧患”的多灾河流,究竟有哪些地方比长江等其他河流更为凶险。我在汇报了河南黄河的基本情况之后，重点汇报了黄河不同于其他江河的两个突出特点：一个是“地上悬河”，一个是“河道游荡”。它们是黄河泥沙造就的一对孪生兄弟。由于它们，黄河易徙、易决、不易复。由于它们，黄河一旦决口就会给两岸带来灭顶之灾。我还把黄河的河南河段和长江的荆江河段、黄淮海平原和江汉平原等作了一一对比。温总理听得很认真，并不时提出问题。汇报以后温总理连说了两个很好，看来这的确是温总理最关心的问题之一。车到南岸，温总理又视察了花园口、马渡险工和九堡下延工程。一路上温总理对黄河的工程管理表示满意，在察看工程时他对摄影记者说：“不要把镜头对着我，你们照一照这些石料，摆放得多么整齐，这能够反映黄河职工的精神面貌。”

温家宝总理工作认真，一丝不苟。他在察看沁河新右堤防渗加固工程时，详细询问工程的设计、施工和工程造价情况。当问到土工布多少钱一米时，现场的同志由于疏忽，把施工完成后的综合单价误认为土工布单价而回答每米 25 元。温总理说：“这种土工布怎么会这么贵？是成本有问题，还是流通环节有问题？回去我要告诉盛华仁，让他查一查。”以后他又在多个场合谈到这件事，要求把国家投资的每一分钱都管好、用好，把有限的资金用到刀刃上。温总理走后我们对工程造价立即进行澄清，向温总理写了专题报告，附上购货合同、结算单和工程单价构成分析，由鄂竟平同志转呈温总理。他看后才放了心，并把报告转给国家经贸委，作为他们管理上的参考。通过这件事我们深为温总理认真负责的精神所感动，也为我们工作的粗心而内疚。

1999 年 5 月国家防汛抗旱总指挥部在郑州召开黄河防汛会议。会议之前温总理又一次视察河南黄河。随同视察的有汪恕诚、马凯等同志。5 月 8 日在马忠臣、李克强等省领导的陪同下检查河南的防汛准备工作。上车时我们印发了行程安排，人手一册。上面有视察站点和停留时间。路上我简要汇报了工程度汛和迁安救护方案。一路上按预定的站点察看。进入封丘县堤段时，温总理问:“这里石料为什么没有南岸多?”我回答:“南岸靠溜段多,主要是防冲,石坝多,备防石也多。北岸靠溜段少,主要防漫滩洪水,以防渗为主,所以石料少。”温总理说:“防渗也要有些料物。”那年我们又在重点地段增备了一些防渗沙石料。在大堤旁边温总理看到滩区有一个村庄,他问:“这是什么村?”“这是三姓庄。”幸好我知道。温总理对司机说:“我们在这里停一下。”停车后他就向村里走去,大家随他一起进村。温总理走进一家农户,和老乡攀谈起来。他详细询问了生产生活情况,又问:“黄河来了大水,村里会不会上水?”“会。”“上水怎么办?”原来总理是要随机抽查迁安救护方案的落实情况。当时我对方案能否家喻户晓,人人皆知,也不是很有把握。幸亏那位老乡很清楚,对温总理的问题一一作了回答,温总理很满意。但是我想到,滩区几十万群众,工作稍有疏漏,就可能出现空白点,之后我们对迁安救护工作进行了进一步的落实,实行每户一张“明白卡”,力求做到人人皆知。

温家宝总理虽然办事认真,要求严格,对工作中存在的问题决不姑息迁就,但他待人却是态度谦和、平易近人,有很强的亲和力。温总理有惊人的记忆力,我第一次陪他视察河南黄河,前后不过几个小时,第二次见面他的第一句话就是:“我们又见面了。”第三次见面是1999年他陪同江泽民总书记到河南视察黄河,下车后马忠臣书记正要向他介绍,温家宝同志笑着说:“王局长,我们是老朋友了。”温家宝同志经常到全国各地调查研究,接触的省、部级以上干部数以百、千计,对我这样一个普通干部竟有如此清楚的记忆,大大出乎我的意料。温家宝同志工作勤奋,不辞辛劳,每次视察都是白天现场调查,晚上召开座谈会,了解情况听取意见。据随从工作人员介绍,座谈会之后他还要处理其他工作,每天都工作到深夜。

温家宝总理思想敏锐,高屋建瓴,善于从总体和全局上把握问题。他在对河南黄河进行考察后,作出许多重要指示,对黄河的治理开发有重要的指导意义。

温家宝总理指出,解决黄河问题是一项长期的、艰巨的任务。他说,黄河问题非常复杂,这是由于它所处的自然地理状况决定的。黄河造就了华北平原,没有它就没有中华民族的文明。黄河也有它灾害的、难以驾驭的一面。比如说,泥沙量巨大,历史上决口频繁,特别难以治理;水资源总量不足,供需矛盾越来越尖锐;沿黄地区生态环境恶劣,黄土高原水土保持边治理边破坏,生态环境没有得到根本的改善。黄河在中国占有很重要的地位,流经 9 个省、区,这是我国经济发展的重要地区,这里的经济发展离不开黄河。党的三代领导集体始终关注黄河,一定要把黄河的事情办好,这个决心无论遇到多大困难都不能动摇。但是治理黄河的事业是非常艰巨的,要解决的问题很多、很多。而且老的问题解决了,新的问题又层出不穷,这就决定了我们要把治理开发黄河的事业作为一项长期的、艰巨的任务,需要一代又一代人为之努力奋斗。

温总理在视察河南黄河时还指出,黄河综合治理要解决三个问题。第一是防洪。黄河下游是"地上悬河",一旦决口将带来很大的灾难,不仅黄淮海平原人民生命财产遭受巨大损失,同时水退沙存,河渠淤塞,良田沙化,后患无穷,生态将长期难以恢复。所以说,黄河洪水的威胁仍然是国家的心腹之患。近几年不少人认为黄河不会发生大洪水了,滋长了松懈麻痹思想,这种思想十分有害。没有准备就会措手不及。第二是断流(水资源短缺)。黄河断流已经引起国内外广泛关注。科学界开了多次讨论会、研讨会、报告会。大家都很关心,新闻单位作了大量采访报道。科学家、工程技术人员进行了实地考察,提出了许多有价值的报告、建议。中央对此非常重视。解决断流问题,要坚持开源节流并重,以节流为主。实行涵养水源,节约用水与防治水污染相结合,必须以改善生态环境为根本,以节水为关键,进行综合治理。近期要加强水资源的统一管理和统一调度,大力推广节水措施,尤其是农业的节水灌溉措施。中远期措施要充分论证,反复比较,科学选择。第三是环境、生态问题。黄河水污染触目惊心。已经有了 300 多个大的污染源，还不算小的，是干流的，还不算支流的。本来水就少，污染还这么严重。所以，各省要把治理黄河的污染作为重点工作，加大力度。生态要实行综合治理。黄河流域防治水土流失，搞好水保工作是加强生态建设的一项重要工作。

温家宝总理指出，黄河治理开发要有一个好的规划。他说，规划应该建立在不是几十年，而是几百年、上千年治黄实践的基础上，应该是科学的、全面的、长远的，把黄河的事情当做一个整体来办。坚持全面规划、统筹兼顾、标本兼治、综合治理的原则。实行兴利除害结合，开源节流并重，防洪抗旱并举。有了一个好的规划，我们可以根据国家的计划、财力分步实施，可以事半功倍。没有一个好的规划，东抓一下、西抓一下，从综合效益讲是事倍功半。希望在近几年内有一个好的长江治理规划，有一个好的黄河治理规划。根据温总理的指示，黄河水利委员会开展了黄河重大问题及对策研究，进而制订了黄河近期治理规划。温家宝总理十分重视发挥专家的作用，多次召集黄河治理开发专家座谈会。1998 年 11 月就在郑州召开专家座谈会，认真听取专家的意见。会议开始时温总理讲，今天主要是听取专家的意见，这样的座谈会今后还要召开多次。可以到这里来听你们谈，也可以请你们到北京去谈。在温总理分管水利工作期间，黄河以及整个水利系统决策的科学化、民主化进程，大大向前推进了一步。

搞好黄河的治理开发关键在人，在于一个好的干部队伍。除知识技能外，还必须有理想和信念的支撑。温家宝总理十分重视干部队伍的建设。他在河南视察林则徐当年堵口兴建的“林公堤”时给大家讲述了林则徐治河的故事。林则徐在虎门销烟之后，由于帝国主义的压力，他被革职发配到新疆伊犁。发配途中，黄河发生大水，开封张湾决口，皇帝知道他治水有方，把他留在开封，让他戴“罪”立功。一年后堵口成功，但是并没有赦他无“罪”，还是继续发配。到西安时他夫人病重不能走了，他就一个人继续走。走到兰州给儿子修书一封，信中有一首诗，其中一句是：“苟利国家生死以，岂因祸福避趋之。”这句话的意思是：为了国家我已把生死置之度外，怎么能以个人的祸福决定避趋呢？他只身一人走到伊犁，第二天就登高到伊犁的山上，看伊犁河的水势，开发治理伊犁河。后又调到乌鲁木齐治理天山北麓。他有本事，又有忠心，可能把皇帝感动了，皇帝恢复了他的官职，派他镇守陕西、甘肃。后来他又到云南，最后死在云南。死后若干年才给他加封。温总理说，林则徐是民族英雄，除了焚烧鸦片，还有治水的功绩。自古以来治水的人都有一种献身精神。他们走到哪里，心中都想着人民。那还是封建时代的官员，我们在中国共产党的领导下讲的是全心全意为人民服务，应该有更高的标准。第一是献身。第二是负责。把有限的资金用在刀刃上，要确保工程质量，让党中央放心，让人民放心。第三就是务实。实实在在地做事。我给你们新任部长提了这六个字“献身、负责、务实”。希望你们都能这样做。后来水利部把这六个字倡导为水利行业精神。我们水利行业需要这种精神，中华民族需要这种精神。笔者所看到的温家宝总理就是这种精神的模范践行者。2003 年 3 月 18 日温家宝同志在他担任国务院总理后的第一次记者招待会上，又一次引用了“苟利国家生死以，岂因祸福避趋之”的诗句，表现了他为了国家和人民奉献一切的坚定信念。

黄河治乱与河南兴衰*

二〇〇七年十一月

一、哺育华夏，泽被河南

黄河是中华民族的摇篮，中华文明的发祥地。在她的哺育下，中华民族创造了光辉灿烂的古代文明，成为世界上发展最早的文明古国之一。河南地处黄河中、下游之交，华北平原的轴心部位，上有肥美的河谷阶地，下有广阔的冲积平原，气候温和，四季分明，土壤肥沃，适宜农耕，自然条件得天独厚，是中国古代文明的中心地带。

世界的文明历史表明，人类的古代文明都离不开水的滋养与河流的浇灌。尼罗河孕育了古埃及灿烂的文明。雄伟的金字塔、狮身人面像、神奇的木乃伊、庄严的神庙，直到今天还让人叹为观止。幼发拉底河、底格里斯河哺育了美索不达米亚平原的古代文明，形成了世界上最早的城市群落，出现了世界上最早的楔形文字，诞生了世界上第一个帝国——古巴比伦王国。印度河流域也是古代文明发祥地之一，早在公元前3 000多年就出现了发达的农业、商业和手工业。它形成了世界上最早的青铜文化，当时的城市建筑也达到了相当高的文明程度。由黄河哺育的中国和古代埃及、巴比伦、印度并称为四大文明古国。密西西比河、亚马孙河、伏尔加河、多瑙河、莱茵河……也都以其优越的自然条件，为文明的形成提供了物质基础，成为各民族繁衍、发展的摇篮。虽然不是所

* 本文是作者在第一届黄河与河南论坛上的演讲，收入《黄河与河南论坛文集》。

有的河流都能养育出古代文明,但是任何古代文明都离不开河流的哺育和浇灌。

中国的古代文明就是在黄河哺育下产生和发展起来的。1921年地质工作者在河南省渑池县仰韶村发掘出一个新石器时代的古老地层,揭示了中华远古文化的绚丽篇章。此后,这一时期的文化就以仰韶文化命名。仰韶文化遗址中,除村落、粮食、工具外还有大量的彩陶制品,它的绚丽多彩令世界震惊。仰韶文化是一个规模宏大的文化体系。在地理分布上从上游的甘肃、青海、宁夏到中下游的河南、陕西、山西、山东几乎遍及整个流域;在时间上从距今7 000 年到5 000 年,长达2 000 年之久。它的内涵丰富,影响广泛,源远流长,一脉相承,现已发掘的遗址有1 000 多处,其中心地带就在河南省中、西部地区。它的迅速发展,形成了独具特色的先夏文化,被称为中华文明的第一缕曙光。

中国五千年的文明历史,也是从河南这块土地上逐步展开的。传说中的炎、黄二帝都在河南一带活动,河南新郑是黄帝的故乡。历史上最早的治水名人共工,家居共地,即今河南的辉县一带。他用“堕高堙庳”的方法获得治水的成功,因而受到人们的赞扬和尊敬,甚至成了后世传说中的神话人物。《淮南子》中就有“昔者共工与颛顼争为帝,怒而触不周之山,天柱折,地维绝。天倾西北,故日月星辰移焉;地不满东南,故水潦尘埃归焉”的神话故事。大禹,家居崇地,有的史学家认为在今河南省嵩山一带。他是中国历史上最完美的治水英雄。大禹治水十三年,三过家门而不入。他“身执耒锸,以为民先”。他用“高高下下,疏川导滞”的方法平治了洪水,受到了人们的拥戴和尊敬。大禹的治水精神和业绩为中华民族世代传颂。从夏到北宋的3 000 多年间,相当长的时间河南都是全国的政治、经济、文化中心。这一时期中华民族利用黄河丰腴的水土资源,创造了发达的农业、商业和手工业;在科学技术和思想文化的许多领域处于世界的领先水平,成为当时世界上最强大的国家之一。中国的古代文明离不开黄河的哺育和浇灌。黄河也因此被称为中华民族的母亲河和民族精神的象征。

毋庸讳言，黄河在历史上曾有过多次泛滥。从公元前602年到1938年的2 500多年中，决口泛滥多达1 500余次，给两岸人民带来过深重灾难。因此，有人说“黄河百害，唯利一套”，有的甚至认为黄河是“中国之忧患”。那么，应该怎样正确地认识黄河的利害呢？我认为对黄河的历史灾害应当进行具体的分析。这些灾害大体上可分为三种情况：第一种是人为的灾害。历史上有些人为其政治集团的利益，利用黄河，互相攻伐，以水代兵，祸及民众。这种情况频繁出现，不胜枚举。例如梁惠成王十二年（公元前359年），楚国出师伐魏，决黄河水灌长垣（古本《竹书纪年》）；秦王政二十二年（公元前225年），秦将王贲率军攻打魏国，引河沟水灌大梁（《史记·赵世家》）；宋建炎二年（公元1128年），北宋为了阻止金兵南下，东京留守杜充决开黄河大堤使黄河由泗水夺淮入海；金天兴三年（公元1234年），蒙古兵决黄河寸金淀之水，以灌南（宋）军，南军多溺死，遂皆引师南还（《续资治通鉴·宋纪》）；明崇祯十五年（公元1642年），为阻止李自成的农民起义军，河南巡抚高名衡掘开开封城北朱家寨及马家口的堤防，“至汴堤以外，合为一流，决一大口，直冲汴城以去，而河之故道则涸为平地”（《明史·河渠志》）；1938年，国民党政府为阻止日军进攻，扒开花园口大堤使黄河夺淮入海；等等。这类行动因是有计划、有预谋地进行，常常具有突发性和毁灭性。例如崇祯十五年决口使开封遭受灭顶之灾，全城37万多人只有3万余人幸免于难。1938年花园口决口，淹及豫、皖、苏44个县，受灾人口1 200多万人，死亡89万人。第二种情况是由于对黄河的自然规律缺乏了解或者为了政治上的需要，采取错误的治河方针造成的。例如北宋后期，原河道已经到了行河晚期，河道严重淤塞，河患频频发生。1048年黄河自然决溢改行新道，这时本应因势利导治理新河，但朝廷中的一些人为了利用北方沼泽阻挡辽兵的进攻，强行回河维持故道。先后历经50余年，屡堵屡决，不仅劳民伤财，而且此堵彼决，灾害不断。

再如,1127 年金灭北宋,此后 150 多年中形成金、元和南宋南北对峙的局面。金、元政权在黄河治理上采取“以宋为壑”的治理方针。北岸筑堤,南岸放任自流,老百姓只能靠民堰自保。1279 年元灭南宋以后,直到明代晚期,国家虽然统一,但为了保证京城的供应,把维护漕运畅通作为治理黄河的第一要务,在治河上仍然沿用“弃南保北”的治理策略。直到 1565 年潘季驯治河以后,这种策略才逐步改变。因此,从北宋后期到明代晚期的 500 多年成为黄河决溢灾害最为严重的时期。第三种情况是认识上的原因。黄河是一条多泥沙河流,黄河下游是一个强烈堆积型的河道。它有着与一般河流不同的特点和规律,在治理上也有着特殊的复杂性和艰巨性。人们认识和掌握这些规律需要一个较长的实践过程。在这个过程中,黄河出现决溢灾害是难以完全避免的。但是随着社会的发展,人类的进步,科学技术水平的不断提高,黄河是可以根治的,黄河的灾害是可以消除的。目前,黄河以占全国 2% 的水资源量,养育着占全国 12% 的人口,浇灌着占全国 15% 的耕地。发电装机 1 226 万 kW,至 2004 年累计发电 4 544 亿 kW · h,直接发电效益就达 2 000 多亿元。我们可以毫不含糊地说,黄河决不是“中国之忧患”,而是极其宝贵的自然资源,依靠这一资源中华民族创造了光辉灿烂的古代文明,利用这一资源也必将在中华民族的伟大复兴中,作出更大的贡献。

二、黄河治乱与河南兴衰

河南地处黄河中、下游之交,西部为山区和黄土丘陵,东部是广阔的冲积平原,一方面它具有利用黄河水土资源,发展农耕、灌溉和航运的天然优势,另一方面也容易受到洪水灾害的侵袭。从历史上看,河南的发展与黄河的关系十分密切。

大禹治水以后至北宋前期,人们基本上沿用大禹治水的方法即疏导与分流的方法治理黄河。这种方法与当时黄河下游的自然状况和经济社会的发展状况基本适应,是黄河治理与社会发展较为协调的时期。当时的黄河与后世不同,主要具有以下特点:第一,中游水土流失相对较轻,黄河含沙量较少。根据地理学的研究成果,西周以前每年进入下游的泥沙约为9.75亿t,西周到北宋末年也只有11.6亿t,下游虽有淤积,但淤积速度缓慢。第二,华北平原湖泊众多。古代华北曾是千湖之乡,其中较大的如河南的荥泽、圃田泽、孟诸泽,河北的大陆泽、鸡泽、黄泽,山东的大野泽、菏泽,江苏的丰西泽,等等。山东大野泽后来演变为水泊梁山,直到北宋时还烟波浩渺,绵延八百里。黄河蜿蜒于这些湖沼之中,为其提供了巨大的调节库容和广阔的淤沙空间。第三,由于淤积较轻,河道也较为稳定。战国以前没有系统的堤防,战国以后堤防兴起,但大多都不连续。堤防薄弱就不致形成悬河,洪水灾害较轻。根据历史上的决溢记载,两汉400多年中有决溢记载的有15年,平均近30年发生一次。魏晋、隋唐748年中发生决溢的有48年,平均十五六年出现一次,大大低于后世决溢发生的频率。第四,人口稀少。汉唐鼎盛时期,全国人口只有5 000多万人。根据汉平帝元始二年的人口统计,今河南省范围的人口当时为1 289万余人,虽然占到当时全国人口的近1/4,但人口密度约相当于今天的1/10。因此,即使黄河游荡变迁,也有广阔的迁徙回旋余地。第五,河湖相连形成便利的交通网络。当时的黄河、济水、汴水加上众多湖泊可以四通八达。由于上述情况,既可开发利用黄河水土资源,又较少有洪水灾害,使河南的经济社会得到迅速的发展,成为当时全国经济最发达的地区之一。

从中国古代都城的建立,也可反映出河南在全国的中心地位。唐代以前政治中心和经济中心基本上是合二为一的。都城既是政治中心,也是经济中心和商业都会。我国第一个王朝夏,始建都于阳城(今河南登封东),后迁于安邑(今山西夏县)、帝丘(今河南濮阳)、原(今河南济源西)、老丘(今河南开封东)、西河(今河南汤阴东)等地;商王朝(公元前16世纪到公元前11世纪)始建都于亳(今山东曹县),以后迁于嚣(今河南郑州西)、相(今河南内黄南)、刑(今河南温县东)、庇(今山东郓城北)、奄(今山东曲阜)、殷(今河南安阳)、朝歌(今河南淇县)等地。这些传说中的古都,有些已为现今的考古发掘所证实。西周以后都城建设已有文字记载。周灭商以后虽建都西安,但西安并不是周王朝理想的建都之地。周王朝建立不久,就让周公在河南选择新的建都地址。周公经过巡视认为洛阳“居天下之中,四方入贡道里均”,是建都最理想的地方。于是周王朝在洛邑(阳)大规模营建都城,后来迁都洛阳称为东周。公元605年隋炀帝在诏书中曾这样评价洛阳的地位:“洛邑自古之都,王畿之内,天地之所合,阴阳之所和。控三河(黄河、伊河、洛河)以固四塞、水陆通,贡赋等……”从西周到北宋之前,凡是统一的王朝,其都城不在西安就在洛阳。秦、西汉、隋、唐在西安建都时,也把洛阳作为陪都。北宋统一后则建都于开封。根据史书记载,西汉平帝元始二年(公元2年)全国的人口为5 600万人,而在今河南范围内的人口就占全国人口的近1/4。以上情况说明,从夏到北宋的3 000多年间河南一直是全国的政治、经济、文化中心。隋唐时的洛阳城规模宏大,南抵伊阙,北依邙山,东出廛水之东,西至涧水以西,总面积47 km^2,比今天的洛阳还要宏大得多。宫城内宫殿巍峨,气势恢弘,巨栋雕梁,蔚为壮观。外城有一百零三坊和大同、通运、丰都三市。“其内甍宇齐平,四望如一,榆柳交阴,通渠相注。市西壁有四百余店,重楼延阁,互相照映,输致商旅,珍奇山积”,一派繁华景象。开封也曾是七朝古都,北宋时是最繁华时期,“八荒争凑,万国咸通,四水贯都,人逾百万”,是当时世界上最繁荣的城市之一。它除宫阙壮丽、规模宏大外,还打破了西安、洛阳的“坊、市”制度,促使商业经济迅速发展。据《东京梦华录》记载,“商店林立大街,摊贩遍布街头巷尾,灯火辉煌,通宵达旦。雕车竞驻于天街,宝马争驰于御路,金翠耀目,罗倚飘香,新声巧于柳荫花街,按管调弦于茶坊、酒肆”,“比汉、唐、京邑,民庶十倍”(《宋史·河渠志》)。宋代画家张择端的《清明上河图》,虽然只画了城郊结合部的一隅,却生动地反映了当时商店林立、市招高悬、屋宇雄壮、门面开阔、汴河通达、行人不绝的繁荣景象(见图1)。北宋末期,黄河的情况发生了很大变化,经过数千年的淤积,许多湖泊先后消亡,如荥泽、圃田泽、大陆泽、菏泽等。剩余的湖泊也严重淤积萎缩,河道淤积严重,河床高悬地上。北宋后期对黄河采取了错误的治理方法,强行维持已近衰亡的黄河故道,致使决溢灾害连年不断。特别是1127年金灭北宋以后,形成国家分裂、南北对峙的局面。此后的四五百年间黄河治理一直采取"弃南保北"的治理方针,使河南成了黄河决溢灾害最严重的地区。金代初期黄河几乎处于失控状态。据《金史·河渠志》记载,"数十年间或决或塞迁徙无定"。金代中期河南也是决溢的重灾区。从大定八年(公元1168年)到明昌五年(公元1194年),仅卫州(今卫辉)、延津、原武一带的决口,就占黄河决口的半数,而且都造成极大的灾害。元代决口更加频繁,从至元九年(公元1272年)到至正二十六年(公元1366年)95年中史书有记载的决口年份就有40年以上。有时一年决口十几处甚至几十处,淹没数十州县,情况之严重达到前所未有的程度。明代也是黄河决溢最频繁的朝代之一,而且决溢灾害多发生在河南,尤其集中于开封上下。据《明实录》、《明史》、《明史纪事本末》的记载统计,洪武至弘治的130多年中,有决溢记载的年份就有59年。其中,十之八九都在从荥泽到兰阳、仪封的河南各地,仅开封一地决溢记载就有26年之多。开封城多次遭受毁灭性灾害。河南逐渐失去了全国政治、经济、文化中心的地位。闾里萧条,沙荒遍地,昔日辉煌已无处

图1 《清明上河图》(片断)

寻觅。历史的变迁说明黄河治则河南兴,黄河乱则河南衰。

新中国成立后,党和政府对黄河治理高度重视,投入了大量的人力、物力、财力,对黄河大堤进行了4次大规模的加高加固,取得了近60年不决口的伟大成绩。在上、中游兴建了多处大型枢纽工程,总库容达617亿m^3。在河南发展引黄灌溉1 200万亩,保证了沿黄城市的供水需求,黄河治理进入了一个崭新的时代。黄河必将为河南的振兴和发展作出更大的贡献。

三、治理黄河,造福河南

新中国成立以来,黄河治理取得巨大的成就,改变了历史上频繁决口的险恶局面。黄河的水土资源在国家的社会主义建设事业中发挥着越来越大的作用。但是黄河是一条多泥沙河流,在治理上具有特殊的复杂性和艰巨性。目前黄河的洪水,特别是泥沙尚未得到有效的控制和治理;随着经济发展和人口增加,水资源供需矛盾日渐突出;黄河水污染严重,使原本短缺的水资源供给雪上加霜。黄河的治理开发依然任重而道远。我认为今后黄河应从以下几方面加强治理,为河南乃至整个国家的振兴与发展服务。

(一)加强下游河道治理,确保黄河安澜

我国对下游河道治理已有数千年的实践经验,在历史上形成了许多治理方略。有些方略相互不同甚至截然相反,例如堵塞和疏导、改道和归故、分流与合流等,这些不同的方略都有成功的范例,也都有失败的记录。它们的真理性和适用性都是相对的、有条件的。也就是说,在某些条件下它们是适用的、有效的。当客观条件发生变化时,它们又会失去适用性和有效性。我们在治理下游河道时,必须根据不同的来水来沙条件、河流边界条件、装备技术条件,采用有针对性的治理方略,对症下药,辩证施治。

尽管治理方略各有不同,但是有两条基本原则是必须遵循的,一是给洪水以出路;二是给泥沙以空间。这两条既是黄河治理取得成功的经验,也是历史上屡遭失败的教训。

从大禹治水以后,给洪水以出路已经成为治河者的广泛共识。用堵的方法治河必须留下洪水宣泄的出路,用疏的方法治河也必须疏堵结合,现今的堤防、水库都是堵的延续和发展。鲧因为不给出路而遭到治水失败。而贾鲁治河在堵的同时,开挖疏浚引河280余里,引河两岸又修筑、加固堤防250多里,留足洪水宣泄的通道,就获得了治河的成功。

关于"给泥沙以空间"则经历了漫长的认识过程。黄河是一条多沙河流,黄河下游是一条强烈堆积型河道,进入下游的泥沙源源不断,永无休止。根据地质勘探资料,全新世的1万年来,华北平原平均淤厚达60 m。面对巨量的泥沙每一条河道的容沙空间都是有限的,因此历史上的摆动改道也是不可避免的。我们可以这样界定一条河道的容沙空间:其下界面为两堤之间(或最高洪水位以下)的河床、河口三角洲、河口滨海区(至三角洲堆积体前沿)的表面,其上界面是合理的设防水位与输沙必需的临界比降所构成的水面。容沙空间被淤满,河道的生命也就结束了。提高设防水位,可以扩大河道的容沙空间,但相应增加了防洪的成本和负担。决口改道可以获得新的容沙空间。当一个河道的容沙空间已经充满,在不提高设防水位的情况下,改道就是唯一的出路。

每一条河道的容沙空间,并不是都能得到充分的利用。从纵向上讲,黄河进入下游平原以后,由于河道展宽,比降变缓,泥沙大量淤积在下游河道的上段,使沿程的淤积呈驼峰状。这个严重淤积的河段大致位于郑州以下100~300 km的范围内。由于局部的淤塞,常常在河道容沙空间尚未得到充分利用的情况下就造成决口改道。人们把这一河段称为黄河的"豆腐腰"。历史上的决口、改道大多发生在这里。从横向上讲,黄河的淤积形态是越靠近主槽淤积量越大,越远离主槽淤积量越小,也就是说黄河有形成"悬河"的自然趋势。在自然状态下,河槽通过游荡摆动,实现"滩""槽"易位,使河道达到均衡抬升,断面的容沙空间也因而得到充分利用。但由于人为因素的影响,主槽的摆动受到限制时,就会形成槽高滩低的"二级悬河"状态。"二级悬河"的形成和发展,增加了堤防冲决的可能性,也可能在河道容沙空间未获充分利用的情况下发生决口改道。

根据与历史故道的对比和相关参数的研究可知,目前的河道尚有较大的容沙空间。加之在上、中游采取拦截泥沙的措施,还可以维持较长的行河年限。但是如何妥善地处理泥沙,充分利用有限的容沙空间,应作为今后治河方略研究的重大课题。为此提出以下建议:

第一,加强泥沙资源化的研究,在河道以外寻求处理和利用泥沙的空间。黄河的改道和决溢主要是泥沙在下游河道堆积造成的,把这些泥沙变为资源加以利用(例如淤海造田,淤地改土,发展建材等)是解决黄河泥沙灾害的根本途径。能在这一领域实现突破,将是治黄的希望所在。我相信泥沙资源化实现之日,也将是黄河长治久安之时。

第二,加强水土保持和多沙、粗沙区治理,争取尽早实现减沙8亿t的目标。

第三,充分利用现行河道的容沙空间。建立水沙调控体系,实行调水调沙,尽可能实现输沙入海。输沙入海虽然也要占有容沙空间,但由河口自下而上的溯源淤积,可以使容沙空间得到充分利用。在下游滩区应实行引洪淤滩,改善"二级悬河"的不利形势,实现滩槽同步抬升。同时对滩区实行补偿政策,改善滩区的生产生活条件,促进滩区的经济发展。

(二)开发利用黄河水资源

河南是水资源相对贫乏的地区,多年平均水资源总量413亿m^3,其中地表水313亿m^3,地下水205亿m^3(其中与地表水重复计算105亿m^3),居全国第19位。人均占有水资源量约440 m^3,耕地亩均占有水资源量约405 m^3,为全国平均水平的1/5,是我国严重缺水的省份之一。随着经济的发展和人口的增加,水资源供需矛盾日益突出。地表水径流减少,地下水超采严重,开采总量约

130亿 m^3,居全国首位。超采区中心水位以每年近1 m的速率下降,带来含水层疏干、地面沉降、泉水断流、湿地萎缩、土地沙化等一系列生态环境问题。黄河是河南最主要的客水资源,多年平均过境水量475亿 m^3,是全省地表水资源的约1.5倍。我国把水、粮食和石油作为保证国家经济安全的三大战略资源。水资源短缺将成为21世纪经济发展的重要制约因素。河南省应把黄河水资源的开发利用放在更加重要的位置。1987年黄河水量分配方案分给河南省55亿 m^3,到目前为止分配的指标还没用完,是流域内少数指标没有用完的省份之一。为此提出以下建议:

第一,河南省是我国的农业大省,是国家重要的粮食基地,农田水利建设在河南省经济发展中占有重要地位,长期以来农田水利建设主要是靠农民的劳动积累完成的。国务院关于减轻农民负担的一系列政策措施实施以后,农田水利建设遇到了新的情况和问题。建议河南省财政加强农田水利基本建设的投入,支持农业和农村的发展。还应着力探索农村水利建设的新机制(如供水公司、农民用水协会等),以适应农村水利发展的需要。

第二,河南省是资源性缺水的省份,节约用水是经济发展的必由之路。要着力建设节水型农业、节水型工业和节水型社会,努力提高水资源利用的效率和效益。同时大力推进灌区的节水改造。借鉴上、中游水权转换的经验,由第二、三产业的新增用水户投入部分资金用于农业节水改造工程。将节约的水量满足经济发展新增的用水需求。

第三,加大黄河水资源开发利用的力度。黄河是河南最重要的客水资源,也是最便捷、最廉价的水资源补给渠道。要着力解决引黄供水中存在的实际问题,促进引黄供水工作的发展。河南农业用水是引黄用水的大户,约占引黄用水量的90%。农业是国民经济的基础,又是一个弱势产业。提高水费将会增加农民的负担,但水费过低又不利于节水型社会的建设,水资源供求矛盾将更加尖锐。为此建议国家对农业灌溉用水实行补贴。这样既有利于提高全社会的节水意识,又可减轻农民的负担,支持农业的可持续发展。

(三)防治水污染

近年来,随着工业化和城市化进程的加快,黄河水污染有迅速加重的趋势。根据1998年对黄河干支流重点河段7 247 km的监测评价结果,其中达到Ⅱ类、Ⅲ类水质的河段仅有2 118 km,占评价河段的29.23%;因污染失去饮用水源功能,只能用于低功能的Ⅳ类、Ⅴ类水质的河段长3 350 km,占评价河段的46.22%;受到严重污染丧失水体功能,劣于Ⅴ类水质的河段长1 779 km,占评价河段的24.55%。也就是说,能作为饮用水源地的河段已不足评价河段的1/3,完全丧失水体功能的河段则接近1/4。1999年1~4月黄河下游发生了大范围的污染事件,从潼关至济南均为劣Ⅴ类水质。水体呈现红褐色并散发难闻气味,已经完全丧失水体功能。沿黄城市均被迫全部或部分停用黄河水,启用有限的备用水源,给数百万人的饮水和生活用水带来困难。近年来,由于水体污染,水生态环境破坏,黄河原有的鱼类已有1/3绝迹。现有鱼类体内也不同程度地发现有毒有害物质的残留,有的已威胁沿河群众的健康。黄河的水污染防治必须从源头抓起。调整和优化产业结构,限制高污染行业的发展,淘汰落后的高污染的企业。严格限制污染物的排放,大力推进工业和生活废水的净化处理,尽快实现达标排放。

黄河除历史上业已存在的洪水和泥沙问题外,又面临着水资源短缺和水环境恶化的挑战。黄河的健康生命受到严重威胁。党的十七大更加强调坚持科学发展观,建设社会主义和谐社会。防止以污染环境、浪费资源为代价求得一时的经济增长,实现经济社会的全面、协调、可持续发展。相信在党的正确路线、方针、政策指引下,经过沿黄各级党委、政府,各级治黄机构和广大人民群众的共同努力,黄河治理开发必将开创新的局面。千古黄河将会永葆青春。

弘扬创新精神　探寻久安之路*

——纪念王化云同志诞辰100周年

二〇〇八年十一月

新中国成立后，党和政府对黄河治理高度重视，毛泽东、周恩来、邓小平等党和国家领导人多次到黄河视察。有关部门制订规划，投入大量的人力、物力、财力，治理黄河水害，开发黄河水利，改变了历史上三年两决口的险恶局面，大力发展灌溉、发电、供水等水利事业，有力地支持了经济社会的全面发展，取得了举世公认的伟大成就。

在治理黄河的伟大实践中，人们对黄河自然规律的认识也不断得到深化和提高。以王化云同志为代表的一大批治河工作者，紧密结合当代黄河的实际情况，勇于实践、开拓创新，提出了一系列新的治河理念和治河方略，在我国人民治理黄河的历史上树立起一座新的里程碑。历史上治理黄河主要是除害，除害的措施又局限于下游。虽然对灌溉、航运等水利资源也进行过一定的开发，但规模相对较小，而且时兴时废，很不稳定。在除害上也有人提出过"沟洫治理"、"汰沙澄源"等治理主张，近代著名的水利学者李仪祉先生还曾提出过上、中、下游全面治理的思路，其中包括：①在上、中游植树造林，减少水土流失；②在上、中游修建调节水库，发展引黄灌溉，减少和控制下游水量；③在下游整治河道以利于洪水

---

* 本文是作者在纪念王化云同志诞辰100周年大会上的讲话，登载于翌日《黄河报》。

下泄;④开辟减水河,滞蓄过量洪水等。但由于社会历史条件的限制,上述各种主张还只能是一些建议和设想,均未能付诸实施。新中国成立后,这些有益的设想不但得以实现,而且得到全面的丰富、发展和提高,黄河治理进入了统筹规划、综合利用、全面发展的新阶段。

王化云同志从1946年起担任冀鲁豫解放区黄河水利委员会主任,新中国成立后担任黄河水利委员会第一任主任。他领导治河工作40多年,根据各个时期的不同情况,先后提出了宽河固堤、蓄水拦沙、上拦下排、调水调沙等治河方略并全力组织实施。在几十年的治河实践中有成功也有挫折,有经验也有教训,但他锲而不舍、躬行不辍,将他毕生的精力献给了治理黄河的事业,不愧为新中国治黄事业重要的开拓者和奠基人之一。他那强烈的事业心、高度的责任感和勇于实践、开拓创新的精神是值得我们学习的。

黄河是一个不断发生嬗变的河流,在不同的历史时期,流域的自然环境不同,水沙关系不同,河流边界不同,经济社会的发展水平不同,因而不可能用一个不变的治理方略应对这条变化的河流。这也是黄河不同于其他江河的一个重要特点。历史上的治河者曾经采用过许多治河方略,这些方略中凡是符合黄河自然规律,适应经济社会发展要求的就能在实践中取得成功,凡是违背黄河自然规律或不适应经济社会发展要求的就会在实践中遭遇挫折和失败。历史上的治河方略大体可分为四个阶段:第一个阶段是从大禹治水到春秋末期,这一阶段的治理方略是以疏导和分流为主;第二个阶段是从战国到明代后期从分流治理到合流治理的过渡阶段,这一阶段的治理方略是筑堤和分流并用或交替使用;第三个阶段是从明代后期到新中国成立,这一阶段是以筑堤合流、束水攻沙为主的治理阶段;第四个阶段是新中国成立以后,黄河进入了全河统筹、综合治理的新阶段。每一个阶段的治理方略都是由黄河自身的特点和经济社会的发展水平决定的。

一、疏导和分流为主的治理阶段

夏代以前河道基本未进行过治理，洪水灾害时有发生。特别在尧舜时代，有许多大水成灾的传说。如《尚书·尧典》记载“汤汤洪水方割，荡荡怀山襄陵，下民其咨”；《尚书·益稷》记载“洪水滔天，怀山襄陵，下民昏垫”；《孟子·滕文公》记载“尧之时，天下未平，洪水横流，泛滥于天下，草木畅茂，禽兽繁殖，五谷不登，禽兽逼人，兽蹄鸟迹之道，交于中国”。也就是说，当时洪水横流，大面积漫溢，山头、丘陵被洪水包围成了一个个孤岛，鸟兽虫蛇也都集中在人们居住的高地之上，人们充满了忧虑和无奈。看来当时的洪水是大面积和长时间的。发生这样的洪水有两种可能的情况：一是长时间持续降水使水位居高不下；二是没有泄水通道或排泄不畅。譬如洪水在高水位时漫入低洼地带，洪水回落后积水无法排出，或者山体崩塌堵塞河道造成水位持续上升等。根据中国北方降水的特点，第一种情况基本不会发生，可以推断当时的洪水灾害主要是排水不畅造成的。大禹之前通常的治水方法是围堵。共工就是利用“壅防百川，堕高堙庳”的方法取得了治水的成功。这种方法只是一种局部的防洪措施。传说中修筑的“九仞之城”，不过是堵塞串沟或保护部落的围堰而已。直到春秋时期才有了“随水而行”、“夹水四道”这种现代意义的堤防。鲧治水时沿袭共工的办法修筑防水围堰，治水9年非但没有成效，反而造成巨大的损失。大禹治水接受了鲧的教训，从更广阔的范围审视洪水成灾的原因，顺应水流的自然规律采取以疏导为主的治理方略。《尚书·益稷》记载“禹曰：予决九川，距四海，浚畎浍，距之川”。意思是大禹说，我的治水方法就是疏浚河道使它流入大海，疏通田间的大小沟洫使它进入河道。这种在今天看来并不复杂的治理方法却成就了大禹的旷世伟业。经过13年的努力，他疏通了河道，沟通了黄河与济水、漯水的联系，实现分流入海。他还引导黄河进入湖泊，并对湖泽的低洼缺口进行堵塞。于是，“九川既疏，九泽既洒，诸夏艾安,功施于三代”(《史记·河渠志》)。也就是说,河道得到疏通,湖泽得到治理,华夏实现安流,使夏、商、周三代都受惠于他的功德。

古地理、古气候的研究成果证明,大禹治水处于全新世的温暖湿润期,当时我国北方地区的年平均气温比现在高出 2～3 ℃,年平均降水量比现在多40%～80%[1],年均径流量若按同比放大应在800亿～1 000亿 m^3,进入黄河下游的年均径流量应在900亿 m^3 左右。夏、商、周时期的年平均降水量比现在多出 100 mm,约高25%[1],进入黄河下游的年均径流量也不小于600亿 m^3。而当时的年平均输沙量为8亿～10亿 t[2]。由此我们可以算出大禹治水时的年平均含沙量为9～11 kg/m^3,夏、商、周时期的年平均含沙量为13～17 kg/m^3,均低于下游河道维持冲淤平衡的临界值。因此,我们可以得出以下判断:夏、商、周以前下游河道为地下河,河道可以维持长期稳定;加之下游平原上存在许多丘陵和湖泊,人们可以择丘而处,水沙可以得到湖泊调蓄,因此不需要修筑堤防。

从以上情况可以看出,夏、商、周的1 000多年间河道能够长期安流的原因:一是河道径流丰沛,中游水土流失较轻,水流含沙量小,可以形成长期稳定的地下河;二是经过疏导分流,下游排洪通畅,沟通济、漯两个支津可以分杀水势,减轻干流排洪压力;三是大陆泽等沿河湖泽提供了巨大的调节库容和广阔的容沙空间。大禹的治河方略适应了当时黄河的自然特点和经济社会发展的要求,因而取得了治河成功。

二、筑堤和分流相结合的治理阶段

战国以后的黄河发生了两个重要的变化。第一个变化是径流减少,沙量增加,水沙关系由相对平衡变为不平衡,泥沙淤积部位从主要淤积在河口、湖泽,发展到下游河道,使下游河道由地下河逐渐变为地上河。第二个变化是堤防形成。一方面黄河淤积摆动,华北平原逐渐淤积抬升,一些丘、陵、冈、阜被掩埋,湖沼洼地淤积消失，地形变得更加平坦；另一方面人口增加，土地开垦，黄河下游已变成人口密集、经济发达的中原地带。为了保护居住安全和经济发展，黄河堤防出现了。春秋时期已有了修筑堤防的记载（《管子·度地》），战国时期堤防有了迅速的发展（《汉书·沟洫志》），秦统一六国后逐步形成了系统的堤防。堤防的形成是经济社会发展的必然要求，也是治河方略的一大进步。此后数千年传承不绝就是堤防重要意义的最好说明。当然堤防修筑也带来负面的影响——泥沙集中淤积在两堤之内，形成"地上悬河"并不断发展，堤防越加越高，河防越来越险，决口时有发生，甚至酿成巨大的灾难。虽然堤防的功过是非千百年来引发过无数的争论，但黄河堤防却在不断的争论中世代传承。这一时期疏导和分流的治理方略依然占主导地位，但修筑堤防则是实行家们主要采取的治河措施。西汉时由于河道淤积，悬河发展，决溢灾害频繁，贾让提出"治河三策"，对修筑堤防进行强烈的抨击。他虽然提出治河"三策"，实际主张则唯有分流。他的上策是不再修筑堤防，中策是只修一岸堤防，在一定范围内放任黄河自流，使其"宽缓而不迫"。他对"缮完堤防"持完全否定的态度。贾让的主张在历史上褒贬不一，虽然受到一些人的推崇，但从未被认真采纳过。东汉时的王景则是一个实行家。他没有按照当时流行的主张去寻找和恢复"禹河故道"，而是就改道后的新河修筑堤防，因势利导，取得了治河成功，迎来了大禹之后第二个安澜时期。对于这个时期长期安澜的原因史学家们有诸多争论，但是新河道流程短、比降大、地势低洼，沿河有堤防约束，有大野泽等大型湖泊调蓄，具有较大的调节库容和容沙空间等，是东汉河道能长期行河的主要原因。金、元和明代前期，由于南北对峙、"保漕"等原因，实行弃南保北，北岸筑堤，南岸分流的治理策略。实行的结果并没有像分流论者想象的那样"期月自定，千年无恙"，而是"忽南忽北，靡有定向"，成为黄河历史上灾害最为频繁的时期。

三、合流攻沙为主的治理阶段

经过战国至北宋1 500多年的河道变迁,黄河以北的广大地区已严重淤积抬高,许多大型湖泊也相继消亡。北宋以后改行徐淮河道,至明代中期行河400多年,太行堤以南的广大地区也堆积了大量泥沙。实行分流策略,造成泥沙淤积,河道乱流,已经到了难以收拾的地步。这时万恭、潘季驯等提出了"筑堤束水,以水攻沙"的治河思想,在治河者中间展开了分流与合流的争论。主张分流的人认为,疏导分流是大禹治水的成功经验,是亘古不变的圣人之法。如明代宋濂在《治河议》中说:"河之分流其势自平也……河之流不分其势益横也……譬犹百人为一队,其力则全,莫敢与争锋。若以百分而为十,则顿损。又以十各分为一,则全屈矣。治河之要孰逾于此!……此非濂一人之言也,天下之公言也。"可见分流之法是当时多数治河者的共识。主张合流的人则从水和沙的相互作用提出了不同的见解。潘季驯在《河议辨惑》中指出:"水分则势缓,势缓则沙停,沙停则河饱,尺寸之水皆由沙面,止见其高;水合则势猛,势猛则沙刷,沙刷则河深,寻丈之水皆由河底,止见其卑。筑堤束水,以水攻沙,水不奔溢于两旁,则必直刷乎河底。一定之理,必然之势,此合之所以愈于分也。"当时虽然还没有对泥沙运动的定量研究,潘季驯却精辟地阐明了水沙运动的相互关系。现代泥沙研究显示,水流的挟沙能力近似与流量的平方成正比。筑堤束水显然大大地提高了输沙能力。潘季驯指出,筑堤束水可以增加水势,刷深河道,有利于输沙入海,减少河道淤积,和现代泥沙运动理论是吻合的。在400多年前能有如此见解是难能可贵的。在水流运动的过程中,水和泥沙是相互矛盾又相互关联的两个方面。矛盾的主要方面决定着事物的性质和发展方向,在含沙量小于水流挟沙能力时,水是矛盾的主要方面,这时的河道不会发生淤积,实行分流治理可以分杀水势,减轻洪水威胁,取得较好的治理效果。在含沙量大于水流的挟沙能力时,泥沙成为矛盾的主要方面，河道淤积就成了不可避免的发展趋势。这时再实行分流将会造成更加严重的淤积，不利于河道治理。明代后期中游水土流失加剧，年输沙量已达13.3亿t(《黄河史》)，年平均含沙量达28.3 kg/m^3，大大超过维持河道冲淤平衡的临界值。此时减少河道淤积是治河者面临的主要任务，实行合流治理无疑是一个明智的选择。潘季驯在其主持治河期间(公元1565～1592年)，堵塞决口，截支强干，筑堤束水，以水攻沙，并利用洪泽湖蓄清刷黄，改变了此前河道"忽东忽西，靡有定向"的乱流局面，取得了为后人称道的治理成就，实现了治河方略的历史性转变，对后世的黄河治理有着重大的影响。当然，束水攻沙的方略也不是一剂万应灵丹，源源不断的泥沙必须有堆放的空间。即使不淤积在河道，也必然淤积在河口，使河口延伸，比降变缓，输沙能力降低，造成自下而上的溯源淤积。潘季驯以后大都实行合流治理，虽然在规顺河道、减少灾害方面起到了积极的作用，但河道的淤积抬高问题始终没有得到解决。1855年黄河终于在铜瓦厢决口改道。

四、全河统筹、综合治理的新阶段

春秋战国到新中国成立的2 500多年间，黄河经过连续不断的治理，先后采用过各种治理方略，但是黄河的决溢灾害非但没有减少，反而越来越频繁。从公元前602年到1938年发生决溢记载的年份共414年，其中五代以前的1 500多年仅有46年，占11%，而五代以后的1 000多年间却有368年，占89%。新中国成立以后对黄河的自然规律进行了深入的研究，开展了规模浩大的综合考察、水文资料整编、地形测绘、地质勘察和专项研究工作。在认真总结历史经验的基础上，以王化云同志为代表，提出了一系列新的治理方略。较之历史上的治河方略，新的方略具有以下鲜明的特点：

(1)坚持除害兴利，综合利用。历史上黄河下游灾害频繁，成了历朝历代人民群众的沉重负担。人们把它称为中国的"祸害"，能保住洪水时堤防不决口就满足了。新的方略强调要把害河变为利河，利用黄河的水土资源为生产服务，为人民造福，大力发展灌溉、发电等水利事业，为经济社会的全面发展服务。

（2）把全流域作为一个整体进行治理。历史上治理黄河多局限于下游，虽然采取过许多治理方略，黄河的灾害却有增无已。黄河是一个整体，洪水灾害发生在下游，但其根源却在上、中游，单纯治理下游难以达到预期的目的。新的方略按照除害兴利、综合利用的要求，从干流到支流，直到流域内的广大地区，进行统筹规划，全面治理，综合开发利用，这是治河方略的历史性进步。

（3）水沙兼治，更加注重泥沙处理。历史上治河大多着眼于洪水处理，潘季驯治河虽然关注到泥沙，但处理手段相对单一，仍难以解决下游河道的淤积问题。黄河下游的灾害表现为洪水灾害，其实质却是泥沙灾害。大量的泥沙淤积不断侵占洪水运行的空间，造成洪水漫溢、决堤成灾。新的方略在全河上下采取综合措施，拦减和利用泥沙，达到减缓河道淤积的目的。

（4）采用现代技术手段探索黄河的自然规律。历史上对黄河自然规律的认识大多基于定性观察和经验积累。新中国成立后开展了大规模的水文、气象、河道、地质的观测研究工作，收集了大量的基础数据，使我们对黄河的认识由定性观察进入定量分析，建立在更加科学可靠的基础之上。特别是现代水力学、泥沙运动力学为我们制定和完善治河方略奠定了理论基础。这些都是历史上任何时期都无法相比的。

王化云同志的治河思想，以三门峡枢纽建成运用为界限又可分为两个时期。前一时期曾经设想通过上、中游水土保持和干支流拦泥水库彻底解决黄河的泥沙问题，使河水变清。在20世纪50年代制定规划时曾这样描述当时的思路：“历代治河归纳起来就是把水和泥沙送走，几千年的实践证明，水和泥沙是送不完的，是不能根本解决黄河问题的。我们对于黄河所应采取的方针就不是把水和泥沙送走，而是要对水和泥沙加以控制，加以利用。从高原到山沟，从支流到干流，节节蓄水，分段拦泥，尽一切可能把河水用在工业、农业和运输业上，把黄土和雨水留在农田上——这就是控制黄河的水和泥沙，根治黄河水害，开发黄河水利的基本方法。"[3]由于对黄河的泥沙问题估计不足，三门峡枢纽建成运用后库区发生严重淤积，对关中地区和西安市构成威胁，枢纽被迫改变运用方式并进行改建。面对工作中的困难和挫折，王化云同志认真总结经验教训，在治河思想上作了重要调整，提出了"上拦下排"的治理方略，即通过水土保持和干支流水库拦减泥沙；采取放淤固堤、引洪淤滩、放淤改土等措施利用泥沙；整治下游河道尽可能将泥沙输送入海；通过调水调沙改善水沙关系，提高水流输沙能力。总的来说，"就是把整个黄河看成一个大系统，运用系统工程的方法，通过拦水拦沙、用洪用沙、调水调沙、排洪排沙等多种途径和综合措施，主要依靠黄河自身的力量来治理黄河"[3]。在吸取了三门峡枢纽的经验教训之后，王化云的治河方略趋于成熟和完善。

回顾历史我们可以看到，数千年来黄河治理与演变的历史是一部水沙关系由相对平衡到不平衡的演化史；是上中游侵蚀，下游堆积，移山不止，填海不息的运动史；是人们开发利用黄河，力图控制黄河，而黄河又依照自然规律不断寻求洪水出路和容沙空间的历史。这个历史现在还没有完结。如何利用黄河的水土资源为经济社会的发展服务，同时又顺应自然规律给黄河泥沙寻求堆放的空间，将是今后黄河治理的一项重大任务。今天我们纪念王化云同志，就是要弘扬他勇于实践、开拓创新的精神，探寻黄河的长治久安之路，为我国经济社会的可持续发展作出应有的贡献。

参考文献

[1] 刘东生. 西北地区自然环境演变及其发展趋势[M]. 北京：科学出版社，2004.

[2] 叶青超，等. 黄河流域环境演变与水沙运行规律研究[M]. 济南：山东科技出版社，1994.

[3] 王化云. 我的治河实践[M]. 郑州：河南科学技术出版社，1989.

关于防汛指挥的几个问题

——在2010年河南省沿黄地市行政首长防汛培训班上的讲话

二〇一〇年五月

很高兴有这个机会和大家交流。前不久,河南省防汛抗旱指挥部召开了2010年防汛工作会议,牛玉国局长代表河南省黄河防汛办公室对今年黄河防汛工作作了全面安排。这些安排意见,既总结了历史经验,又密切结合现实情况,是我们搞好今年防汛工作的依据,也是沿黄地市行政首长实施防汛指挥的依据。今天我仅就防汛指挥中经常遇到的一些实际问题,谈一点个人的看法,作为大家在防汛工作中的参考。

第一,“黄河安危,事关大局”。

要克服麻痹思想和侥幸心理,兢兢业业做好防汛工作。黄河在历史上决溢频繁,曾给沿黄的人民带来深重灾难。它是一条“地上悬河”,易决不易复。一旦决口,居高临下,势不可当,不管是淹没范围或灾害损失都是国内外其他江河无法相比的。以长江为例,它最险的河段在荆江,荆江北大堤一旦决口,将威胁江汉平原8 000 km^2 土地和500多万人口的安全。而黄河下游的堤防不论是南岸或北岸决口,它的淹没范围和受灾人口都将是江汉平原的3~5倍。因此,黄河历年来受到党中央、国务院和中央领导同志的高度关注。

近年来,黄河连年枯水,群众中容易产生麻痹思想和侥幸心理,有的人甚至认为黄河再也不会来较大量级的洪水了。实际上,黄河的洪水取决于降水,降水取决于地球水圈和大气圈的循环。我们目前还不能控制水汽循环的过程,因而也不能控制降水,降水不能控制,也就有发生大洪水和特大洪水的可能性。历史上,洪水丰、枯呈现周期性变化。在一段枯水期后,往往会由枯水转为丰水。

每年汛前大家都很关注天气预报,这当然是我们防汛工作的重要参考。但就目前的科学技术水平而言,中长期预报的准确率仍然偏低,过分依赖预报,往往会给防汛工作带来负面影响。老百姓有句谚语叫"天天防火,夜夜防贼",这种想法同样适用于防汛工作。"宁可信其有,不可信其无","有备无患,常备不懈"应当是我们坚持的方针,对防汛指挥人员,尤其是这样。

第二,行政首长负责制是各项防汛责任制的核心。

在防汛中实行行政首长负责制,是由中国的特殊国情决定的,中国人口多、土地少,人口密度大。在大江大河容易泛滥的下游地区,又是人口特别稠密的地方。大江大河决口,不但是一个经济问题,而且是一个政治问题。不仅会造成巨大的财产损失,而且会造成大批的人员伤亡,甚至影响到社会的安定。在中国不具备某些西方国家实行防洪保险的客观条件,必须尽最大努力固守堤防,以尽量减少洪水的灾害损失。

防汛工作是一个复杂的社会系统工程,必须调动全社会的力量,全力以赴,才能保证防汛斗争的胜利。在必要的时候还须牺牲局部保全大局。如此重大的责任必须是最有权威的机构才能担当的。我国在计划经济时期实行党的一元化领导,防汛工作也由各级党委统一指挥。党的十一届三中全会以后实行政治体制改革,党政职能逐步分开,在多种经济形式共同发展的情况下,经济关系也更为复杂,防汛的首要责任只有各级行政首长能够担当。1987年,国务院确定,防汛工作实行行政首长负责制,由地方各级行政首长对辖区的防汛工作负总责。此后,行政首长负责制先后写入了国家的水法、防洪法,以法律的形式确定下来。各级河务部门作为防汛的业务部门和其他部门一起分别承担法律、法规确定的相应责任。

第三,关于黄河下游的防汛管理体制。

与其他大江大河不同,黄河下游设立了专门的河务机构,实行水利部(流域机构)和地方政府双重领导,负责防洪工程的日常管理和防汛的日常业务工作,而其他大江大河的防汛均由各省(区)的水利厅(局)负责。这一方面是由于历史的原因,历史上黄河决溢灾害十分频繁,防洪负担特别沉重,历来由中央政府直接管理;另一方面也是根据堤防的保护范围确定的,即堤防决口淹没范围不超出一个省的,由省管理,超出一个省的,由流域机构管理。黄河下游堤防一旦决口,将危及河南、山东、河北、天津、安徽、江苏等众多省市,因此在流域机构内专设河务部门负责管理。这种管理方式由中央和地方共同承担防洪责任,有利于调动中央和地方两个积极性,有利于争取更多的防洪建设投资,是一种较好的管理方式。

1998 年机构改革时,水利部曾酝酿过把河南、山东两省河务局交给地方管理的方案。河南省有的同志也认为现行的管理体制地方政府不当家。当时的河南省委书记马忠臣非常了解黄河的情况,他一直在黄河两岸工作。他讲,黄河不能归省里,黄河一年要花多少钱? 现在是拿中央的钱,办河南的事,哪有这么好的体制? 你光觉得有些事不当家,河南自己管、自己拿钱就当家了? 大水来了往山东放人家不愿意,你也放不成。水少了你想拦起来中央也不同意。投资归你了,你当指挥长,也不能完全当家。就是国际河流大家也得达成个协议,也不能想咋办就咋办。

对河南黄河河务局来说,确保河南的防洪安全,为河南经济社会发展服务是自己的首要任务。在对全局无害的情况下,争取对河南最有利的治理措施,是历届领导班子的指导思想。在这方面和沿黄各级政府、人民群众的愿望要求是完全一致的。但是黄河防洪关系重大,管理的层次也多,重大决策的权力实际在中央。河务局在很大程度上只是一个执行机构,能够决定的问题相对有限,各级对治河和管理的要求难以完全满足,在这方面相互理解和支持比什么都重要。

第四,处理好统筹全局和把握重点的关系。

深入一线、身先士卒、关注民生是一种优良的工作作风,但作为对防汛工作负全面责任的行政首长来说,需要权衡轻重把握适度。防汛工作有它的特殊性,譬如说它和防火就有很大的不同,火灾往往有一个或几个起火点,只要控制住这些重点部位,就能有效地控制事态发展。但是来了大洪水就有不同,千里堤防到处都有出现问题的可能,只要有一处控制不住,就会出现全局性的溃败。"千里之堤,溃于蚁穴"就是说的这种特点。一次大的洪水过程,出现几十次、几百次险情是常见的现象,如果统筹不当,往往会顾此失彼。过去就出现过有的主要领导,亲自在某一现场指挥,忽略了全局,造成工作被动的情况。防汛指挥部办公室掌握流域内的雨情、水情、工情、险情等全面信息,了解上级的最新指示和辖区的最新动态,有较完善的决策支持系统,有利于行政首长作出正确的判断和决策。一旦有了汛情,行政首长应当以统筹协调为主,首先到防汛指挥部了解全面情况,召开防汛会商会议,对防汛工作作出全面的安排部署,对出现险情和可能出现险情的地段分工负责,分兵把守。落实各级各部门的防守责任。在作出全面部署之后,在关键时刻关键部位亲临现场处理重大问题当然也是很必要的。

黄河下游出现不同量级的洪水有不同的工作重点,行政首长要做到心中有数。对 4 000 m^3/s 左右的洪水,防汛的重点是控导工程的抢护,也可能会有局部的塌滩、漫水等险情,保证抢险料物供应和局部灾害的救助是工作重点;对 4 000 ~ 10 000 m^3/s 的洪水,滩地将陆续上水,滩区迁安救护和大堤巡堤查险是工作重点;对 10 000 m^3/s 以上的洪水,除搞好滩区群众的迁移安置外,全力固守大堤,确保大堤安全是防汛的首要任务。

第五,处理好实施预案和临机处置的关系。

制定防洪预案是我国防洪法、防汛条例的基本要求,是防洪决策的重要依据之一。一般来说,防洪预案是根据历史经验,结合本辖区的实际情况制定的,具有全面、科学、实用、可操作的特点。在一般情况下应按照防洪预案实施决策指挥。但在特殊情况下,行政首长应根据实际情况果断地临机处置。例如,在防洪中出现预案以外的突发情况和问题;客观环境发生重大变化;经过努力有可能减少损失,争取到比预案更好的结果等。但在临机处置时不能超越本级的管辖权限,超越权限时仍须请示有权决定的机关。在客观条件许可时还应尽量进行会商,听取专家和有关方面的意见。

1958 年黄河发生 22 300 m^3/s 大洪水,按照预案可使用北金堤滞洪区分洪。在王化云同志主持下,经过认真分析研究,并征得河南、山东两省同意,向国务院提出了固守大堤,不使用北金堤分洪区的建议。经过艰苦努力保住了堤防安全,避免了分洪损失。1998 年长江大水,按照预案应使用荆江分洪区,温家宝总理认真听取有关专家的意见,果断作出严防死守,不使用荆江分洪区的决定,避免了分洪损失。这些都为我们领导干部树立了恪尽职守、勇于负责、执政为民的榜样。

第六,要规范防汛信息的收集、整理、传递和发布。

在防汛期间,洪水的水情、险情、灾情等防汛信息,对领导决策、社会安定、群众情绪具有较大的影响,在过去的防汛工作中曾多次发生因防汛信息不实或者不准确而引起的混乱现象。为此河南省政府办公厅曾发出通知,要求规范防汛信息发布。雨情、水情、险情、灾情等防汛信息由防汛指挥部办公室统一收集、整理、汇总、上报。需要发布的信息由防汛指挥部授权防汛办公室发布。上级的防汛指令也要通过防汛指挥部办公室下达。发挥防汛指挥部办公室“信息枢纽”的作用,以实现防汛信息发布的准确、及时、快捷、统一,保证防汛工作的顺利进行。

第七,要做好巡堤查险和险情抢护工作。

黄河防汛工作的首要任务是确保堤防安全,及时发现险情对确保工程安全至关重要。险情发现不及时,小险就会变成大险,险情大了非常难抢。1998年、1999年两年曾组织过抢险演习,模拟堤防隐患(漏洞),由专业抢险队伍抢堵,结果有的抢住了,有的眼看着开了,却抢不住。险情一旦扩大,抢护非常难,导致事倍功半,甚至造成无法挽回的损失。巡堤查险看起来是最原始的办法,但到目前为止也还是最可靠的办法。出现洪水偎堤时,要严格按照《河南省黄河巡堤查险办法》,及时组织群众防汛队伍日夜巡堤查险,并按要求配备带班干部。对需要重点防守的堤防险点、涵闸等,还应根据预案增加防守人数,明确防守责任人。

洪水期间,各类防洪工程出现险情在所难免。对各类险情要本着“抢早、抢小”的原则,及时有效地组织抢护。一般险情由专业队伍组织抢护;出现较大或重大险情时,由黄河河务部门制定抢护方案,防汛指挥部组织专业队伍和群众共同抢护。行政首长要组织有关部门保证抢险所用人力和料物供应,维持良好的抢险秩序。

第八,做好群众迁安救护工作。

迁安救护工作涉及千家万户,工作头绪多、难度大。根据河南省人民政府《关于进一步加强河南黄河防汛抗洪责任制的通知》要求,由黄河河务部门按照预案提出具体意见,县、乡政府具体组织实施。其中民政部门负责灾民安置救济工作,卫生部门负责卫生防疫工作,公安部门负责维持秩序,特别要保障防汛抢险迁安撤退道路的畅通,必要时对主要道路实行交通管制。要严格实行对口安置,做到有领导、有组织、有秩序,防止出现混乱。特别注意不能让群众滞留在黄河大堤上,这样既不安全,又影响防汛抗洪工作。

第九,做好部队参加抗洪抢险有关工作。

人民解放军主要承担“急、重、险、难”的抗洪抢险任务,一般险情不要轻易动用部队。各市防汛指挥部要主动加强与驻豫部队的联系,将部队作为一支突击力量来使用。根据黄河防汛抢险特点，部队的兵力部署应尽可能与行政区域相对应，便于地方、部队、河务部门组成联合指挥部，形成“三位一体”军民联防体系。联防体系最好建至乡级，至少建至县级。需要请部队投入黄河抗洪抢险时，要由县防汛指挥部提出请求，经市防汛指挥部审核后，再报省防汛指挥部黄河防汛办公室，转请有关军事机关按部队调动的程序办理。如遇紧急情况，也可直接向当地驻军求援，但要边调动边报告。军队参与抢险时，地方政府应当组织群众协同配合、共同完成防汛抢险任务。